「폴 레베르 초상화」,
존 싱글턴 코플리.

「어린 모차르트의 하프시코드와 함께하는 파리에서의 잉글리시 티」
올리버 바르텔레미, 1766.

「신문을 읽다」, 제임스 티소, 1874.

「단장」, 프랑수아 부셰, 1742.

정원의 부인들, 로우튼, 1908.

***
「설탕과 티스푼이 함께 놓여 있는 중국 티세트」, 피에테르 판 로에스트라텐, 17세기.

「찻잎사귀들」, 윌리엄 팩스턴, 1909.

빅토리안 가족의 아침식사, 1840.

아돌프의 집에 있는 프란시스 사르세 브리송의 딸, M. A. 바세.

The Tea Room
House of Commons

BVRKE DOWNING.
'92

영국의 티룸. 1890.

한 남자의 방문, 1880.

Thea. *Thé.*

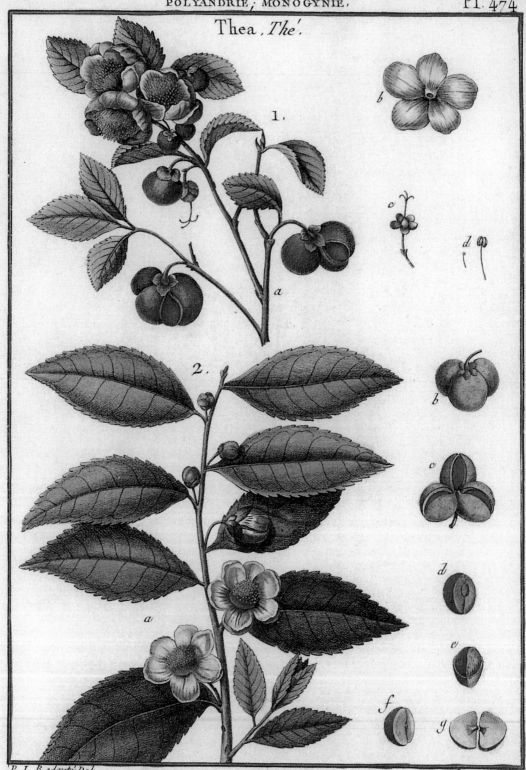

HISTOIRE NATURELLE, *Botanique*.

홍차수업

개정증보판

홍차 수업

산지에서 브랜드까지 홍차의 모든 지식

문기영

글항아리

2014년 6월 『홍차수업』이 세상에 나왔다. 2021년 2월 10쇄를 찍고 2022년 5월 8년 만에 전면 개정판이 나오게 되었다. 지난 8년 동안 우리나라 차 시장은 눈부시게 성장했다. 이제는 스타벅스, 투썸플레이스 등 대부분의 커피전문점에서도 다양한 차를 판매한다. 그리고 홍차, 우롱차, 녹차, 보이차 등을 판매하는 차 전문점 또한 수없이 많이 생겨났다. 그중에서도 홍차 시장은 더 크게 성장했다. 고급호텔 뿐만 아니라 다양한 홍차전문점에서도 고품질 홍차와 수준 높은 애프터눈 티를 즐길 수 있다. 포트넘앤메이슨을 포함한 세계적인 차 브랜드들이 수입되어 판매되고 있다. 홍차를 베이스로 하는 로열밀크티는 대유행 조짐도 있다. 홍차 관련 책도 많이 출간되었다. 차를 교육하는 곳도 많아졌고, 배우는 사람도 많아졌다. 이런 변화들과 함께 지난 8년간 우리나라 홍차 애호가들의 수준이 매우 높아졌다.

『홍차수업』을 처음 쓸 때 나는 홍차에 대한 지식을 체계적이고 객관적으로 전달하고자 했다. 책에서 얻은 지식에 인도, 스리랑카, 중국, 타이완, 그리고 한국의 보성과 하동 등 홍차를 생산하는 현장과 영국, 프랑스 등 오랜 홍차 문화를 가진 나라들을 일일이 방문하여 얻은 현장감 있는 정보를 더했다.

우리나라 홍차 애호가들이 원했던 것 역시 홍차에 관한 이런 살아 있는 정보였다. 이것이 『홍차수업』이 10쇄까지 나올 수 있게 된 이유라고 생각한다. 중국에서도 『홍차수업』이 번역 출간되어 지금도 판매되고 있는 것으로 보아 홍차에 대해 독자가 궁금해 하는 정보는 어느 나라나 비슷한 것 같다.

지난 8년 동안 우리나라뿐만 아니라 세계 홍차 산업에도 변화가 많았다. 가장 큰 변화는 차 종류가 다양해지고 품질이 고급화 된 것이다. 변화된 상황에 맞춘 새로운 지식이 필요하게 되었다.

이 변화를 따라잡고 이해하기 위해 지난 8년간 시간과 열정을 쏟아 공부하고 이를 "체계적이고 객관적으로" 정리한 것이 이번 『홍차수업』 개정증보판이다. 애호가들의 높아진 수준에 맞춰 책 전체를 업그레이드 했다.

전체 구성은 거의 동일하지만 역사적 사실만 제외하면 내용은 대부분 새롭게 보강되었다. 그러다 보니 책 분량이 너무 많아져 어쩔 수 없이 시음기 대부분과 기존 몇 개 장은 생략할 수밖에 없었다. 대신에 홍차를 이해하는 데 있어 가장 중요한 인도, 스리랑카, 중국 등 생산지 관련 분량이 아주 많이 늘어났다. 2019년에 나온 『홍차수업2』와 연결하면 처음 계획했던 '홍차교과서'를 쓰겠다는 목적이 어느 정도 마무리 된 것 같아 기쁘다.

내가 하는 차 공부는 매우 실용적인 목적을 갖고 있었고 지금도 그러하다. 우선은 좋은 차를 고르는 안목이다. 그리고 그 안목으로 선택한 다양한 차를 각각의 특성에 맞게 잘 우려서 최고로 맛있게 마시고 싶다. 그런데 입안에서 느껴지는 물성적 감촉과 코로 느껴지는 향만이 맛은 아니다. 차가 만들어지는 장소와 사람에 대한 기억, 만들어지는 과정에 대한 이해, 차와 관련된 역사, 마시는 분위기 등이 함께 어우러져 내 뇌가 판단하는 것이 진짜 맛이다. 따라서 차에 대한 지식이 늘어날수록 차가 훨씬 더 맛있어지는 경험을 하게 된다. 차 공부가 필요한 이유다. 홍차 애호가 여러분도 이 책을 통해 늘어난 지식만큼 홍차의 맛과 향이 더 좋아지는 경험을 해보시기 바란다.

홍차에 내 시간과 열정을 통째로 쏟아 붓기 시작한지 12년이 지났다. 내내 즐겁고 신나는 시간이었다. 하지만 혼자였다면 쉽지 않았을 것이다. '문기영홍차아카데미' 졸업생을 포함하여 나를 응원하면서 이 과정에 함께 해준 홍차를 사랑하는 많은 분께 진심으로 감사드린다.

언제나 아빠의 무한한 에너지원인 사랑하는 딸 규리에게 이 책을 선물한다.

2022년 5월
문기영

홍차는 물 다음으로 많이 마시는 음료라고 말해질 만큼 전 세계적인 소비량이 엄청나다. 그런데 이상하게도 우리나라에서만큼은 홍차를 마신다는 것이 여전히 특별한 기호처럼 여겨지고 있다. 이런 가운데 우리 주변에는 홍차를 모르는 사람이 거의 없을 테지만, 또 홍차가 '무엇인지'에 대해서 제대로 알고 있는 이도 드물다. 근래 들어와 커피숍 체인점에 '티' 혹은 '차'라는 메뉴가 조금씩 얼굴을 내밀고 있고, 젊은이들이 밀집하는 곳에 근사한 홍차 전문점이 생기면서 젊은 여성들을 중심으로 음용 인구가 늘어나는 것은 우리나라에서도 홍차 유행의 가능성이 있음을 알려준다.

이 책은 모르는 사람도 없지만 제대로 아는 사람도 없는 홍차에 대한 체계적인 소개서다. 우리나라에서 '홍차=떫다'는 인식이 생긴 이유부터 시작해서 녹차나 우롱차 등과는 어떻게 다르며, 어디서 주로 생산되고, 어떤 종류의 홍차가 있으며, 어떤 나라에서 주로 마시고, 홍차의 장점은 무엇인지에 대해 이해하기 쉽게 풀어 쓰고 있다. 홍차 하면 유럽, 특히 영국을 떠올리는데, 중국에서 처음 생산된 홍차가 어떻게 영국을 상징하는 문화가 되었는지에 대한 그 역사적 배경과, 근래 새로운 홍차 문화를 만들어가고 있는 프랑스에 대해서도 자세히 다루었다.

내가 전 직장에서 커피 마케팅을 오랫동안 담당할 때 비슷한 개념의 음료임에도 불구하고 우리나라에서 완전히 다른 위치에 있는 홍차에 관심을 가졌었다. 그러면서 생겨나는 홍차에 대한 궁금증을 풀기 위해 한

권 한 권 읽기 시작한 영국, 미국, 프랑스의 홍차 전문가들의 책을 바탕으로 주 생산지인 인도와 스리랑카, 타이완 그리고 홍차 문화를 꽃피운 영국, 오늘날 새로운 홍차 역사를 쓰고 있는 프랑스를 방문해서 나온 결과물이 이 책이다. 여기 실린 대부분의 현장 사진도 내가 찍은 것이다.

따라서 홍차에 대한 나의 주관적인 견해라기보다는 객관적 시각을 견지하려 했으므로 홍차를 체계적으로 알고자 하는 이들에게 도움이 되리라 생각한다.

와인이 그러하듯이 홍차 또한 내가 마시는 것이 어떻게 만들어졌는지, 어디서 생산되었는지, 어떤 역사를 지니고 있는지를 알면 맛이 훨씬 더 좋아지는 음료다.

무엇보다 홍차는 장점이 많은 음료다. 일단 종류에 있어서 와인에 버금갈 만큼 다양해 산지나 계절, 가공법에 따라서 다양한 맛과 향을 즐길 수 있다. 또한 건강에도 이로운 성분을 많이 함유하고 있다. 최근 미국이나 유럽에서 홍차(물론 녹차도 포함해서)에 대한 관심이 다시 늘어나는 것은 건강에 이점이 있기 때문이다.

아마도 독자들의 귀가 솔깃해지는 것 가운데 하나는 최종적으로 흡수되는 카페인의 양은 커피보다 훨씬 적으면서도 각성 효과나 긴장을 완화시키는 효과는 더 크다는 점일 것이다. 이것은 차에만 들어 있는 '데아닌'이라는 성분 때문이다. 즉 홍차는 나른할 때는 정신을 차리게 하고 긴장되거나 흥분되었을 때는 우리를 편안하게 해주는 신비로운 음료다.

오랜 역사가 흐르는 동안 수백만 명의 고단한 삶을 견딜 만하게 만들고 즐겁게 해준 이 신비로운 차에 대해 이 책을 통해 제대로 알아보기를 권한다. 그리하여 지치고 바쁜 삶 가운데서 커다란 잔에 가득 찬 뜨거운 홍차 한 잔을 앞에 두고, 그것이 식어가는 것을 보면서 잠시 자신도 돌아보아 삶에 활력을 얻기를 바란다.

이 작은 책 한 권을 위해서도 많은 분의 도움이 있었다. 우선 원고를 읽고 흔쾌히 펴내고 싶다고 했던 글항아리 강성민 대표께 감사드린다. 나와 함께 홍차 모임을 하면서 여러 의견을 주신 다우들, 특히 홍차여행도 같이 하고 이 책의 제품 사진도 찍어주신 한세라님께 감사드린다.

홍차에 몰두하는 모습을 보고 나로서는 상상도 못 했던 '책을 쓴다'는 생각을 갖게 하고 끊임없이 용기를 준 오랜 벗 조현용에게도 감사드린다.

그리고 아빠 책이 나오기를 매일 매일 기다리고 있는 초등학교 3학년인 딸 규리에게 이 책을 선물하면서 홍차를 마시게 될 나이가 되어 아빠가 쓴 책이 도움이 되기를 희망해본다.

내가 그러한 것처럼 이 책을 읽은 이들도 홍차를 통해 더욱더 풍요롭고 여유 있는 삶을 누리기를 기원한다.

2014년 5월
문기영

| 제1부 |

홍차란 무엇인가

1. 산화가 만드는
맛의 제국
차의 종류와 분류 기준

차를 즐기지는 않는다 해도 대부분의 사람은 일상에서 녹차, 우롱차, 홍차, 보이차 등을 흔히 접한다. 백차, 황차는 조금 낯설 수도 있다. 이 가운데 우롱차는 정확히 말하면 청차에 속하는 여러 차 이름 중 하나인데, 차지하는 비중이 워낙 크다보니 청차란 이름 대신 우롱차라 불리고 있다. 보이차도 흑차에 속하는 여러 차 중 하나인데 워낙 유명한 까닭에 흑차를 대신해서 쓰인다.(근래 보이차는 흑차와는 다르다는 주장도 나오고 있긴 하다.)

가 공 방 법 의 차 이

차를 녹차, 황차, 청차(우롱차), 백차, 홍차, 흑차(보이차) 이렇게 여섯 종류로 나누는 것은 중국에서 시작된 고전적인 분류법이며 서양에서도 대체로 받아들이고 있다. 이 여섯 가지 차는 기본적으로 카멜리아 시넨시스Camellia Sinensis라는 학명을 가진 차나무의 싹과 잎으로 만들어진다. 녹차나무가 따로 있고, 홍차나무가 따로 있는 것이 아니다. 영국인을 비롯한 유럽인들은 차를 마시기 시작한 지 거의 200년이 지난 1850년경까지 녹차용 차나무와 홍차용 차나무가 따로 있는 줄로 오해했다.

홍차란 무엇인가

단일 종의 차나무 잎으로 만드는데 어떻게 여섯 종류의 다른 차가 만들어질까? 그것은 (생)찻잎을 완성된 찻잎으로 변화시키는 가공 과정이 다르기 때문이다. 쉽게 말하자면 한 그루의 차나무에서 채엽한 잎을 가공 방법만 달리해서 여섯 종류로 만들 수 있다.

즉 찻잎의 어느 부분을 채엽하는가, 언제 채엽하는가, 살청을 하는가, 위조萎凋(시들리기) 과정이 있는가, 있다면 어떻게 하며 얼마나 길게 하는가, 유념은 어떻게 하는가, 산화 과정은 있는가, 있다면 얼마나 지속하는가 등의 가공법 차이가 녹차, 백차, 황차, 우롱차, 홍차, 흑차 등 다른 모습을 빚어내는 것이다.

차나무 품종들

카멜리아 시넨시스(시넨시스sinensis는 라틴어로 중국을 뜻한다)라는 학명을 가진 차나무에는 세 가지 주요 품종이 있다.

카멜리아 시넨시스 시넨시스Camellia sinensis var. sinensis(중국 소엽종)
카멜리아 시넨시스 아사미카Camellia sinensis var. assamica(아삼 대엽종)
카멜리아 시넨시스 캄보디에니스Camellia sinensis var. cambodiensis

이들의 특징을 보면 중국 소엽종은 자연 상태에서 2~3미터까지 자라고, 찻잎 크기는 5센티미터쯤 되며, 관목 형태로 작은 줄기가 덤불져 있다. 우리나라 보성이나 하동에서 볼 수 있는 차나무는 모두 소엽종이다. 추위에 약한 아삼 대엽종은 우리나라에서 자랄 수 없기 때문이다. 아삼 대엽종은 자연 상태에서 10~15미터쯤 자라고, 찻잎도 크게는 20센티미터에 이르는 굵은 기둥의 교목이다. 캄보디에니스 종은 주로 교배종을 만들기 위해 사용되며 교목으로 약 5미터까지 자란다. 이러한 분류는

•••
아삼종 차나무로 이뤄진
아삼의 다원.

•••
중국종 차나무로 이뤄진
보성의 차밭.

•••
아삼종과 중국종이 섞여 있는 다
르질링의 다원.

뿌리가 드러난
차나무의 모습.
줄기에서 뿌리까지
거의 2미터가
되었다. 뿌리가
굵고 강건했다.

묘목장에서 재배하는 차나무들.(스리랑카 누아라엘리야 지역)

아주 기본적인 것이며, 현재는 이들 품종 사이의 자연 교배로 발생한 품종과 인공 교배를 통한 품종 개량의 결과로 아주 다양한 새로운 품종이 존재한다.

이렇듯 차나무의 키는 크게 자라지만 우리가 차밭에서 볼 수 있는 것들은 어른 허리께쯤 된다. 이것은 찻잎 따기를 수월하게 하고 찻잎의 수확량 증대를 위해 지속적으로 전지pruning해서 더 이상 키가 자라지 않게 하기 때문이다. 찻잎 크기 또한 만들고자 하는 차의 종류 및 성질에 따라 채엽 시기가 다르며 일반적으로 최대치보다는 훨씬 작은 상태에서 채엽된다. 이따금 텔레비전에서 중국 윈난雲南 성 등지에서 찻잎을 따는 모습을 방영할 때면 감나무처럼 키가 아주 큰 차나무에 사다리를 놓고 올라가는 모습을 볼 수 있다. 이런 것은 전지를 하지 않고 자연 그대로 성장한 대엽종 차나무다.

전지하지 않은 대엽종 차나무
(윈난성)

홍차란 무엇인가

컬티바와 클로널

컬티바^{cultivar}라는 용어는 개발된 품종^{cultivated variety}의 약어로, 인간이 교배를 통해 개발한 품종 중에서 품질이 뛰어나 대량 재배용으로 선택된 것을 말한다.

뒤에서 다룰 백차를 만들 때 사용되는 싹이 큰 대백종이나, 다양한 맛과 향을 품고 있는 우롱차 품종이 모두 카멜리아 시넨시스라는 차나무의 하위 품종이거나 새로 개발된 품종이다.

다르질링이나 아삼 같은 홍차 산지에서는 지금도 매해 교배를 통해 수많은 품종이 만들어져 새로운 맛과 향의 홍차가 소개되고 있다. 이렇게 인위적으로 개발된 컬티바 가운데 우수한 맛과 향을 지닌 것은 이와 똑같은 품종을 대량으로 생산하기 위해 씨앗이 아닌 꺾꽂이를 통해 묘목장에서 대량으로 재배하며, 이들을 복제종^{clonal varieties}이라 한다. 이 복제종(클로널)은 엄마나무와 100퍼센트 동일한 특징을 갖게 된다.

차나무 품종의 특성 차이

앞서 동일한 차나무의 찻잎으로 여섯 종류의 차를 다 만들 수 있다고 했지만 좀더 깊이 들어가면 각 종류의 차에 더 적합한 품종이 있긴 하다. 예를 들면 대엽종인 아삼종으로도 홍차와 녹차를 만들 수 있고, 소엽종인 중국종으로도 홍차와 녹차를 만들 수 있지만, 아삼종으로는 홍차를, 중국종으로는 녹차를 만들었을 때 맛과 향이 더 뛰어나다. 하지만 이것 또한 아주 일반론적인 이야기일 뿐 현재는 아삼종과 중국종의 교배종을 포함한 수많은 새로운 품종이 있다. 즉 위의 세 품종을 기본으로 자연적으로 발생한 수많은 하위 품종^{subvariety}과 이 하위 품종들끼리 교배를 통해 인위적으로 만든 수많은 개발된 품종^{cultivar}이 있다.

이들 중에는 홍차를 만들었을 때 더 맛있는 품종도 있고 녹차를 만들었을 때 더 맛있는 품종도 있고 우롱차를 만들었을 때 더 맛있는 품종이 있다.

이처럼 6대 다류 고유의 특징적인 맛과 향 차이는 가공 과정 차이에서 생기는 것이지만, 각 종류의 차에 적합한 차나무 품종으로 가공할 때 저마다의 특징 및 장점이 더 뚜렷해진다.

산화도 차이

각각 다른 가공법이 적용된 이 여섯 종류의 완성된 차에 보이는 가장 두드러진 차이는 산화oxidation 정도에 있다. 물론 찻잎 크기나 모양, 색상, 형태 등 외관상으로도 어느 정도는 구분이 되지만 본질적인 차이는 여섯 종류 차의 산화 정도가 다른 것이다. 즉 비산화차인 녹차를 시작으로 약산화차인 백차, 황차 그리고 부분산화차(혹은 반半 산화차)인 청차 순으로 산화도가 높아져 완전 산화차인 홍차에 이른다.

산화 vs. 발효

흔히들 이 산화酸化를 발효라고 잘못 말하기도 한다. 하지만 발효醱酵와 산화는 완전히 다른 과정이다.

발효된 식품에는 된장, 와인, 요구르트, 치즈, 맥주 등이 있다. 콩을 된장으로 발효시키고, 우유를 요구르트와 치즈로 발효시키고, 포도를 와인으로, 보리를 맥주로 발효시키는 것은 미생물이다. 미생물은 살아 있는 생물이다. 다만 작아서 눈에 보이지 않을 뿐이다. 곰팡이, 세균 등이 미생물이며 보통 인간에게 유익한 역할을 하는 미생물을 효모酵母 Yeast라고 부른다. 따라서 발효는 미생물 혹은 효모가 작용해서 발생하는 변화를 말한다.

••• 깎아놓은 사과가 갈변하는 것이 대표적인 산화현상이다.

반면 산화 과정에는 미생물이 개입하지 않는다. 일상에서 흔히 볼 수 있는 산화의 비근한 예로 사과와 감자를 깎아서 두면 갈변하는 현상을 들 수 있다.

어떤 물질이 변화할 때 산소가 결정적 역할을 할 경우 이 과정을 산화라고 부른다.

차Tea 경우에는 찻잎 속에 들어 있는 폴리페놀(카데킨)을 산소가 테아플라빈, 테아루비긴 성분으로 전환시키는 과정을 산화라고 한다.

산화 과정

차나무에 찻잎이 매달려 있을 때는 찻잎 세포막 속에 들어 있는 폴리페놀은 산소와 만나지 못한다. 채엽 후 위조 과정에서 수분이 증발하게 된다. 동시에 세포막이 깨지면서 찻잎 속에 있는 폴리페놀이 산소와 만나게 된다. 유념이 이 과정을 더욱더 가속화시킨다.

그러면서 녹색 찻잎이 적갈색, 흑갈색으로 변하게 되는 것이 마치 깎아놓은 사과나 감자가 갈변하는 것과 같은 현상이다. 이것이 홍차가 만들어지는 과정이다. 찻잎 속에 들어 있는 폴리페놀산화효소Polyphenol Oxidase는 촉매제 역할을 하면서 산소가 폴리페놀(카데킨)을 산화시키는 시간을 단축시킨다. 이 효소의 촉매 역할이 워낙 절대적이라 만일 효소가 없다면 실질적 의미에서 산화가 일어날 수 없다.

삶은 감자는 (삶은 사과도) 갈변하지 않는다. 이것은 삶는 과정의 열에 의해 감자 속에 들어 있는 효소가 기능할 수 없게 되었기 때문이다. 효소는 열에 약하다.

생 찻잎을 뜨거운 솥이나(대체로 한국, 중국) 뜨거운 증기(대체로 일본)로 열을 가해 찻잎 속에 든 (산화를 촉진시키는) 효소의 기능을 불활성화시킨 것이 녹차다. 감자를 삶는 효과와 같다. 따라서 찻잎은 갈변하지 않고 녹색을 그대로 유지한다.

차가 만들어지는 과정에는 미생물이 개입하지 않는다

즉 발효는 미생물이 관여하는 것이고 산화는 효소의 도움을 받아 산소가 일으키는 것이다. 전혀 다른 차원이다.

발효차라고 흔히 말하는 보이차도 악퇴渥堆 과정을 거친 보이차(숙차)는 미생물이 개입하는 발효차가 맞지만 생차가 시간이 지나면서 숙성되는 과정에 대해서는 연구가 진행되면서 다양한 주장이 나오고 있다(뒤의 '보이차' 부분에 상세한 설명이 있다).

정리하면 그리고 꼭 기억해야 하는 것은 홍차, 우롱차, 백차, 황차가 만들어지는 과정에는 미생물이 전혀 개입하지 않는다는 사실이다(이어지는 해당 차 설명에서 다시 한 번 부연하겠다).

산화발효도 발효다

최근에는 발효 대신에 산화발효酸化醱酵라는 용어를 사용하는 경우도

19세기 초, 숯불과 바구니로 찻잎을 말리고 있는 중국 인부들.

있다. 발효에는 산소 없이 진행되는 혐기성발효嫌氣性醱酵와 산소가 필요한 호기성발효好氣性醱酵가 있는데 산화발효는 이 호기성발효와 같은 말이다. 즉 산화발효는 비록 산화라는 단어가 들어 있지만 (효소에 의한) 산화와는 아무런 관계가 없는 발효의 한 종류일 뿐이다.

따라서 이 책에서는 발효 대신 산화를 공식 용어로 쓰려 한다.

6대 다류의 명칭

이렇게 좀더 적합한 품종으로 다양한 가공 방법을 적용해 만들어진 여섯 종류의 차에 녹차, 백차, 황차, 청차, 홍차, 흑차 등으로 이름붙인 것은 우려진 차의 수색水色에 따랐다는 것이 일반론이다. 홍차의 경우, 중국인은 우려진 수색이 붉다고 봤다. 한편으론 만들어지는(찻잎이 산화되는) 과정에서 찻잎의 색상이 붉게 변한다고 하여 홍차라고 했다는 설도 있는데, 유럽인은 이 홍차 잎이 검다고 블랙티black tea로 명명한 것을 보면, 같은 찻잎을 중국인은 붉게 본 반면 유럽인은 검게 본 것이다.

정리하면 차의 6대 분류는 '채엽한 신선한 찻잎을 각기 다른 가공법으로 완성시킨 차'를 구분하는 방법이며, 명칭은 우려진 차의 수색에 의한 것이라고 보면 된다.

2. 녹차와 홍차는 어떻게 다른가
비산화와 완전산화

녹차와 홍차의 가공 방법을 비교해보면서 가공 방법 차이가 무엇을 의미하는지 설명해보겠다. 녹차와 홍차의 주요 가공 단계를 나눠보면 아래와 같다.

녹차: 채엽 – 살청 – 유념 – 건조(4단계)
홍차: 채엽 – 위조 – 유념 – 산화 – 건조 – 분류(6단계)

찻잎을 따는 것을 채엽採葉이라고 하며, 건조는 마지막 단계에서 완성된 차가 더 이상 변화 없이 장기간 보존할 수 있게 수분을 약 3퍼센트 이하로 낮추는 과정이다. 채엽과 건조는 녹차와 홍차뿐만 아니라 다른 차들의 가공 과정에도 있다. 물론 두 과정도 깊게 들어가면 큰 차이가 있긴 하다. 분류 과정도 대체로 있지만 홍차의 경우는 가공 과정 특징상 완성된 찻잎 크기가 아주 다양해지기 때문에 분류 단계가 중요하며 이 단계를 통해 등급도 매긴다.

녹차와 홍차를 만드는 과정에서 두드러지게 차이가 나며, 동일한 찻잎으로 완전히 다른 결과를 가져오는 것은 '위조, 살청, 산화' 과정이 있느냐 없느냐에 달려 있다. 따라서 각 과정을 알아보되 위조와 산화 부분을 좀더 깊이 있게 다루려 한다.

채 엽

이른 봄 차나무 줄기에서 새로운 잎이 올라온다. 싹을 포함해 네 장의 크기가 다른 잎으로 모습을 갖추면, 가장 위의 싹 하나와 바로 아래

⋮
19세기 초에 그려진 수채화 속에서 중국인 인부들이 차나무에서 찻잎을 따고 있다.(왼쪽)

잎 두 장을 채엽한다. 이것을 파인 플러킹fine plucking, 즉 고급 찻잎 따기라 하는데, 대체로 녹차와 홍차를 만들 때는 이처럼 세 개의 찻잎을 딴다. 대부분 여성으로 이뤄진 플러커Plucker들이 이른 아침부터 채엽한 잎을 모아 차 공장으로 가져온다. 공장에서 대략 한번 정리하면서, 불필요한 잔가지나 상한 잎들을 골라내면 가공을 위한 준비가 완료된다.

살청

녹차에 있는 살청殺靑, fixation은 새로 딴 신선한 찻잎에 뜨거운 증기를 쏘이거나, 뜨거운 솥에서 덖거나 하여 찻잎 속에 있는 폴리페놀 산화효소를 불활성화시키는 단계다. 살청을 거친 찻잎은 더 이상 (효소)산화는 일어날 수 없다. 따라서 녹차는 시간이 흘러도 찻잎의 녹색이 변함없이 유지된다. 따라서 홍차 탄생에 관한 전설로 흔히 인용되는, 녹차를 실은 배가 유럽으로 가던 중 적도 지방의 높은 온도와 습도로 인해 발효되어 홍차가 되었다는 이야기는 과학적으로 설득력이 떨어지는, 전설일 뿐이다.

···
짧은 위조(탄방) 이후의 찻잎.
이것을 왼쪽에 있는 솥에서
덖는다.

위조

홍차 가공을 위해서 채엽된 찻잎은 살청 대신 위조 과정을 거친다. 갓 채엽한 찻잎에는 75~80퍼센트 정도의 수분이 있다. 이 상태에서 바로 유념하면 찻잎이 억세어 유념이 어려울 뿐만 아니라 찢어지거나 부서진다. 수분 함유량을 60~65퍼센트 수준으로 낮춰 숨을 죽이는 과정이 필요한데 이것이 바로 위조다. 과거에는 햇빛 아래에서 하곤 했지만 오늘날에는 대량생산을 위해 습도, 온도가 통제되고, 공기 순환이 잘 되는 실내에서 주로 한다.

이 위조는 녹차 가공 과정에서는 필수조건이 아니다. 우리나라와 중국에서는 보통 서너 시간의 짧은 위조(탄방이라고도 한다)를 한다. 반면 일본 녹차 가공에서는 위조 단계가 거의 생략된다. 반면 홍차 가공에서는 품질을 좌우하는 매우 중요한 과정이므로 세부적으로 알아둘 필요가 있다.

···
위조대(오른쪽)와
위조중인 찻잎

공기가 잘 통하는 큰 창고 같은 건물 내부에 기본적으로는 폭 2미터 내외, 길이 20미터 내외, 테두리 높이가 30~40센티미터 정도 되는 뚜껑 없는 큰 직사각형 상자가 있다. 그물망으로 된 이 직사각형 상자의 바닥은 지면에서 약 50센티미터 떨어져 있다. 이것을 위조대라고 부르며 건물 내부에 몇 개씩 놓여 있다.

이곳에 갓 채엽한 찻잎을 약 20~30센티미터 정도 두께로 펼쳐놓는다. 위조대 한쪽 끝에는 대형 선풍기가 달려 있어 지면과 떨어진 공간을 통해 시원한 바람이 계속 공급된다. 바닥 그물망을 통해 찻잎에 바람이 닿는다. 위조는 보통 16~18시간 하지만 기후나 습도 그리고 찻잎의 상태에 따라 유동적이다. 찻잎을 골고루 위조하기 위해 바람의 방향도 바꾸고 몇 시간에 한 번씩 찻잎을 손으로 뒤집어준다. 이를 위해 테두리를 충분히 높게 만든 것이다. 이렇게 해서 찻잎 수분 함유량을 낮춘다. 이것이 현재 다르질링, 스리랑카 등에서 주로 사용하는 기본적인 위조 방법이다.

아삼에서 본 새로운 형태의 위조시설은 위에서 설명한 것과 기본적으로는 같지만 위조대가 각각 독립되어 사방이 막힌 방의 형태였다. 즉 컨테이너처럼 생겼고 가로세로 길이도 훨씬 더 길었다. 길이로 한쪽 끝에는 사람 키보다 훨씬 더 큰 대형 팬fan이 달려 있었다.

이런 형태의 위조시설은 좀 더 많은 양의 찻잎을 빠르게 처리할 수 있는 장점이 있다.

물론 아삼에도 이런 컨테이너 형태 말고 다즐링이나 스리랑카 형태의 위조시설이 있다. 어떤 형태든 아삼 지역 위조대 특징은 일종의 온풍기가 설치되어 있어 필요에 따라 따뜻한 공기를 찻잎에 투입할 수 있다는 것이다. 아삼의 기후 특징상 우기 때 습도가 높을 경우 데운 공기를 공급하여 위조 시간을 단축하기 위한 목적이다.

위조 과정 중 찻잎의 변화

위조 과정을 통해 찻잎 속 수분 함유량이 낮아지면서 찻잎의 생화학적 변화가 시작된다. 찻잎을 수확하는 데 많은 정성과 노력을 쏟음에도 불구하고, 갓 딴 찻잎은 그래시Grassy하고 쓴 듯한 풀 향이 날 뿐이다. 위조가 진행되면서 찻잎 속 합성물이 상호 작용 혹은 농축되면서 비로소 찻잎에서 향기가 나기 시작한다.

위조 과정 중에 있는 찻잎에서 나는 향은 비할 데 없이 좋다. 스리랑카에서 홍차를 만들고 있는 차 공장에 들어가니 우선은 잔디를 갓 깎은 뒤 나는 것과 비슷한 상쾌한 풀 향기가 났다. 위조실로 들어가면 위조가 진행되고 있는 찻잎에서 신선하면서도 역동적이고 복합적이기도 한 살아 있는 신선한 꽃향, 과일 향 같은 것이 온 공간을 가득 채우고 있었다.

다소 거칠고 세련되진 않지만 심장을 뛰게 하는 야생의 향이다. 위조가 진행되면서 찻잎에서 발현되는 향도 달라진다. 중요한 것은 위조가 잘된 찻잎일수록 그 다음 단계인 유념이나 산화도 잘된다는 점이다.

위조시간이 길수록 향은 더 풍부해진다

위조에 필요한 시간은 위조 시점에서 찻잎 상태나 날씨 등 주위 여건에 따라서도 달라지지만 홍차 생산지와 그들의 고유한 가공방법에 따라서도 차이가 많이 난다. 정통 홍차 생산에서는 보통 16시간 전후가 기본이다. 하지만 근래 들어 맛과 향의 다양성을 추구하면서 홍차 가공법도 큰 변화를 겪고 있어 지역마다 편차가 커지고 있다.

일반적으로 위조 시간이 길수록 최종 완성된 차에서 향이 더 풍부해진다. 아주 짧게 위조하는 녹차의 향은 긴 위조를 거친 홍차 향과는 성질이 전혀 다르다. 또 향보다는 맛과 강도가 중요한 CTC 홍차 역시 위조 시간이 상대적으로 짧다. 한편 향이 중요한 중국 홍차, 다르질링 퍼스트 플러시, 일부 고지대 스리랑카 홍차는 위조 시간이 좀 더 길다.

유념

유념은 우리말로 비비기인데 찻잎 형태를 잡아주면서 부피를 줄이고 찻잎에 상처를 내어 나중에 잘 우러나게 하는 과정이다. 멍석같이 표면이 다소 거친 곳에 찻잎을 두고 압력을 가해 찻잎에 상처를 내서 내부의 세포막을 부수는 것이다. 이 과정에서 세포액(찻잎에서 나오는 즙)이 흘러나오며 홍차는 이것으로 인해 산화가 촉진되는 효과도 있다.

과거에는 손으로 했지만 지금은 일부 고급 차를 제외하면 대부분 기계로 한다. 완성된 찻잎의 모양을 중요시하는 중국의 유명한 녹차는 유념을 통해 그 녹차에 고유한 찻잎의 모양을 만들기도 한다.

녹차는 살청 다음에, 홍차는 위조 다음에 유념을 한다. 가볍게 유념한 차는 좀더 감미롭고 부드러운 맛이 나며, 강하게 유념한 것은 압력에

•••
다르질링에서 본 산화실(오른쪽)
과 유념기(왼쪽).

홍차란 무엇인가

의해 찻잎이 작게 쪼개져 강한 맛이 난다.

　오랫동안 손으로 하던 유념을 아삼 시대가 시작되면서 1870년대부터
는 서서히 기계가 대신하게 된다. 영국인에 의해 유념기Rolling Machine가
발명되었기 때문이다. 이로 인해 적은 노동력으로도 더 강한 맛을 가진
영국식 홍차를 대량 생산할 수 있게 되었다.

　당시에 사용한 브리타니아Britannia라는 이름의 유념기를 아직도 다른
질링에서 쓰고 있는 것을 봤다. 유념 과정에서도 채엽한 찻잎의 상태,
만들고자 하는 차의 성격에 따라서 수많은 변수가 있다.

산화

　산화는 녹차에는 없는 과정이다. 유념이 끝난 뒤 녹차는 바로 건조
과정을 거쳐 차로 완성된다. 이미 유념 전에 살청 과정을 통해 산화효소
가 불활성화되었기 때문에 산화가 일어나지 않기 때문이다.

　반면 홍차는 유념 과정에서 상처 입은 찻잎의 세포막으로부터 흘러
나온 액이 산화를 촉진하는 역할을 한다. 찻잎을 적당한 온도와 습도가

••••
산화과정 중에 있는 찻잎

유지되는 공간에 펼쳐놓아 외관상으로는 찻잎 색깔이 검정에 가깝게 변해가며, 내적으로는 찻잎의 생화학적 변화가 완성되는 단계다. 이것이 산화다. 다시 강조하지만 이 과정에는 미생물이 개입하지 않는다. 그럼에도 불구하고 이 과정을 오랫동안 발효라고 잘못 이해해온 것이다.(15장 홍차의 성분과 건강에 자세히 설명되어 있다.)

산화가 진행되는 상태를 관찰하고 판단하여 차 생산자가 의도하는 맛과 향의 홍차를 생산한다. 원하는 수준까지 산화가 진행되면 건조시켜 더 이상 산화가 진행되는 것을 막는다.

다르질링 퍼스트 플러시는 이 산화 시간을 상대적으로 짧게 한 것으로, 신선한 꽃향이 나며 찻잎에는 푸름이 어느 정도 남아 있다.(최근에는 거의 녹차 수준으로 산화를 약하게 시키는 추세다.) 홍차가 다양한 맛을 내는 요인 중 하나는 산화를 포함한 각 생산 단계에서 티 매니저의 경험과 판단이 큰 영향을 미치기 때문이다.

건조

하나의 단계로서 건조의 목적은 산화를 포함한 찻잎의 모든 생화학적 효소활동을 중단시켜 더 이상의 변화가 일어나지 않게 하는 것, 그래서 장기간 보관을 가능하게 하는 데 있다. 건조 단계에서는 찻잎의 수분 함량을 보통 3퍼센트 안팎으로 줄인다. 오늘날 대부분의 홍차는 건조기라 불리는 기계 속에서 뜨거운 공기를 쐬며 건조된다. 건조 기간과 온도 등도 최종적인 맛과 향에 영향을 미치므로 세밀한 주의가 요구된다. 건조한 다음 높아진 찻잎 온도를 가능한 한 빨리 식혀야 하는데 이 역시 완성된 홍차의 맛과 향의 손실을 막기 위한 것이다.

이 건조 과정이 우롱차 가공 과정에서는 수분 함량을 낮춘다는 목적 외에도 우롱차 특유의 맛과 향을 강화하는 데 큰 역할을 하기도 한

다.('우롱차: 건조와 홍배'에 자세히 설명되어 있다.)

분류

  건조된 찻잎 더미는 진동하는 여러 개의 스크린을 위에서부터 통과하면서 크기에 따라 분류된다. 각각의 스크린은 한 등급의 찻잎만을 남기고 나머지는 아래의 더 작은 스크린으로 내려보낸다. 완성된 찻잎을 크기에 따라 분류하는 것은 찻잎 크기에 따라 우러나는 속도가 다르기 때문이다. 그리고 찻잎 크기에 따라 맛 속성도 달라진다. 제일 위에서 걸러지는 홀리프whole leaf는 차 고유의 다양한 맛을 지녀 가장 좋은 등급으로 꼽는다. 다음으로 브로큰broken 등급은 다소 강한 맛을 낸다. 그다음 등급은 더 잘게 쪼개진 잎으로 패닝fannings, 더스트dust라 불리며 주로 고급 티백 제품에 사용된다. 이렇게 분류된 찻잎은 크기에 따라 등급이 매겨져 포장되어 판매된다.(등급은 19장 참고)

  이렇게 녹차는 살청과 유념을 거치고, 홍차는 살청이 없는 대신 긴 위

··
다르질링에서 본 분류기(왼쪽)와
포장되어 출고를 기다리는
홍차(스리랑카).

조 과정과 유념, 산화 과정을 거쳐 결국 완전히 다른 외형, 맛과 향을 지
닌 완성된 차로 구분되는 것이다. 따라서 위와 같은 가공 과정의 차이를
알 수 없었던 영국을 비롯한 유럽인들은 홍차를 접한 지 거의 200년이
지날 동안에도 홍차와 녹차의 차이는 차나무 자체가 다름에서 오는 거
라 여겨온 것이다.

지금가지 설명한 홍차의 가공 과정인 채엽-위조-유념-산화-건조
의 분류로 구분되는 단계가 오늘날 정형화된 홍차 가공법으로 정통법
Orthodox Method이라 불린다. 이 가공 과정이 완성된 역사적 배경과 의미
는 뒤에서 또 다른 홍차 가공법인 CTC와 비교해서 알아보도록 하겠다.

3. 부분 산화차의
곤혹스러운
스펙트럼
우롱차

우롱차의 시작

우롱차에 대한 내 기억이나 이미지는 국내 음료회사에서 나오는 캔 우
롱차를 통해 형성되었다. 뭔가 옛날 분위기를 주는 어두운 캔 디자인에

이름도 낯선 우롱차烏龍茶. 게다가 맛은 무겁고 떫기만 해, 도대체 이런 걸 돈 주고 사먹는 사람도 있을까 하는 것이 우롱차의 첫인상이었다.

그런데 정말 아름다운 차의 세계가 우롱차의 세계다. 꼭 한번 우롱차의 세계를 경험해보기 바란다. 녹차가 매우 정적인 무채색의 음료라면, 홍차는 유화 같고, 우롱차는 무척이나 동적이고 파스텔화 같은 음료다.

이미 언급했듯 6대 차를 기본적으로 산화 정도에 따라 구분해본다면, 녹차를 비산화차, 홍차를 완전산화차, 우롱차를 부분산화차Partially oxidized라고 볼 수 있다.

산화도를 굳이 숫자로 나타낸다면 녹차를 0, 홍차를 100으로 볼 수 있고 우롱차는 10~80 사이에 있다.(숫자는 이해를 돕기 위한 것이다. 녹차도 어느 정도 산화가 일어나고 홍차도 항상 완전히 산화되는 것은 아니다.) 이 숫자가 말해주듯 산화 수준에 따라 아주 다양한 우롱차의 맛과 향이 있으리라 짐작할 수 있다.

그리고 다른 차와 마찬가지로 품종이나 테루아terroir(토양, 강수량, 햇빛, 바람, 경사, 관개, 배수 등)의 차이에서 오는 것에 더하여 특히나 우롱차에는 제조 과정에서의 다양함이 차의 맛과 향에 큰 영향을 미친다.

우롱차에서 홍차로 발전

우롱차는 17세기 전반인 명말 청초 시기에 푸젠福建성 우이武夷산에서 생겨난 부분산화차에 기원을 두고 있다. 어쩌면 기원을 두고 있다기보다 우롱차는 그때부터 쭉 발전해왔다고 보면 된다. 따라서 17세기 중반 이후 유럽으로 간 것은 녹차와 함께 그 무렵 처음 생산되기 시작한 우롱차(당시는 우롱차라는 용어를 사용하지는 않았다)일 것이라고 믿는 차 연구자가 많다.

당시 중국에서 유럽까지 배로 15개월 전후가 걸렸다. 바다 위에서 보낸 이 시간을 고려하면 산화가 안 된 녹차보다는 어느 정도 산화된 우롱차 품질이 더 좋았을 것이다. 이런 이유로 유럽인들이 부분산화차인 우롱차를 더 선호하자, 수출을 위해 차를 생산하는 중국인들은 산화 정도를 점점 더 높여가 결국 완전산화차인 홍차로 발전했다고 본다.

반면, 홍차를 마시지 않는 중국인들 자신을 위해서는 이 부분산화차를 발전시켜 오늘날의 화려하고 다양한 우롱차의 세계를 만들게 된다.

우롱차는 외형과 산화 정도를 기준으로 분류할 수 있다. 즉 흔히 보는 나뭇가지처럼 생겼지만 녹차나 홍차보다는 크기가 다소 큰 조條형과 구슬처럼 생긴 주珠형이다. 두 번째는 산화 정도인데 약하게 된 것을 녹색 우롱Green 혹은 옥색 우롱Jade이라 부르고 많이 된 것을 다크 우롱 Dark 혹은 호박색 우롱Amber이라고 부른다. 일반적으로 녹색 우롱은 녹차에 가까운 밝은 수색에 과일향, 꽃향 등이 풍부하다. 호박색 우롱은 향보다는 상대적으로 깊고 풍부한 맛을 특징으로 한다. 이런 차이는 주로 가공 과정에서 오지만 산지의 테루아를 반영한 것이기도 하다. 뒤에 설명할 산지로 나누어보면 대홍포로 대표되는 민베이 우롱은 산화를 많이 시킨 호박색 우롱으로 분류되고, 철관음으로 대표되는 민난 우롱은 약한 산화로 녹색 우롱으로 분류할 수 있다. 우선 전반적인 우롱차 가공 과정을 알아보자. 우롱차의 종류가 아주 다양한 만큼 생산 과정도 다양하기 때문에 기본적이고 공통된 단계만 살펴보겠다.

가 공 과 정

우롱차 가공 과정은 홍차나 녹차와 비교해 좀더 복잡하다. 채엽, 위조, 주청做靑, 살청, 유념(포유), 건조, 홍배로 이뤄지는데, 한 단계씩 살펴본다.

채엽

녹차나 홍차 채엽에서는 싹과 어린잎이 중요하지만 우롱차는 이들과 달리 어느 정도 자란 찻잎을 채엽한다. 즉 싹이 자라서 잎으로 변한 후 채엽한다. 종류에 따라서 채엽되는 잎이 상당히 큰 경우가 있다. 이렇게 채엽 기준이 다른 이유는 우롱차는 향을 중시하는데, 향을 발현시키는 성분이 어느 정도 자란 잎에 풍부하기 때문이다. 게다가 우롱차 가공 과정은 찻잎에 상당한 압력을 가하는 거친 단계들이 들어 있다. 이런 거친 과정에 싹과 어린잎이 견뎌내지 못하고 지나치게 손상되는 것도 이유가 된다. 예외적으로 타이완 우롱차인 동방미인은 싹과 어린잎 위주로 채엽한다. 큰 잎을 채엽하다보니 의외로 도구를 사용하거나 기계로 채엽하는 비중이 높다.

위조

위조는 실외, 실내 등 상황에 따라 다양하게 진행된다. 실외 위조는 햇빛에서 진행되며, 여름날 시골에서 고추를 말리듯 넓은 방수포 같은

햇빛 위조 중인 찻잎
(푸젠성 우이산)

데 펼쳐놓거나 혹은 둥근 대나무 채반에서도 한다. 실내, 실외 위조에 걸리는 시간은 30분에서 2시간 정도로 비교적 짧은 편이고 주로 날씨에 따라 좌우된다. 하지만 가공하고자 하는 우롱차 종류에 따라 워낙 변수가 많다.

주청

주청은 우롱차 가공에서 가장 핵심 단계다. 위조된 찻잎을 대나무 등으로 만든 지름 1미터 정도의 채반에 놓고 전후좌우로 흔들어준다. 이렇게 함으로써 채반에 스치는 찻잎의 세포막이 파괴되고 세포액(차즙)이 흘러나와 산화를 촉진한다. 즉 일종의 약한 유념 과정이라고 보면 된다. 이때 찻잎 가장자리가 먼저 상처를 입으면서 우롱차의 특징인 녹엽홍양변綠葉紅鑲邊, 즉 잎 가장자리는 붉은색이면서 안쪽은 푸른색을 띠는 현상이 나타난다. 이것을 삼홍칠록三紅七綠이라고도 하는데 산화되어 붉은색을 띠는 부분이 30퍼센트 정도, 산화되지 않은 녹색 부분이 70퍼센트 정도라는 뜻이다. 요즘의 산화를 약하게 시킨 청향 우롱차는 일홍구록一紅九綠 정도인 경우도 많다.

···
찻잎을 채반에 스치게 하는 요청 과정(왼쪽)과 이를 대량으로 할 수 있는 목제 요청기(푸젠성 우이산)

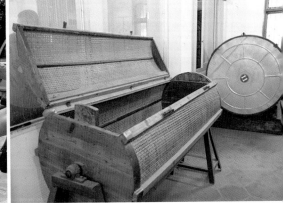

홍차란 무엇인가

이렇게 채반 위에 찻잎을 놓고 짧게 흔들다가 길게 쉬는 과정을 10~18시간 동안 되풀이하는데, 홍차 생산 과정에서의 유념과 산화를 동시에 하는 것으로 보면 된다. 다만 채반과의 마찰에 의존하는 까닭에 기계로 하는 유념보다 강도는 훨씬 약하겠지만, 이것이 원래의 주청이다. 요즘은 주청을 기계로 하는데, 대나무 등 표면이 거친 재질로 만든 회전하는 드럼통에 찻잎을 넣고 돌리면서 찻잎에 상처를 준다. 중국식 용어인 주청은 흔드는 과정인 요청搖靑과 가만히 두는 정치靜置(랑청浪菁이라고도 한다)를 한 세트로 일컫는 것이다.

살청

다음이 살청 과정이다. 주청 과정을 지나면서 어느 정도 산화가 이뤄진 찻잎을 뜨거운 솥이나 건조기처럼 생긴 회전하는 드럼에 넣어 약 300도씨의 고온으로 5~10분 살청하여 더 이상의 산화를 중단시킨다. 녹차의 살청과 개념은 같지만, 녹차 가공에서는 채엽 직후에 해서 산화를 초기 단계에서 막아버리는 반면, 우롱차는 어느 정도 산화가 일어난 뒤 더 이상의 진행을 중단시키는 것이 큰 차이점이다.

유념

살청 후 유념 단계를 진행한다. 나뭇가지 모양과 구슬 모양 우롱차의 외형이 구분되는 것이 이 단계다. 조형을 위해서는 홍차와 녹차 유념방법과 비슷해 일반적으로 유념기(롤링 머신)를 이용한다. 구슬 모양을 위해서는 뒤에서 설명할 포유 과정으로 들어간다.

이 구슬 모양을 얻기 위한 과정을 포유라고 하는데, 우롱차 가공 과정의 또 다른 큰 특징이다. 구슬 모양 우롱차는 굉장히 단단히 말려 있기 때문에 부피에 비해 무게가 많이 나간다. 3~4그램 정도 되는 몇 알

원통에 찻잎을 넣고 위에서
적당한 압력을 가하면서 아래
요철이 있는 둥근판 가장자리를
따라 회전하면 찻잎에 상처가
난다.

우롱차 우리는 법

나는 우롱차도 400밀리리터 물에 3~4그램의 차를 넣고 5분간 우린다. 여름에는 한 번 우린 찻잎에 다시 뜨거운 물을 부어 1시간 정도 뒀다가 차갑게 아이스티로 마시는 경우도 많다. 아주 고급스런 맛이다.

우롱차는 중국/타이완식으로 자사호紫沙壺나 개완蓋碗에 우리는 것이 맛과 향이 더 좋을 수 있다고 생각한다. 여러 번 우리면서 변화해가는 맛과 향의 차이를 알아보는 것도 우롱차를 즐기는 방법 중 하나다. 그러나 중국/타이완식으로 자사호·개완을 사용하는 것은 어느 정도 훈련이 필요하다. 초보자가 바로 할 수 있는 것은 아니다. 게다가 우릴 때마다 맛과 향이 같지 않을 가능성이 많다.

반면 내가 사용하는 홍차식 혹은 서양식 방법은 항상 동일한 맛과 향으로 우릴 수 있어 간단하고 편리하다. 따라서 초보자들은 처음에는 홍차식으로 우리다가 우롱차의 섬세한 맛과 향을 더 깊게 알고 싶은 분들은 자사호·개완을 사용하면 된다.

어느 방법이 더 좋다 나쁘다는 것보다는 자신에게 맞는 방법을 선택하면 된다는 뜻이다

의 구슬 모양 우롱차가 뜨거운 물속에서 온전한 찻잎으로 펴지면서 유리 티팟을 가득 채우는 모습은 볼 때마다 신비롭다.

포유

살청을 마친 10~20킬로그램의 찻잎을 사각형의 하얀 천에 담아 기계를 이용해 둥근 공 모양으로 싼다.(1단계) 그리고 이것을 요철이 있는 판 사이에 넣으면 이 판이 위아래에서 압력을 가하면서 회전한다. 이렇게 압력을 받으면서 둥근 찻잎 뭉치는 함께 회전하고 뒤집어지기를 반복하게 된다.(2단계). 5~10분(시간은 매우 유동적이다) 뒤에 다시 천을 풀고 단단한 공처럼 뭉쳐진 찻잎을 회전하는 실린더에 넣어 완전히 풀어헤치는 해괴 과정을 거친다.(3단계) 또 다시 천으로 싸는 것부터 시작해서 이 세 단계를 10~15번 정도 되풀이한다.(횟수 역시 매우 유동적이다.) 이 과정을 포유라 부르며 이로 인해 아주 단단하게 말린 구슬 모양 우롱차가 만들어지게 된다.

건조와 홍배

마지막이 건조다. 이 단계 또한 다소 복잡한 과정이라 설명하기 쉽지 않은데, 우선 개념만 짚어보자. 두 가지 건조 방법이 있는데, 하나는 앞

홍배실(왼쪽)과 숯불의 강도를
조절하기 위해 재로 덮은 모습
(푸젠성 우이산)

에서 설명한 것처럼 수분을 3퍼센트 이하 수준으로 낮춰 차의 품질에
더 이상 변화가 일어나지 않게 하는 것이다. 다른 차 가공 과정에도 있
는 일반적인 건조 방법이다.

　다른 하나는 홍배烘焙라는 과정인데, 대나무 바구니에 차를 담아 숯
불의 은근한 열기 위에 두는 것이다. 소요 시간도 2시간에서 60시간으
로 범위가 굉장히 넓고 횟수도 유동적이다. 최근에는 이것도 오븐 같은
기계 속에서 행해진다. 홍배는 차를 건조하는 역할보다는 차가 가지고
있는 맛과 향을 더 살려주는 역할을 해서 가향작업이라고도 한다. 중국
차에 있어 아주 특징적인 것이다. 그만큼 고도의 전문적인 기술이 필요
하며, 차 생산자마다 나름의 방법이 있어 딱히 정의 내리기 어려운 부
분이다.

　지금까지 언급한 것이 우롱차 생산 과정의 골격이다. 세세하게는 무
척 다양하므로 뼈대만이라도 이해해두면 가공 과정의 차이를 통해 차
를 더 쉽게 구분할 수 있고, 스스로 학습해나가는 데도 도움이 된다.

이렇게 가공된 우롱차는 생산지를 기준으로 크게 네 종류로 분류할 수 있다. 민베이閩北 우롱, 민난閩南 우롱, 광둥廣東 우롱, 타이완臺灣 우롱이다. 여기서 민은 푸젠성을 의미하는 약어로 민난, 민베이는 푸젠성을 남쪽과 북쪽으로 구분한 것이다.

민베이 우롱 - 대홍포

민베이 우롱은 푸젠성 북쪽에 있는 우이산 지역에서 생산되는 우롱차를 말한다. 무이암차(우이암차) 혹은 부이명총(우이명총) 등으로 알려져 있다. 이곳은 멀리 송나라, 원나라 시절부터 명차 생산지로 유명했다. 산 전체가 석회암으로 이루어진 커다란 바위 덩어리다. 아기자기한 봉우리와 능선에 깊은 계곡이 곳곳에 있고 차나무는 이 바위산의 계곡 사이 좁은 땅에서 자란다. 차나무 몇 그루를 심기 위해 많은 노력을 들여 여기저기 축대를 쌓아놓은 걸 보니 우이산의 이 땅을 매우 귀하게 여김을 알 수 있었다. 내가 방문했을 때처럼 맑을 때도 있지만 구름과 안개가

우이산 혜원갱 구역.
바위로 둘러싸인 계곡에
차나무가 자라고 있다.

끼는 날이 많다. 인간에게는 결코 우호적이지 않은 환경이지만 이 환경은 식물에 중요한 미네랄과 영양소를 공급한다. 그래서 바위가 많은 우이산에서 생산된 우롱차를 바위 암巖 자를 붙여 우이암차라고 부른다.

정산소종正山小種, 랍상소우총과 같은 홍차도 여전히 생산되지만 우이산은 이 특화된 암차로 더 유명하다. 우이암차 중에 유명한 것은 대홍포, 수금귀, 철라한, 백계관, 육계, 수선 등이다.

대홍포

대홍포大紅袍는 우이암차를 대표하여 '차왕'이라고도 불린다. 붉은색이 살짝 느껴지는 어두운 색으로 찻잎 외관에서 우선 중후한 느낌을 준다. 반면 수색은 등황색의 고운 빛이다. 우롱차 중에서는 산화도도 높고 홍배도 강하게 하는 편이었으나 최근에는 산화도 홍배도 약하게 하는 것이 새로운 추세다. 구운 복숭아 같은 과일의 단맛과 향을 느낄 수 있다. 이것은 품종과 강한 홍배 영향으로 판단되며 이러한 것을 사람들은 암

•••
홍콩 브랜드인 푹밍통에서
구입한 대홍포.

차 특유의 성질, 즉 '암운嚴韻'이라고 한다.

우이산 지역도 정암차 지역, 반암차 지역, 주차 지역 등으로 나누고 해당 지역에서 생산되는 우이암차의 맛과 향이 다르다고 알려져 있다. 정암차 지역에서도 삼갱양간三坑兩澗, 즉 혜원갱, 우란갱, 대갱구, 유향간, 오원간에서 생산되는 차 가격은 아주 높다. 물론 품질도 좋으리라 생각한다.

민난 우롱 - 철관음

민난 우롱의 대표적인 차는 그 유명한 안시安溪 철관음鐵觀音이다. 중국차나 우롱차에 관심이 없는 사람들도 한 번쯤은 들어봤음직한 중국 10대 명차 중에서도 자주 1위에 선정되는 차다. 안시는 지명으로 황금계, 모해, 기란 등의 이름을 가진 우롱차도 이 지역에서 생산된다.

포유 과정으로 인해 구슬형 외형이다. 밝은 녹색과 어두운 녹색이 적절히 섞여 보기에도 산뜻한 느낌을 준다. 이전에 비해 약해진 산화와 홍배로 섬세하고 가벼우며 향기로운데 이것을 '청향淸香'이라고도 한다.(전통 철관음은 농향濃香이라고 하여 상대적으로 맛과 향이 깊은 편이다.)

구슬 모양의 철관음 외형

이 같은 향은 차나무 품종의 차이와 더불어 민베이 우롱보다 산화를 덜 시킨 데서 오는 것으로 민난 우롱은 향을 우선시한다. 이것은 풍부하고 깊은 맛을 강조하는 민베이 우롱과의 뚜렷한 차이 중 하나다. 수색은 청향에 어울리게 깔끔하고 투명한 옅은 연두와 노란색을 띤다. 정말 아름다운 색이다. 이런 수색에도 불구하고 상당한 바디감을 지녀 결코 어린 느낌만을 주지는 않는다.

우린 잎은 포유로 인해 주름져 있고, 매우 짙어 어두워 보이는 녹색 찻잎에 가장자리가 자줏빛으로 테두리되어 있다. 이런 녹엽홍양변은 요청 과정의 결과이며 정성 들여 만든 철관음의 대표적인 외형이나. 우린

잎 하나하나가 따로 분리되어 있는데 이것은 뒤에 설명할 아리산 우롱과의 차이점이다. 아리산 우롱은 줄기에 2~3개의 잎이 붙어 있다.

광둥 우롱 - 봉황단총

...
직조형의 봉황단총 외형

봉황단총, 뭔가 이름만으로도 귀한 차처럼 느껴지는 우롱차다. 실제로도 그렇다. 여기서 봉황은 차나무가 자라는 광둥성 차오안潮安현의 펑황산鳳皇山이라는 지명에서 온 것이며 단총單叢은 하나의 차나무 잎으로 만든 차라는 뜻이다. 즉 한 그루씩 따로 채엽하고 제다한다는 것이 원래 뜻이나, 오늘날에는 한 품종의 채엽과 제다의 뜻도 지니게 되었다.

그리고 봉황단총은 봉황수선 품종의 차나무 잎으로 만든 차의 총칭이며 개별 차의 이름은 아니다. 봉황수선종은 유전적인 다양성으로 많은 돌연변이가 생길 수 있으며 이 가운데 선택된 것이 지금까지 남아 있다.

우롱차 중에서도 다양하고 풍성한 향으로 특히나 유명한 것이 봉황단총이다. 그 향이 찻물에 그대로 녹아들어 마실 때 마치 입 속에 꽃향과 과일 향이 가득 차는 듯하다.

이런 연유로 봉황단총 각각은 찻잎 향이나 우린 차 향을 기준으로 구분되고 이름이 정해진다. 즉 봉황단총 밀란향(꿀과 난꽃), 봉황단총 지란향(영지와 난꽃), 봉황단총 계화향(계화는 우리나라에서 은목서, 금목서로 알려진 꽃이다), 봉황단총 황지향(치자꽃) 등으로 맛과 향을 구분하며 수십 종이나 된다. 위에 언급한 것 외에 옥란향(목련꽃), 야래향(달맞이꽃), 행인향(살구씨향), 육계향(계피향), 유화향(중국자몽꽃), 강화향(생강)을 더하여 봉황단총 10대향이라고도 한다. 솔직히 나는 이 다양한 향을 구별하기 어려웠다. 분명히 느낄 수 있는 것은 복숭아 향이다.

봉황단총의 외형은 우아한 조형인데, 비슷한 모양의 대홍포와 비교하면 직조형에 가깝다. 수색은 금황색으로 명도가 뛰어나 깔끔함을 느끼게 하며, 우린 잎은 녹엽홍양변이 잘 드러난다. 마시면 내가 귀해지는 듯 기분이 좋아진다. 이 또한 여름에는 한 번 우린 잎에 다시 뜨거운 물을 부어 1시간 정도 두었다가 아이스티로 마시면 탁월하다.

타이완 – 아리산 우롱

과거에 포르투갈인들에 의해 일라 포모사Ilha Formosa(아름다운 섬)라고 불린 타이완은 푸젠성과 타이완 해협을 두고 마주 보는 길이 약 380킬로미터, 폭이 약 140킬로미터의 크지 않은 섬나라다. 산이 많은 지형과 아열대 기후로 고품질의 차를 생산하는 데 유리한 조건을 갖추고 있다.

타이완은 19세기 중반부터 생산하기 시작한 우롱차 수출을 통해 차 생산국으로 이름을 알렸다. 1945년 일본으로부터 해방된 이후 중국이 해외 무역을 하지 않은 1950~1970년대에 걸쳐 용정, 철관음 등 중국 명차들을 대신 생산하여 수출함으로써 수익을 창출했다. 그러나 중국이 개방하고 가격이 더 저렴한 고품질 중국차를 직접 수출하면서 해외 시장에서 급격히 경쟁력을 잃게 되자 다시 우롱차 생산에 전념한다.

게다가 1980년대 들어 타이완 경제가 발전하면서 땅 값이 오르자 어쩔 수 없이 높은 산으로 차 재배지를 옮겨야만 했다. 고지대에서 산화를

•••
동방미인(백호오룡)의
등급별 찻잎. 오른쪽으로
갈수록 등급이 높다.

약하게 시킨 포종차 스타일의 우롱차를 생산하면서 좀 더 가볍고 신선하고 섬세한 뉘앙스의 향기로운 맛과 향을 가진 고산高山 우롱차가 탄생하게 되었다.

오늘날 타이완을 대표하는 우롱차로는 아리산 우롱, 리산 우롱, 대우령 등 고산 우롱이다. 하지만 오랜 전통의 문산포종, 동방미인, 동정 우롱 또한 탁월한 맛과 향을 가지고 있다.

산화 정도도 다양하고 외형도 다양한 많은 종류의 우롱차를 생산하면서 타이완은 우롱차 세계에서는 독보적인 영역을 가지고 있다.

몇 년 전부터 우리나라에서도 타이완 우롱차가 관심을 받게 되면서 어렵지 않게 다양한 타이완 우롱차를 즐길 수 있게 되었다.

아리산 방문기

아리산 우롱은 1500미터 전후의 고산지대에서 생산된다. 버스로 한참 올라가면 비록 높은 산임에도 완만한 등성이가 나오며 온 사방이 차밭으로 가꾸어져 있다.

멀리 굽이굽이 산등성이가 겹쳐 보여 높은 곳임을 알 수 있었다. 안내하는 분은 올 때마다 산이 안개와 구름으로 싸여 있어 주위 환경을 거의 볼 수 없다고 했는데, 다행히 우리가 갔을 때는 날씨가 맑아 주위 경관이 뚜렷했다.

인상적이었던 점은 그렇게 고지대였음에도 스프링쿨러가 잘 설치되어 있어 계속해서 물을 뿌리고 있는 광경이었다. 차밭에서 조금 위쪽에 위치한 산에는 커다란 물탱크가 푸른 하늘을 배경으로 육중하게 서 있었다. 11월경이었는데, 흰색에 가까운 노란 꽃잎이 시들어가고 속에 있는 샛노란 꽃술이 두드러져 보이며, 곳곳에 널려 있는 이 꽃술에 벌들이 앉아 있었다.

다르질링이나 스리랑카 고산지대 차처럼, 안개와 구름으로 인한 습도 공급 및 햇빛 차단 효과 그리고 서늘한 기후 덕분으로 아리산 우롱차 또한 찻잎에 향을 농축시켜, 이 향이 코를 통해서뿐만 아니라 혀에도 느껴져 굉장한 바디감을 준다. 아리산 우롱차가 혀를 코팅한다고 하는 서양인들의 표현이 정말 와 닿는다. 깔끔하고 맑은 수색임에도 바디감이 이렇게 강할 수 있는지 신기할 따름이다.

아리산 우롱의 맛과 향

다르질링 퍼스트 플러시가 사방으로 확 퍼져나가는 향이라면, 아리산 우롱은 안으로 감겨 들어가는 듯한 느낌을 준다. 이런 차이가 바디감에 영향을 주는 것일지도 모른다고 조심스럽게 추측해본다.

외형은 녹색과 짙은 녹색으로 조화를 이루며 보기에도 아주 단단히

아리산 고지대에 위치한 다원 모습

•••
완두콩 같은 찻잎을 조금 넣었는데 사진에서 보는 것처럼 단계를 밟아 완전한 찻잎의 모습으로 변해간다. 특히 위에서 세 번째 사진을 보면 엽맥이 선명히 보일 뿐만 아니라 잎의 가장자리가 붉게 물든 녹엽홍양변을 뚜렷이 볼 수 있다.

말렸다는 인상을 준다. 줄기가 옆에 붙어 있어 마치 꼬리 달린 완두콩 같다. 유리 티포트에서 우려지는 모습을 보면 잎이 확 펼쳐져 찻잎 엽맥이 선명하고 주위에는 요청으로 인한 녹엽홍양변이 뚜렷하다. 단지 몇 개의 구슬만을 넣었는데, 우려지는 과정에서는 찻잎이 티포트를 가득 채운다. 우린 잎을 보면 줄기에 평균 세 개 이상의 찻잎이 매달려 있다. 조그만 완두콩 크기의 구슬에 이렇게 많은 찻잎이 매달려 있었다니. 포유 과정을 얼마나 정성 들여 했는지 알 수 있다.

같은 우롱차 계열이지만 우이산의 대홍포와 타이완의 아리산 우롱은 넓은 스펙트럼의 양 끝에 있는 듯하다. 가공 과정, 맛과 향, 외형까지 많이 다르다. 아름다운 우롱차의 세계다.

백차white tea는 다소 어려운 차다. 우러난 색상도 여느 종류의 차와 달리 거의 물과 같은 색이며, 맛도 뭐라고 말할 수 없이 밋밋하다. 그래서 차에 익숙하지 않은 사람이 마시면 실망할 가능성이 매우 높다.

하지만 좀더 자세히 보면 수색은 꿀물 같기도 하고 연한 노란색으로 보이기도 한다. 맛은 아주 미묘하면서 입안을 가득 채우는 바디감과 함께 살짝 달콤하면서도 고소한 느낌도 주는 듯하다.

백차의 이런 특징은 100퍼센트 싹으로만 만들어진다는 것, 그리고 여느 차와 달리 가공 과정이 매우 단순해 인위적인 개입이 적다는 것에서 기인한다. 말은 이렇게 간단히 해도 생산하기 매우 까다로운 차가 백차다.

백호은침

이것은 푸젠성에서 생산되는 진짜 백차인 백호은침 이야기다. 그러나 지금은 이처럼 어렵기도 하고 생산량도 적은 백호은침 외에 백모단, 공미, 수미 같은 변형된 형태의 백차도 쉽게 접할 수 있다.

백차는 북송의 마지막 황제라고 알려진 휘종이 좋아한 차로도 유명하지만 이 당시 백차는 현재 백차와는 다르다. 오늘날 우리가 알고 있는 백호은침은 19세기 초 처음 개발되어 중후반부터 푸젠성에서 본격적으

로 생산되기 시작했다. 일반 차나무의 싹으로 백차를 만드는 것이 아니고 백호은침을 생산하는 차나무는 오랜 시간을 거쳐 많은 품종 중 선택된 정허政和(정화) 지역의 정화대백종, 푸딩福鼎(복정) 지역의 복정대백종이라고 하는 하얀 솜털로 덮인 크고 튼실한 싹을 가진 차나무 품종이다.

이른 봄의 새싹은 차나무가 겨울 동안 뿌리에 저장해놓았던 영양분을 공급받기 때문에 그 어느 때보다도 더 풍부한 맛을 지닌다. 게다가 하얀 솜털이 이 어린 싹을 감싸고 있다. 백호白毫는 말 그대로 하얀색 솜털이라는 뜻이다. 이 큼직한 싹을 채엽하여 위조와 건조라는 단순하면서도 모방하기 어려운 과정을 거쳐 만들어진다.

즉 녹차에 있는 살청과 유념 과정이 없고 또 홍차와는 달리 산화 과정도 없다. 하지만 위조 과정에서 자연스럽게(홍차처럼 의도한 것이 아닌) 효소에 의한 약한 산화는 일어난다. 따라서 백호은침은 굳이 분류하자면 약산화차로 볼 수 있다. 중국차에서 지역에 따른 가공 과정의 차이가 일반적인 것처럼, 백호은침도 위조와 건조 과정에서 생산자마다 조금씩 차이가 있다.

백호은침의 특징

위조 과정을 거치는 동안 싹들은 녹색에서 녹회색을 지나 보는 각도에 따라 색깔이 변하는 진주 같은 은색으로 바뀌는데, 이는 싹 안에 있는 적은 양의 엽록소가 사라져가기 때문이다. 최근 들어 중국에서 구입하는 백호은침은 위조를 상대적으로 짧게 해서인지 싹에 푸른 기가 많이 남아 있고 맛 또한 풋풋함이 많이 느껴진다. 완성된 백호은침은 통통하면서도 길쭉하게 원래 싹의 모습을 유지하며 하얀 솜털로 감싸져 있다. 이 섬세한 차는 70~80도의 낮은 온도에서 다소 길게 6~8분쯤 우려야 하는데, 싹에 상처를 입히는 유념 과정이 없어 우러나는 데 시간

이 걸리기 때문이다.

우릴 때 유리 티포트에 물을 붓고 그 위에 찻잎을 흩뿌린 뒤 잠시 있다가 티포트를 한번 흔들어주면 표면에 떠 있던 찻잎 중 일부가 물속으로 향해 수직으로 서는 것을 볼 수 있다. 이렇게 보일 듯 말듯한 연노란, 연푸른 수색으로 변해가고, 우린 뒤 엽저는 연녹색 혹은 연한 쑥색이 된다.

백호은침의 매력은 순수한 단순함에 있다. 엷은 색조를 띤 수색과는 달리 입안을 가득 채우는 듯한 바디감, 그리고 달콤하면서도 미묘한 과일 향 같기도 하고 꽃향기 같기도 하며, 한편으로는 덖음 녹차의 구수한 맛과는 다른 고소한 맛이 느껴지기도 한다. 딱히 표현하기는 어렵지만 매우 안정적이며 귀족적인 차임을 알 수 있다.

홍차란 무엇인가

인도, 스리랑카, 케냐 등에서 백호은침 생산

지난 몇년 백차가 음용자들의 인기를 끌자 전 세계 많은 곳에서 생산하기 시작했다. 중국에서도 안후이 성을 비롯한 여러 지방에서 그리고 인도의 닐기리, 다르질링, 아삼, 나아가 스리랑카와 심지어 케냐에서까지도. 내가 현재 가지고 있는 정통법으로 만든 백차는 세 가지인데, 하나는 싱가포르 TWG 매장에서 구입한 '인전Yin Zhen(은침)'이라고 표시된 것이며, 나머지는 스리랑카에서 생산한 것으로 딜마와 트와이닝에서 구입한 실론 실버 팁이다.

중국 외 지역에서 생산되는 백차 중에서는 특히 스리랑카에서 생산되는 백차Ceylon Silver Tips가 가격 대비 품질이 훌륭한 것으로 평가받고 있다. 실론 실버 팁스는 자색차나무Purple Leaves라고 불리는 특별한 품종의 싹으로 만들어진다.

이외에도 각 생산지에서 생산되는 백호은침 스타일의 백차가 해당 지역의 테루아를 반영한 매력적인 특징을 보일 수 있을지 자못 기대된다.

현재 우리가 구입해서 마실 수 있는 백차로는 세 종류가 있다.

첫째는 푸젠성에서 생산한 정통 백호은침, 둘째는 백호은침과 같은 정통 방법으로 생산했지만 실론 실버 팁스같이 푸젠성 이외의 지역에서 생산한 것, 셋째는 푸젠성에서 변형된 형태로 생산되는 백모단, 공미, 수미라는 이름의 현대식 백차가 있다. 최근에는 원난성에서 생산되는 백차인 월광백月光白도 조금씩 관심을 받고 있다.

백모단

변형된 형태의 백차들과 백호은침은 외관부터 확연히 달라 결코 혼동되지 않는다. 백모단의 가장 큰 특징에는 싹뿐만 아니라 잎도 포함되기 때문이다. 백호은침과 같은 대백종 차나무의 싹과 잎으로 만들어지

°°°
마리아주 프레르의 백모단

며, 찻잎에 대한 싹의 비율이 백모단의 등급을 결정한다. 싹이 많을수록 좋은 품질로 여겨진다.

가공 방법도 백호은침과 동일하게 위조와 건조 과정만을 거치기 때문에 부피가 꽤 있으며 싹과 잎이 야생적으로 조화된 듯한 느낌을 준다. 수색도 약간 진해 짙은 황색을 띠며, 맛 역시 백호은침보다는 농축된 느낌이다.

백모단은 20세기 초반 푸젠의 차 생산자들이 영국으로 수출할 목적으로 싹에 잎을 포함시켜 다소 강한 맛의 백차를 만들면서 탄생했다. 백모단이 특히 해외에서 환영받는 이유는 매우 비싼 백호은침과는 달리 대량생산이 가능해 가격이 싸기 때문이다. 게다가 맛도 백호은침의 달콤함과 미묘함을 그대로 유지하면서 좀더 강해 어렵지 않게 백차를 즐길 수 있고, 잎에서 오는 약간 부드러운 풋풋함이 녹차의 느낌도 주기 때문이 아닐까 한다.

아래 글은 백모단에 대한 시음기인데, 로네펠트에서 구입한 것으로 등급이 조금 낮은 백모단이었던 것 같다.

백모단의 외형은 옛날 예비군복 같은 색의 배합을 보여준다. 이렇게 보이는 것은 녹색 톤이 약간 있는 흰색의 마르고 긴 싹과 건조된 잎의 다양한 색상, 그리고 짙은 회색의 비쩍 마른 줄기가 섞여 있기 때문이다. 엽저는 전체적으로 색상이 밝아지는데, 줄기도 푸른색으로 돌아오고 잎과 싹도 연녹색의 파스텔 톤으로 보인다. 우린 잎이 여리다는 느낌이다. 이 백모단은 건조한 잎에서 달고 풋풋한 향이 나는데, 우린 차에서는 그 향에 물을 적신 것같이, 우리기 전의 향과 우린 뒤의 향이 일관성을 가진다. 약간 더 고소해졌다는 차이만 있을 뿐이다.

정통 백차의 맛과 향이 그대로 있으나 훨씬 더 뚜렷하다. 정통 백차의 희미한 맛과 향이 아니라 농도를 훨씬 더 올린 느낌이다. 다만, 다소 거친 느낌이 드는데 나쁘다는 뜻은 아니다.

수미 壽眉

공미와 수미는 기본적으로 싹은 포함되지 않고 잎으로만 만든다.

백호은침과 백모단 생산이 끝나고 시간이 지나 잎이 점점 더 자라난 늦은 봄에 공미와 수미를 생산한다. 현재 공미는 유명무실해지고 주로 수미만 남아 있다. 수미는 홍콩의 식당이나 찻집에서 인기가 높고, 이런 곳에서의 수요에 맞추기 위해 가격도 저렴하게 했다. 가볍게 유념도 하고 어느 정도 산화도 시켜 맛을 다소 강하게 한 것으로 1960년대부터 생산해왔다. 수미 형태의 백차는 티백이나 가향차 생산에 쓰이며 녹차, 우롱차, 홍차 등과 블렌딩도 된다. 여러 홍차 브랜드에서 화이트티white tea라고 명명된 비싸지 않은 백차들은 대체로 백모단/수미 스타일에 베이스를 두고 있는 듯하다.

이렇듯 백차도 깊게 들어가면 여러 분류가 있다. 내가 마시는 백차가 어디에 속해 있는지에 대한 정보가 있으면 맛과 향에 대해 이해하기가 쉬울 것이다.

백모단은 어떤 브랜드와 등급이든 대체로 실망시키지 않는다. 홍콩 밍차Mingcha에서 구입한 수미는 아주 훌륭하다. 물론 매우 고가라 앞에서 설명한 일반 등급의 수미는 아니다. 수미 형태는 갖췄지만 매우 고급이다. 여전히 백호은침은 어렵다. 내 미각이 문제인지 정말 좋은 백호은침을 만나지 못한 건지, 알려진 명성에 걸맞은 백호은침을 아직 맛보지 못한 것 같다.(백차에 관한 좀 더 자세한 내용과 시음기는 『철학이 있는 홍차 구매가이드』 8장 '백차' 편 참고)

5. 천천히 만들어지는 달콤함, 황차

황차는 송나라 시절 황제의 공차貢茶로 쓰일 정도로 역사도 오래되고 품질도 뛰어나다. 그러나 생산 과정이 복잡하고 많은 공을 들여야 해 공급량이 줄어들고, 이러다보니 수요 또한 부족해 중국에서도 생산량이 점차 줄고 있다.

황차yellow tea는 외형상으로는 녹차와 비슷해 구별하기 쉽지 않다. 신선하고 푸르며, 단정한 찻잎이 그러하다. 그러나 그 푸른 찻잎에 기분 좋은 아주 가벼운 황금색의 기운이 서려 있다. 외형뿐 아니라 가공 과정도 녹차와 비슷한 면이 많다. 그러나 녹차와 달리 떫은맛은 거의 없고 부드러우면서 달콤하며 또한 신선하고 산뜻한 기운이 있다.

···
황색 색조가 살짝 느껴지는
황차 외형

신선하고 산뜻한 맛은 녹차와 마찬가지로 이른 봄의 싹이나 어린잎을 채엽하기 때문이며, 부드럽고 달콤한 맛은 황차의 가장 큰 특징으로 가공에서의 민황悶黃 과정 때문이다.

가 공 과 정

민황은 채엽한 찻잎을 살청과 아주 약한 유념을 거친 뒤(생략할 수도 있다) 찻잎 자체 수분이 있는 상태로 더미로 만들어 천이나 종이로 싸거나 덮어 짧게는 몇 시간, 길게는 며칠 동안 두는 과정이다. 이 상태로 시간이 지나면 찻잎 더미에서 열이 발생한다. 적당한 시간 간격으로 더미를 풀어 헤치고 추가로 더해지는 증기를 통해 습도를 조절한 후 다시 더미를 만든다. 그 동안에도 공기는 공급된다. 만들고자 하는 차 성질에 따라 이 과정이 필요한 횟수만큼 반복된다. 이러는 동안 찻잎의 화학적 성질이 변화하며 이로 인해 차의 맛과 향이 좀더 부드러워지게 된다. 증기를 가하는 횟수 그리고 천으로 덮는 방법 및 덮어두는 시간 등이 차 품질과 맛에 영향을 미친다.

이 민황 과정에서 일어나는 변화에 대해서 약한 발효 혹은 산화 등 여러 엇갈리는 주장들이 있다. 최근 설득력 있는 주장은 습기와 열에 의한 산화현상이라는 것이다. 산화에는 효소가 개입하는 효소산화가 있고 (홍차, 우롱차 등) 효소 없이 산소, 온도, 습도만으로 진행되는 소위 자연산화가 있다. 이 자연산화는 높은 온도, 높은 습도 하에서는 더 빨리 진행된다. 민황 과정이 찻잎에 이 조건을 만들어준다고 보는 것이다. 따라서 황차 역시 백차처럼 약산화차로 분류할 수 있지만 백차는 효소에 의한 산화이고 황차는 높은 습도와 높은 온도에 의한 자연산화(비효소산화라고도 한다)인 것이 다른 점이다.

분명한 점은 일정 시간 찻잎을 쉬게 하는 민황 과정을 통해 황차가 숙성된, 부드럽고 달콤한 특징을 지닌 차로 변하게 되는 것이다.

새롭게 관심 받는 황차

유명한 황차로는 안후이성의 곽산황아, 허난성의 군산은침, 쓰촨성의 몽정황아 등이 있다. 차 이름에서도 알 수 있지만 이들은 싹으로만 만들어졌다. 외형은 단정하며 부서진 조각은 거의 포함되어 있지 않다. 크기 또한 균일하고 약간의 황색 톤이 가미된 생동감 있는 녹색이다.

이른 봄 아직 솜털이 덮여 있는 건강한 싹들로 가공된 황차는 우릴 때도 끓은 뒤 조금 식힌 물을 써야 한다. 그래야만 황차 본연의 섬세한 맛을 잘 살릴 수 있다. 앞서 본 것처럼, 지금은 녹차와 우롱차는 말할 것도 없고 백차까지도 중국 외에 인도와 스리랑카, 케냐 등 많은 나라에서 생산한다. 하지만 수요가 없어서인지 혹은 생산 과정의 어려움 때문인지 중국 이외 국가에서는 황차를 생산하지 않는 것 같다. 중국에서조차도 생산 과정이 복잡하고 많은 공을 들여야 하기 때문인지 생산량이 몇 천 톤에 불과하다. 중국의 차 생산량을 고려하면 아주 미미한 양이다. 아주 최근 들어 차의 고급화와 다양화 추세 속에서 중국에서도 황차가 새롭게 관심 받기 시작했다는 소식이다. 앞으로는 생산량도 더 늘어나서 보다 손쉽게 좋은 황차를 구할 수 있지 않을까 기대한다.

마리아주 프레르에서 판매하는 '테 존 뤼미에르 도르THÉ JAUNE LUMIÈRE D'OR—T2812'는 곽산황아다. 가격 대비 품질이 훌륭한 편이라 추천한다.

황차인데 황차 yellow tea 는 아니다

우리나라에서 생산, 판매되는 황차 중 하동에서 만들어지는 한 제품의 가공 과정을 살펴볼 기회가 있었다. 전혀 다른 과정을 거치는데, 일단 살청 과정이 없고 대신 채엽 후 햇볕 아래에서 위조를 한다. 그 다음 강한 유념 후 민황 과정에 들어간다. 민황만 제외하면 완전히 다른 가공 과정을 거치기 때문에 완성된 찻잎의 외형 및 맛과 향이 중국 황차와는 전혀 다르다. 내 생각에는 가공 방법뿐만 아니라 맛이나 향 조차도 홍차에 가까운 것 같다. 한국 황차는 이름이 같더라도 중국 황차와는 완전히 다른 것이며 결코 중국 황차를 닮으려는 것도 아니라고 말한 어느 서양 차 전문가의 말이 정확하다.

다음은 군산은침에 대한 시음기다.

...
고품질 황차는 싹으로만
만든다

언뜻 느끼기에는 녹차와 비슷한 구수한 맛이지만 떫은맛이 전혀 없는 아주 부드러운 차다. 또한 신선하고 단백함, 깔끔함이 조화되어 이루 말할 수 없는 우아함을 풍긴다.

모범생처럼 단정하고 균일하며 온전한 싹의 모습을 흐트러짐 없이 갖고 있는, 회색을 띤 녹색의 외형에서도 이 차를 만든 사람의 정성이 전달되는 듯하다.

수색은 백차와 비슷하면서도 옅은 미색을 띠고 있다. 우려지는 유리 티

포트 속에서 아래로 코를 박고 일렬로 선 또렷하고 무척이나 예쁜 싹의 모습을 보고 새삼 중국차에 대한 경외감이 솟아난다.

흑 차 와 보 이 차

흑차는 후발효차로 찻잎이 흑갈색이며 수색은 보통 갈황색이나 갈홍색을 띤다. 6대 다류 중 하나다.

윈난성의 보이숙차, 후난성의 천량차와 흑전차, 광시성의 육보차 등이 이에 속한다. 그러나 생산량이나 인지도에서의 압도적인 영향으로 우리나라뿐만 아니라 서양에서도 보이차가 흑차의 대표 주자가 되어 보이차가 곧 흑차라는 인식이 자리잡고 있다. 여기에 보이차가 콜레스테롤을 낮춘다, 당뇨에 좋다, 다이어트에 좋다는 정보가 널리 퍼지면서 우리나라에서는 중국차 하면 보이차를 떠올릴 정도로 중국차의 대명사가되었다.

반면 관심에 비해서 이론적으로는 정리가 잘 되어 있지 않는 차가 보이차이기도 하다. 여기서는 보이차를 이해하는 데 있어 가장 기본적인 보이숙차(숙병), 보이생차(청병)를 중심으로 가공법과 차이점을 간략히 알아본다.

보 이 차 의 정 의

보이차는 중국 윈난성 남쪽 끝에 있는 시솽반나(서쌍판납西雙版納, Xishuangbanna) 지역을 중심으로 해서 인접한 푸얼시, 린창시 등에서 주로 생산된다. 미얀마, 라오스, 베트남과 국경을 접하고 있는 시솽반나는 차나무가 기원한 곳으로도 알려져 있다. 푸얼普洱은 이 지역의 중심 도시로 주위 차 생산지에서 가공된 (보이)차들이 일단 이곳에 모였다가 판매되

중국 윈난성 시솽반나의 차밭.

었는데, 이로 인해 이 지명을 따서 보이차로 불렀다고 한다. 반면 푸얼에
서 원래부터 차가 생산되어 생산지 이름을 따라 명나라 때부터 보이차
라고 불렀다는 주장도 있다.(보이차가 유명해짐에 따라 원래의 푸얼은 현재
닝얼寧洱현으로 명칭이 변경되었고 대신 푸얼시는 닝얼현을 포함한 더 큰 행정구
역 명칭이 되었다). 국내에서는 보이차로 굳어졌지만 원래 중국어 발음은
푸얼Pu'er이다.

　2008년 중국 정부가 정한 보이차의 정의에 따르면, 윈난에서 채엽된
윈난 대엽종 차나무 잎을 사용해 햇볕에 말린 초벌 차를 원료 삼아 윈
난에서 생산한 것으로, 숙차와 생차로 나눈다고 정리할 수 있다. 처음

홍차란 무엇인가

에는 윈난성에서 만들어졌으나 역사적·경제적 이유 등으로 광둥, 푸젠, 쓰촨 같은 윈난 이외의 지역뿐만 아니라 베트남과 라오스 등 다른 나라에서도 만들어졌다. 이러다보니 시장에서 혼란이 생겨나 중국 정부가 수습에 나선 것이다. 위의 정의에서 다른 것은 말 그대로 받아들이면 되지만 생차와 숙차에 관해서는 설명이 필요할 뿐만 아니라 보이차를 이해하는 데 매우 중요한 의미가 있기 때문에 자세히 알아보자.

보이차 숙성 과정에 대한 다양한 주장들

나의 작업실에는 수백 종의 홍차가 있다. 맛과 향에 대한 궁금증으로 하나씩 구입하다보니 온 벽면이 홍차로 가득 차 있다. 이로 인한 가장 큰 스트레스는 시간이 지날수록 차의 맛과 향이 떨어지는 것이다. 녹차와 달리 산화 과정을 거쳐 가공된 홍차는 상미賞味 기간이 훨씬 더 길긴 하지만 어쨌든 일정한 시간이 흐르면 품질이 떨어지는 것이 사실이다. 그런데 좋은 찻잎으로 잘 만든 보이차는 시간이 지나면서 맛과 향이 숙성되어 오히려 더 매력적으로 변하는데, 오래된 와인처럼 이 점이 바로 보이차가 오늘날 인기를 누리는 원인 중 하나다. 이런 변화를 일으키는 원인 및 과정에 대해서는 다양한 주장들이 있어왔다. 오랫동안 이 변화가 미생물에 의한 것이라고 알려져 이 과정을 후발효라고 불렀다. 하지만 이 과정에 미생물이 개입하지 않는다는 최근 연구 결과가 많다. 또다른 주장은 이 과정 역시 효소에 의한 산화라는 것이다. 효소에 의한 변화라면 홍차, 우롱차와 기본적 메커니즘은 같다고 볼 수 있다. 다만 변화에 걸리는 시간이 훨씬 길다는 차이점은 있다. 내 생각에 가장 설득력 있는 주장은 미생물도 효소도 개입하지 않고 산소와 온도에 의해서만 일어나는 자연산화라는 것이다. 앞 황차 부분에서 잠시 언급한 내용이다. 차이점은 보이차는 온도와 습도가 높지 않은 조건에서 보관되어

변화에 상당히 긴 시간이 필요하고 황차의 경우는 민황 과정의 높은 습
도와 온도로 인해 짧은 시간에 변화가 일어난다는 점이다. 차 연구는 계
속 진행되니 시간이 지나가면 확실한 원인이 밝혀지리라 믿는다.

생차와 숙차

갓 만들어진 차를 생차라 하고 이런 생차가 위에서 설명한 변화 과정
을 통해 숙성된 차를 숙차라고 한다.

잘 만들어진 생차는 다소 강하기는 하지만 맑고 깨끗하며 풋풋한 맛
과 향을 지녀 나름의 매력이 있다. 더구나 최근에는 100년 이상 된 고
차수 잎으로 만든 생차의 맛과 향을 선호하는 새로운 추세가 생기고도
있다.

시간의 흐름과 함께 변화 과정을 거친 숙성된 숙차는 순하고 부드러
운 또 다른 특징이 있다. 우리나라뿐만 아니라 보이차의 최대 소비지인

홍차란 무엇인가

홍콩, 타이완, 중국 광둥성에서는 숙성된 맛을 선호한다. 그러나 숙성 시간에 대해서는 1년, 5년, 10년 같이 딱 잘라서 말할 수 없다. 변화 과정의 특성상 어떤 상태에서 보관하느냐에 따라 많은 변수가 작용하기 때문이다. 일반적으로는 온도와 습도가 적절하고 산소가 잘 순환되어야만 숙성이 잘된다. 숙성 과정이 이처럼 까다로울 뿐만 아니라 자연 상태에서는 시간 또한 오래 걸리므로 숙성된 차를 선호하는 소비자들의 수요를 충족시키기 위해 새로운 가공법이 개발되었다. 1973년 윈난성에서 개발된 악퇴발효(미생물 발효) 가공법은 수십 일 만에 숙성 효과가 일어나게 하는 방법이다.

보이차 가공 과정

보이차는 일단 초벌 차 혹은 모차라고 불리는 원료 차를 만들기 위한 1차 과정과 이를 보이차로 만드는 두 단계로 나눌 수 있다.

모차 가공

"윈난에서 채엽된 윈난 대엽종 차나무 잎을 사용해 햇볕에 말린 초벌 차를 원료 삼아 윈난에서 생산한 것으로, 숙차와 생차로 나눈다"라는 위의 보이차 정의에서 언급된 초벌 차는 모차毛茶라고도 불린다. 생차든 악퇴발효 숙차든 모차를 원료로 한다. 가공법을 알아보겠다.

채엽-살청-유념-건조의 네 단계로 나누는데, 녹차의 제다법과 유사하다. 물론 반드시 윈난 대엽종 찻잎으로만 가공해야 한다. 차이점은 유념 과정 이후부터 뚜렷해진다. 유념이 끝난 찻잎을 건조시켜야 하는데 앞의 보이차 정의에서 보듯 반드시 햇볕에서 말려야 한다.(쇄청 晒靑) 윈난 지역은 햇볕이 워낙 강하기 때문에 하루 정도면 말릴 수 있다. 실제로 윈난 차 산지를 다니다보면 옥상 같은 곳에 투명 플라스틱

이나 유리로 만든 온실이 자주 보인다. 이 공간이 차를 말리는 곳이다. 하지만 흐린 날씨 등 부득이한 경우라면 '홍배기'라는 건조기에서 말리는데, 이 방법으로 만든 보이차는 좋은 차로 숙성되기 어렵다.

이 건조 과정까지 완료된 차를 모차 혹은 산차散茶라고 부른다. 이것을 곧바로 긴압하면 생차 긴압차가 되며, 악퇴발효 과정을 거치면 숙차가 된다. 그런데 보이차 정의에 따르면 이 모차 즉 산차는 보이차가 아니고 비행접시 모양의 병차餅茶로 만들기 위한 원료차에 불과하다. 하지만 현실에서는 보이차로 유통·판매되고 있다. 규정과 현실의 차이다. 이제 긴압하는 방법에 대해 알아보겠다.

생차 긴압차 가공

햇볕에서 말린 쇄청차는 부피가 매우 크며 부서지기 쉽다. 357그램의 차를 아래에 작은 구멍들이 나 있는 양동이 같은 곳에 넣고 뜨거운 증기를 쐬면 차가 습기를 머금어 나긋나긋해지면서 부피가 확 줄어든다. 이 차를 하얀 자루에 넣어 뭉친 다음 평평하게 모양을 만든

홍차란 무엇인가

다음 압차석이라는 무거운 돌을 올려놓고 그 위에 사람이 올라가 밟는다. 균형을 잡아 잘 밟아야만 예쁜 비행접시 같은 형태를 얻을 수 있다. 이렇게 생긴 것을 병차(병차 외에도 직사각형으로 만든 전차, 오목한 그릇처럼 만든 타차, 정사각형으로 만든 방차, 버섯 모양으로 만든 긴차 등 다양한 형태가 있다)라고 부른다. 자루를 뭉치는 과정에서 생기는 따리의 자리가 보이차 뒷면에 있는 홈 부분이 된다. 요즘은 사람이 밟는 대신 대형 공장 등에서 프레스로 누르곤 한다.

자루를 벗겨내고 통풍이 잘되는 시렁 같은 곳에서 말리거나 대형 공장에서는 건조실에 넣고 말린다.

이렇게 건조가 잘된 병차를 종이에 포장해서 일곱 편씩 죽순 껍질

...
건조된 모차의 무게를 달고 증기를 쐬어 부드럽게 만든 후 하얀 자루에 넣어 평평하게 하여 압차석으로 밟아 비행접시 같은 형태를 만든다.(왼쪽 위부터 시계방향으로)

등으로 묶으면 완성된다. 이 생차를 바로 음용할 수도 있고, 좋은 찻잎으로 잘 만들었다면 온도와 습도 등이 적당하고 통풍이 잘되는 장소에 보관해 시간이 흐름과 더불어 점점 더 훌륭한 보이차를 얻을 수 있을 것이다. 이렇게 시간이 흐르면서 숙성된 보이차를 악퇴발효시킨 숙차와 구별하여 노차老茶, 진년차陳年茶, 생숙차 등으로 부르기도 한다.

숙차 가공

갓 가공된 생차도 마실 수 있지만 숙성된 차를 원하는 사람에게는 오랜 시간을 거쳐 숙성되기를 기다리는 것이 어려운 일이다. 또 개개인이 숙성을 잘 시킨다는 보장도 없다. 이런 소비자들의 수요를 충족시키기 위해 처음부터 찻잎이 숙성시킨 효과를 내게끔 만드는 것이 악퇴 발효(미생물 발효) 숙차다.

오랜 연구 끝에 윈난 사람들이 이 발효법을 개발한 것은 1973년이다. 이 발효 기술은 중국이 여전히 엄격하게 비밀로 유지하고 있기도 하지만 중국 밖에서는 이해하기가 쉽지도 않다. 다만 포도즙에 효모가 작용하여 와인이 되는 것처럼 어떤 종류의 미생물(흑국균이라 불리

***
많은 양의 모차를 쌓아놓고 물을 흥건히 뿌린 뒤 커버를 덮어둔다. 중간 중간 커버를 벗겨낸 후 발효 중인 찻잎을 골고루 섞는 작업을 한다.

는 것이 대표적이다)이 찻잎에 작용하는 것으로 알려져 있다.

대략적으로 보면 건조된 모차를 넓은 실내 바닥에 쌓아 평평하고 넓은 더미를 만드는데, 보통 10톤 정도지만, 적어도 톤 단위 이상의 많은 양이 필요하다. 여기에 찻잎 무게의 30~40퍼센트의 물을 뿌리고 커버를 덮는다. 이렇게 하는 것이 인공 발효 숙차 가공의 핵심 기술인 악퇴渥堆다. 악퇴의 악은 물을 뿌린다는 의미이고 퇴는 쌓아놓는다는 의미이니, 물을 뿌려 쌓아놓는다는 뜻이다. 이런 상태에서 미생물이 생기고 이 미생물이 찻잎의 화학 성분들을 급속히 변화시킨다. 미생물의 활동에 가장 중요한 것이 습도와 온도인데, 적정한 온도를 만들려면 찻잎의 양이 많아야 하고 또 이 열이 밖으로 빠져나가지 못하게 막아야 한다. 그래서 적정량 이상의 찻잎이 필요하며 이를 커버로 덮는 것이다.(최근에는 적은 양으로도 만들 수 있는 기술이 개발되었다고 한다.) 이 상태로 40~60일이 지나면 숙차가 된다. 이것을 건조해서 긴압하는 과정은 앞에서 설명한 생차와 동일하다.

새로운 주장들

보이차에 대해서는 제각기 주장이 달라 견해를 내놓기 매우 조심스럽다. 연구가 진행되면서 새로운 주장들도 나오고 있다. 예를 들면 앞 흑차 정의에서도 보았듯이 흑차는 후발효차다. 즉 미생물발효 과정이 있다. 하지만 보이생차와 그것이 숙성되는 과정에는 미생물이 개입하지 않는다. 따라서 보이생차와 숙성차는 흑차가 아니라는 주장이다. 심지어 악퇴발효(미생물발효) 숙차조차도 일반 흑차와 비교하면 가공과정의 차이가 있어 흑차가 아니라는 주장까지 있다. 이 책에서는 이런 주장들을 소개하는 수준에만 머물고 보이차 초심자가 가장 궁금해할만 한 생차와 숙차 개념에 대해서만 간단히 정리했다.

2장
...
홍차의 탄생

1. 중국 왕조별 차 문화
차의 기원과 시대별 구분

차의 기원과 전설

역사가 기록되기 전, 차나무는 인도 동북부 지역인 아삼과 중국 윈난성 그리고 이웃한 국가인 미얀마, 라오스, 베트남, 타이의 북쪽 국경 지역을 포함한 방대한 접경 지역에서 자라고 소비되었을 것으로 추정된다.

윈난성의 남쪽 끝을 따라 미얀마, 라오스와 함께하는 윈난성의 국경은, 지도에서는 쉽게 구분되지만 실제로는 구분하기 매우 어려운 거친 산악 지역을 이루고 있다. 그럼에도 윈난성 남쪽 쉬솽반나 지역은 오랫동안 차나무의 발생지로 여겨졌으며, 이후에는 윈난성 북쪽 쓰촨성이 최초의 다원 탄생지로 받아들여지면서, 차 마시는 문화가 중국에서 생겨났다는 것이 기정사실화되고 있다.

따라서 지리적 맥락에서 본다면, 영국이 아삼 지역에서 발견한 차나무는 차 역사에 이미 존재하고 있었지만 인간에게는 드러나지 않다가 단지 그 시기에 차나무를 강렬히 원했던 영국에 의해 발견되었다고 보는 것이 옳을 터이다.

윈난의 남쪽 끝 라오스·미얀마의 경계 지역인 시솽반나의 오래된 숲속에서는 오늘날도 토착의 오래된 야생 차나무가 여전히 발견되고 있

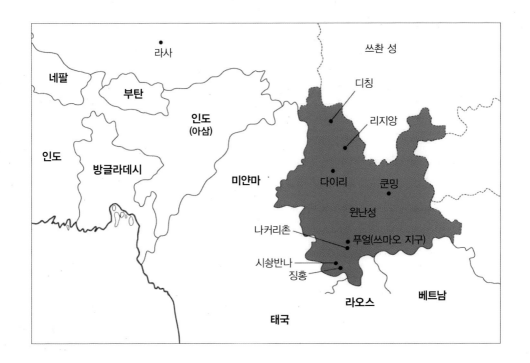

다. 결국 역사에 첫 번째로 의미를 남기는 차는 이 윈난에서 동쪽으로
방향을 잡아 중국으로 퍼져나갔다.

그러나 차에 관한 책을 읽는 독자들에게 혹은 차를 마시고 싶어하는
사람들에게는 이러한 불확실한 사실을 가지고 따지는 것보다 '차에 관
한 전설'이 훨씬 더 재미있다. 함께 이야기를 나눌 것이 더 풍부하기 때
문이다.

신농 황제와 달마대사

차의 탄생에 관한 첫 번째 전설은 익히 알고 있는 중국 신화 속 황제
신농과 관계있다. 신농神農은 인간의 몸에 머리는 소의 모습을 하고 있었
다고 한다. 인간에게 농사짓는 법을 가르쳤고, 온갖 약초를 직접 먹어보

19세기 일본 화가가
그린 신농.

면서 이로운 것과 해로운 것을 구별하여 오늘날 중국 의학의 기초를 다졌다고 전해진다.

신농이 중국 남부의 산악지대를 여행하던 중 휴식을 취할 때였다. 제자들이 물을 끓이고 있는데 바람에 날려온 나뭇잎이 끓고 있는 물에 떨어져, 호기심이 인 신농이 이것을 마셔보니 약간 쓴맛이 느껴지면서 기분을 좋게 하고 몸에 활력까지 느껴졌다. 이 나뭇잎의 정체를 밝혀낸 신농이 이것을 인간에게 가르쳤고, 그때부터 인간들이 차를 마셨다는 것이 차의 발견과 관련된 전설이다.

신화와 전설은 우리 삶을 풍요롭게 한다. 신농 이야기는 전설이지만 이 신농을 기리는 제사는 우리나라에서도 지낸다.

좌선 도중 졸린 달마대사가 화가 나 눈꺼풀을 떼어 마당에 던져버렸는데, 여기서 나무가 자라나 그 잎을 먹었더니 더 이상 졸리지 않았다고 하며, 이 나무가 차나무라는 전설도 있다. 차의 효능과 역할을 함축적으로 전해주는 이야기다.

인간이 만든 최초의 다원

좀더 구체성을 띤 전설 혹은 사실일 수도 있는 것은 위에서 언급한 쓰촨 성의 최초의 다원과 관련된 내용이다. 중국 전한前漢시대 감로사의 승려 보혜선사 오리진吳理眞이 몽산 정상에 일곱 그루의 차나무를 심은 것이 인간이 첫 번째로 만든 다원이라는 것이다. 게다가 그 이후로 여기서 생산되는 차는 오랫동안 황제에게 바치는 공차였으며, 아직도 그 유명한 녹차인 몽정감로蒙頂甘露와 황차인 몽정황아蒙頂黃芽의 생산지이기도 해 단지 전설만은 아닌 듯하다. 이 몽산은 뛰어난 절경을 자랑하고 정상에는 차와 관련된 많은 기념물이 있다고 하니 꼭 한번 방문하고 싶다.

전설에도 종교와 관련된 내용이 많듯 처음에는 약재의 성질 때문에

19세기 중국 징그선에 차를
실어 나르고 있다.

···
오리진이 만들었다고 전해지는
최초의 다원(쓰촨성 봉산)

재배되었던 차가 도교, 유교, 불교 수행자들에 의해 본격적으로 재배되고 소비되었을 것으로 여겨진다. 음용되었다가 아닌 소비되었다는 표현을 쓰는 것은 당시의 차가 오늘날 우리가 알고 있는 맑은 액체는 아닐 수도 있기 때문이다. 후대의 당나라 때까지도 여전히 차 속에 여러 첨가물을 넣어서 먹는 관습이 유지되었던 것이다.

마신 사람을 차분하게도 하고 동시에 자극하기도 해 맑고 깨끗한 정신을 유지하게 하는 이 음료(일단 음료라고 하겠다)는 공부하고 명상해야 하는 세 종교의 수행자들에게 필요한 것으로 인식되었다.

특히 불교가 중국에서 퍼져나가면서 차도 함께 확산되었다. 스님들은 차나무를 재배했고, 번식 방법을 처음으로 확립했으며, 절의 살림살이를 위해서도 차를 만들어 팔았다. 그러면서 지역 농부들에게 차 기공법을 가르치기도 했다.

음료로서의 차를 확립한 당나라

당나라 시대로 접어들어 차는 이제 약재 목적으로 쓰는 것 외에도 독립된 음료로서 진정한 모습을 보여준다. 이 시기는 예술과 문화가 난만했고, 복식과 생활용품에서도 사치스러움이 추구되었다. 차 음용도 상류 계급에서 소비와 여유로움을 추구하는 한 방편이었고, 이 즐거움을 주는 음료에서 기쁨을 찾기 위해 의도적으로 형식을 갖춘 차 모임을 처음 즐긴 이들이 당나라인들이었다.

따라서 차 음용 방법에 귀족적인 세련미와 엄밀함을 가져왔다. 당나라 때 처음으로 차만을 위한 도구, 즉 차를 준비하고 접대하고 마시기 위한 도구들이 생겼다. 차 음용이 세련되어감에 따라 다른 음식을 담는 그릇과 차별되는 다구들이 생겨난 것이다.

예의와 사회적 질서가 이때부터 강조되었고, 그 귀하고 비싼 차가 올바르고도 확실히 준비되도록, 그리고 귀족들을 위한 사교적 차 모임을

···
당나라 때 만들어진 다구들.
육우의 『다경』에서
묘사된 것과 동일하다.

우아하고 격식 있게 진행하도록 이를 주관하는 티 마스터들이 생겼다.

　이 '티 마스터'들 중 한 명이 중국 차 역사에 위대한 업적을 남긴 육우
陸羽(733~804)다. 육우는 차의 개념을 체계화하고, 당시에 차를 나타내
는 다양한 글자를 현재의 차茶로 통일했다. 뿐만 아니라 그는 제대로 차
를 가공하는 법과 이에 필요한 도구들, 올바른 한 잔의 차를 끓이고(이
때는 차를 불 위에서 국처럼 끓였다) 마시는 법에 관한 모든 의식들을 규범
화했다. 이 모든 것이 그가 집필한 역사상 차에 관한 첫 번째 책인『다경
茶經』에 들어 있다.

　이『다경』에서 육우는 그 당시에 양파나 생강, 귤 껍질, 박하 같은 것
을 같이 넣어 차를 끓이는 방법을 비난하며 찻잎만으로 차를 끓일 것을
강조했다. 시중에 읽기 쉽게 번역된『다경』의 여러 버전이 있는데, 1200

여 년 전에 쓰인 책이라 생각지 말고 차를 공부할 독자라면 꼭 한번 읽어보기를 권한다. 차에 대해 많은 것을 이해할 수 있다.

덩이차, 병차, 단차

중국차 역사에서 초중반까지는, 즉 진나라, 당나라, 송나라까지 1000년 동안 차의 형태는 덩이차, 즉 병차餠茶였다. 잎을 채엽한 다음 뜨거운 증기로 찌고 찧어서 덩이차로 만들었다. 이것을 육우의 『다경』에 나와 있는 방법으로 정리하면 다음과 같다.

1. 채엽한 신선한 찻잎을 높은 온도의 수증기에 찐다.(증청蒸靑)
2. 찐 찻잎을 절구 같은 곳에 넣어 찧어 잎을 부순다.
3. 둥근 모양, 네모난 모양, 꽃 모양 등 이미 만들어진 틀 속에 찧어 부순 잎을 넣어 틀 모양대로 만든다. 크기에는 표준이 있는 것은 아니나 대체로 둘레가 21~24센티미터, 두께가 1.8센티미터 정도다.
4. 성형된 뒤에도 수분 함량이 높기 때문에 잘 건조하여 보관한다.

만드는 방법이나 형태에 있어 약간의 변화는 있었겠지만, 기본적으로는 『다경』에 나와 있는 방식으로 덩이차가 제조되었다. 덩이차는 현재 가장 일반적인 산차散茶 형태와 비교해 저장과 운송에서 큰 장점이 있다. 이 때문에 차의 초기 형태로 선호되었다.

왕조마다 음용법은 어떻게 다른가

하지만 음용법은 시대에 따라 분명한 차이가 있었다. 당나라 시대에는 차를 끓였고, 송나라 시대에는 차를 휘저어 마셨다.

당나라 때의 자다법煮茶法은 덩이차를 가루로 부수어 끓고 있는 물에

•••
격불해서 마시는 점다법(왼쪽)과
우려 마시는 포다법

넣어 조금 더 끓인 후 국자로 차를 찻잔에 옮겨 마셨다. 송나라 때의 점
다법點茶法은 덩이차(같은 덩이차지만 송나라 때는 연고차研膏茶라고 하여 만
드는 방법이 많이 다르다)를 부수어 맷돌에 갈아 섬세한 가루로 만든 뒤
찻사발에 넣고 끓인 물을 부어 대나무로 만든 찻솔茶筅로 휘저어서(격불
擊拂) 옥색 거품을 내어 마셨다. 이 송나라 음용법이 일본에 전해져 오늘
날 일본 맛차抹茶의 기원이 된다.

　덩이차(특히 고관대작을 위한 용봉단차)를 만들기 위해 수많은 사람의
노동력이 착취되는 폐해를 잘 알고 있던 농민 출신 명 태조 주원장은 덩
이차인 단차團茶를 폐지하고 산차(잎차) 음용을 지시했다.

　이런 연유로 명나라 때부터는 오늘날 익숙한 우려 마시는 법(포다법
泡茶法)이 일반화되었다. 차 형태도 덩이차에서 산차(잎차) 형태로 변화해
오늘날까지 내려왔다. 유럽으로 차가 처음 갔을 때는 잎차와 함께 명나
라 시대의 우려 마시는 법이 함께 전해졌다. 우려 마시는 법이 일반화되
었다는 표현을 사용한 것은 명나라 때부터 잎차 우리는 법이 '시작'된 것
은 아니라는 의미다.

　아마도 중국처럼 넓은 나라라면 각 시대에 특정한 방법만 있는 것은

홍차란 무엇인가

아니고 지역에 따라 차를 (마시기 위해) 준비하는 방법도 다양하게 병존했을 가능성이 높다. 다만 어떤 시대는 어떤 방법이 주류였다고 이해하는 것이 옳을 것이다.

실제로 송나라 말에 이미 산차(잎차)가 등장해 우려 마시기 시작했다는 자료도 있다. 이때부터 서민들 사이에서는 잎차 우려 마시는 법이 어느 정도는 유행하고 있었고, 명나라 초기에 단차가 폐지됨으로써 잎차 우리는 법이 전면에 등장해서 주류가 되었다고 보는 것이 훨씬 논리적이라는 뜻이다.

당, 송, 명의 차 마시는 방법상의 세 가지 큰 흐름에 대해 일본인 오카쿠라 덴신岡倉天心은 『차의 책』에서 다음과 같이 정리했다.

예술과 마찬가지로 차도 그 발전 과정을 거슬러 올라가면 몇몇 시기와 유파가 있다. 우선 발전 순서로 말하자면 차를 끓이고, 거품을 내고, 우려내는 세 단계로 크게 나눌 수 있을 것이다. 우리 근대인은 이중 최후의 단계에 있다. (…) 덩어리 차를 끓여내는 단차, 분말의 차로 거품을 만들어내는 말차, 잎 그 상태의 차를 우려내는 전차는 각각 중국의 당, 송, 명 시대의 정신적 특색을 보여준다. 전문적인 예술 양식 분류 용어를 빌려 말하자면 순서대로 고전파, 낭만파, 자연파라 할 수 있을 것이다.

찻잎이 압축된 형태의 덩이차(긴압차)의 긴 역사에서 명나라 시대가 되어 산차로 전환됨에 따라 차의 세계는 맛과 향의 다양성을 위한 새로운 전기를 맞는다. 이제 차의 역사에서 홍차와 홍차의 기원이 되는 우롱차(부분산화차)가 등장할 준비가 된 것이다.

홍차 탄생의 전설들

중국에서 유럽으로 가던 배에 선적된 녹차가 바다에서의 긴 항해 동안 더위와 습기로 인해 발효되어 홍차가 되었다는 설도 있지만, 일반적으로 홍차의 원조나 기원은 중국 푸젠성 우이산 퉁무桐木촌에서 생산된 정산소종 혹은 랍상소우총이라고 알려져 있다.

그에 따른 전설은 다음과 같다. 명청 교체의 혼란기에 명나라 군인들을 토벌하기 위해 청나라 군인들이 퉁무촌에 온다는 소문을 듣고 퉁무촌 차농들이 미처 완성하지 못한 찻잎을 두고는 몸을 숨겼다. 군인들이 떠난 후 돌아와 보니 찻잎 상태가 좋지 않아 급히 건조시키느라 소나무로 불을 지폈고 연기가 스며들었다. 이 냄새(훈연향)로 인해 잘못 만들어진 차라고 여겨 싼 값에 팔았는데, 이를 우연히 사간 유럽인이 이 차를 선호하면서 홍차의 기원이 되었다는 내용이다.

그러나 전설의 진실 여부를 떠나 이 전설이 생긴 전후의 차 발전 상황을 역사적으로 보면, 명말 청초에(1640년대 전후) 우이산 일대에서 부분산화차가 등장했다는 데에는 많은 연구자가 동의한다. 이 부분산화차가 이후에 우롱차와 홍차로 발전해나갔다.

보헤아의 탄생

1610년, 네덜란드가 유럽으로 처음 수입해간 차는 녹차였다. 오랫동안 네덜란드를 통해 차를 구입하던 영국이 1689년 우이산에서 가까운 푸젠성 아모이 항(오늘날의 샤먼厦門)에서 직접 차를 구매할 무렵에는 부분산화차도 함께 구매했으리라 추정된다. 녹차보다 좀더 산화된 이 부분산화차(혹은 나중의 홍차)가 장거리 운송을 거친 뒤 영국에 도착했을 때는 녹차보다 품질이 더 나았을 가능성이 높고, 시간이 지나면서 영국인들은 이 부분산화차를 더 선호하게 되었을 것이다.

그러나 이것도 상당한 시간이 지난 뒤의 이야기다. 녹차보다 산화차 수입량이 더 많아지는 시점은 1730년경을 지나면서다. 당시에는 아직 홍차라는 개념이 없었고, 녹차와는 다른 이 차를 우이산에서 주로 생산 한다고 하여 '우이'의 영어식 발음인 '보히'에서 유래한 '보헤아Bohea'라고 불렀다. 즉 영국이 수입해간 보헤아는 오늘날의 홍차보다는 우롱차에 훨씬 더 가까운 차였으리라 추정된다. 이 보헤아라는 용어는 우이산에 서 온 잎이 검고 넓은 모든 고품질 차와 동의어가 되었다.

이렇게 보헤아란 이름으로 공급되는 우롱차(당시는 영국뿐만 아니라 중 국에서도 이 차가 우롱차라는 개념은 전혀 없었다. 독자들의 이해를 돕기 위해 현재 용어인 우롱차를 사용할 뿐이다)는 생산량 및 수출량이 늘어났다. 속 성상 산화된 차는 비산화차보다 품질이 나빠지는 속도가 느리다. 이것 을 알고 있던 중국인들이 유럽인들의 취향에 맞춰 산화도를 더 높여가 면서 생산량을 늘렸기 때문이다.

랍상소우총의 탄생

　이런 역사적 배경 속의 어떤 시점에 위의 전설 속의 퉁무촌 사건이 발생했을 수 있다. 좀더 근거를 가지고 말하자면 퉁무촌의 차 생산 시기인 4~5월에는 항상 비가 많이 온다. 뿐만 아니라 퉁무촌 위치가 800~1100미터 정도로 해발이 높고 계곡이 많아 안개가 자주 발생한다. 실제로 가보면 매우 깊은 산 속 느낌이다. 따라서 이런 현실적인 조건을 극복하기 위해 실내 위조와 소나무 연기를 통한 건조법이 이미 활용되고 있었다. 이렇게 만들어진 훈연燻煙된 차가 서양과 차 무역이 시작되면서 수출되었고 이것이 특히 영국인들에게 보헤아 중 고급스런 것으로 선호되었다고 본다.

　이런 맥락에서 앞의 전설을 인용해 퉁무촌에서 나온 이 차를 홍차의 기원이라거나 명말 청초 우이산 일대에서 처음 생긴 부분산화차의 기원으로 보는 주장도 있지만 좀 무리가 있다. 극적인 요소를 위해 전설은 그대로 인정하더라도, 현실성을 좀더 따져본다면 이미 우이산에서 생산되고 있던 많은 부분산화차 중 하나였을 가능성이 높다. 다만 소나무 연기에 훈연한 독특한 향 때문에 많은 산화차 중에서도 유달리 차별화

···
퉁무촌으로 가는 길과
퉁무촌 차밭 풍경

되어 선호되었을 것이다.

1720년대에 들어와서 이미 영국이 수입하는 홍차 계통이 공부, 소종, 백호 등으로 좀더 고급화되면서 보헤아는 일반적인 홍차를 뜻하게 되었다. 소종은 적은 양이 생산되는 차라는 의미도 있고, 연기에 훈연한 차라는 뜻도 있다. 따라서 이것이 우이산 퉁무촌에서 생산된 소나무 연기에 훈연된 차를 의미하며, 이 소종이 수출항이 있던 푸저우福州 지방의 방언으로 소나무를 나타내는 랍상Lapsang과 합쳐져서 랍상소우총Lapsang Souchong이라고 불리게 되었다는 견해도 있다.

랍상소우총과 정산소종

독특한 소나무 연기향이 나는 랍상소우총이 인기를 얻자 우이산 외 지역에서도 이를 모방한 랍상소우총(외산소종外山小種, 연소종煙小種이라고 도 불린다)이 생산되기 시작했다. 그러자 이들과 차별화하기 위해서 우이 산에서 생산한 원래 랍상소우총을 우이산을 뜻하는 정산을 넣어 정산 소종正山小種이라고 부르게 되었다.

즉 처음에는 랍상소우총(진짜) 하나였으나 모방품이 생겨나고 모방품 생산량이 훨씬 더 많아지면서 모방품이 랍상소우총이라는 이름을 가져 가게 됨에 따라 진짜 랍상소우총을 가짜 랍상소우총(모방품)과 구별하기 위해 정산소종이라 불렀다. 따라서 정산소종이라는 명칭은 훨씬 나중에 등장했다.

위 내용에서 알 수 있듯이 홍차는, 전해지는 전설처럼 특정한 시기 에 극적으로 탄생한 것이 아니다. 녹차와는 다른 차로서 우롱차의 기원 이 되는 부분산화차가 탄생하고 이것이 유럽, 특히 영국으로 가서 녹차 보다 더 선호되자 영국인들 취향에 맞춰 중국차 생산자들이 오랜 시간 에 걸쳐 발전시킨 것이다. 물론 영국인들은 1860년대에 인도 시대가 열리면서 자신들 취향에 좀더 맞게 영국식 홍차를 직접 새로 만들어낸다. 인도 홍차가 생산되면서 영국이 중국으로부터 '차 독립'의 신호를 보내자 중국인들은 이 부분산화차를 자신들을 위해 우롱차라는 탁월한 제품으로 완성시켰다.('우롱차의 시작' 참조)

오늘날의 랍상소우총과 정산소종

현재 우리나라에는 유럽의 홍차 회사에서 들어오는 랍상소우총이라는 홍차와 주로 중국에서 수입되는 정산소종이라는 홍차가 있으며, 이 두 차의 맛과 향은 꽤나 다르다.

랍상소우총은 서양에서 검은 액체를 뜻하는 타르tar를 연상시키는 타리 랍상tarry lapsang이라고도 불리듯이, 맛이 상당히 강하고 향이 정로환을 연상시키는 특이한 차로 고전적 홍차에 익숙한 사람들은 언뜻 받아들이기 어려울 수도 있다.

···
포트넘앤메이슨의
랍상소우총(왼쪽)과
정산당의 정산소종

홍차란 무엇인가

반면 정산소종이라 불리는 것은 맛과 향이 아주 부드럽고 섬세하다. 하지만 이 두 종류는 여전히 우이산 퉁무촌에 기원을 두고 지금도 그곳에서 생산되고 있는 차다. 물론 랍상소우총은 우이산 외 다른 지역과 타이완에서 생산되는 것도 있다. 정산소종이라 불리는 것도 우이산 외 지역에서 많이 생산되는데, 우리가 익히 알고 있는 중국의 현실로 보아 아주 당연한 일이다.

그런데 명칭도 다르지만 맛과 향의 차이는 왜 이렇게 클까?

원래의 랍상소우총은 우이산의 한정된 지역에서 자라나는 차나무에서 이른 봄에 채엽된 싹과 잎으로만 가공되어 생산량이 적었고 소나무 연기 향 또한 은은하게 났다.

반면에 우이산 외 지역에서는 거친 찻잎으로 만든 차에 소나무 연기 향을 강하게 착향시켰다. 게다가 생산량도 우이산 외 지역에서 만든 것이 오히려 많다보니 유럽인들은 강한 향을 품은 랍상소우총을 접할 기회가 더 많았고 자연스럽게 강한 향에 익숙하게 된 것이다.

훈 연 방 법 의 차 이

퉁무촌에서 정산당이라는 차 회사를 운영하는 강원훈 대표의 설명에 따르면 지금도 강한 향의 랍상소우총과 원래의 랍상소우총, 즉 이제는 정산소종이라 불리는 두 종류의 차를 만들고 있다고 한다. 정산소종은 주위 숲속에 위치한 다원에서 채엽한 이른 봄의 특별한 싹과 잎으로 아주 정성 들여 만든다. 그보다 몇 주 뒤에 생산되는 랍상소우총은 주변 다른 지역에서 채엽된 좀더 성장한 큰 찻잎으로 만들며 이미 현지에서 부분가공돼 마지막으로 이곳에서 훈연하고 건조하기 위해 옮겨온다는 것이다. 훈연하는 방법도 다른데, 정산소종은 청루靑樓 혹은 연루燃樓라고 불리는 아주 커다란 3층 목조 건물에서 한다. 이 건물은 천장과

***
정산당 소유의 청루(연루)와
소나무 장작을 때는 아궁이.
연기가 아래층에서 위층으로
가도록 만든 나무 천장과
찻잎에 연기를 쐬는 모습
(시계방향으로)

바닥이 대나무 재질 같은 것으로 되어 있어 아궁이에서 불을 지피면 연기가 전 층을 통과해서 올라간다. 따라서 찻잎에 연기가 부드럽게 착향된다. 보통 위조할 때 1회, 건조시킬 때 1회 총 두 번 훈연시킨다.

반면 랍상소우총은 옛날 시골의 밥하는 아궁이 같은 구조에 솥 대신 차를 가득 담은 대나무로 만든 큰 바구니(배롱)를 걸쳐 놓고 아래에서 불을 지핀다. 따라서 열기 많은 연기가 직접적으로 아주 강하게 바구니 속 찻잎을 통과하면서 착향된다. 따라서 정산소종과는 전혀 다른 소위 '정로환' 비슷한 맛과 향을 가질 수밖에 없는 것이다.

처음에는 뿌리가 같았지만 시간이 지나면서 사용한 찻잎과 훈연 방법의 차이로 맛과 스타일이 매우 다른 독특한 차들로 발전했다. 이 정산

홍차란 무엇인가

소종은 양도 적고 고가이기 때문에 중국 바깥에서는 판매가 거의 이뤄지지 않는다. 서양에서 판매되는 것은 대부분 랍상소우총이다.

아! 랍상소우총

따라서 랍상소우총이 정산소종보다 품질이 떨어진다거나 혹은 가짜 정산소종이라고 하는 것은 오래된 역사와 열렬한 애호가들이 광범위하게 형성되어 있는 현실에 비춰 적합하지 않은 평가다. 물론 랍상소우총이 다른 홍차에 비해 선호가 갈리는 것은 분명하다. 랍상소우총도 품질 격차가 클 테지만, 제대로 만든 랍상소우총은 자신만의 훌륭한 매력을 지니고 있다.

또 어떻게 보면 인공적으로 향을 더한 것이므로 가향홍차라고 볼 수도 있다. 그러나 마치 얼그레이가 가향이면서 클래식 홍차 대접을 받듯이 랍상소우총도 그런 듯하다. 영국의 전통 있는 홍차회사인 포트넘앤메이슨은 스테디셀러 제품에 '아로마틱 티aromatic tea'라는 부제를 붙여 랍상소우총을 판매한다. 뿐만 아니라 또 다른 스테디셀러인 스모키 얼그레이smoky earl grey는 전통적인 베르가모트 향을 랍상소우총과 건파우더를 블렌딩한 제품에 가향한 독특한 차인데, 특히 이 차는 왕실 요청에 따라 만들었다.

이밖에도 전통 있는 여러 홍차회사에서 랍상소우총을 스테디셀러로 판매 목록에 포함하고 있다. 비록 모방으로 탄생했지만 랍상소우총은 이미 세계 홍차 시장에서 결코 흔들리지 않는 자신만의 영역을 구축하고 있는 것이다.

무연 정산소종

근래 들어서는 무연無煙 정산소종 즉 훈연하지 않은 정산소종이 생산되고 그 양 또한 훈연한 것보다 훨씬 더 많다고 한다. 정산소종의 매력은 훈연향인데 훈연하지 않은 정산소종에 어떤 매력이 있는지 모르겠다. 내가 구입한 것은 가격은 더 비쌌지만 맛과 향에 아무런 특징이 없었다. 그냥 부드러운 홍차에 불과했다. 끊임없이 변하는 차 세계다.

🫖 *Tea Time...* 17세기, 중국 동남해안 상황

아주 당연한 말이겠지만, 주어진 시대의 정치경제적 배경을 이해하면 홍차의 역사를 공부하는 데 많은 도움이 된다. 특히 1600년대 중국 동남 해안의 상황을 이해하는 것은 큰 도움이 되므로 여기서 간략히 정리해보겠다.

1644년에 명나라가 망하고 청나라의 역사가 정식으로 시작되지만, 이를 전후한 약 50년은 역사의 어느 시대에나 그러하듯이 망하는 왕조와 새로 들어서는 왕조 사이의 군사적 긴장이 있었다.

특히 명의 유민인 '정씨' 가문은 힘이 상당했던 해상 세력이었다. 이들은 혼란기의 1620년대부터 중국 저장·푸젠·광둥 성의 해안지대를 장악하면서 강력한 항청운동을 전개했다. 타이완에서 네덜란드의 세력을 몰아낸 이가 바로 '정성공' 세력이다. 이로 인해 정성공은 지금도 타이완에서 존경받는 인물로 남아 있다. 이를 저지하기 위해 청 정부는 1656년부터 해금령을 선포해 연안 지역에서의 선박 운행을 막았다.

마침내 1683년 청 제국은 '정씨' 세력을 진압한다. 그리고 1685년 광저우, 아모이(샤먼), 닝보寧波, 마카오 등 네 개 항구를 개항한다. 하지만 이 개항은 1757년 청 제국이 광둥 항을 제외한 나머지를 다시 봉쇄함으로써 그 뒤 오랫동안 모든 무역이 광둥항에 집중된다. 이것은 기독교 확산을 우려했던 청나라가 선교사를 포함한 외국인과들의 접촉을 차단하기 위해서였다. 광둥항만을 이용하는 불편함으로 서양 국가들은 지속적으로 나머지 항구의 개항을 요구했고, 이 항구들은 아편전쟁 이후 다시 개항하게 된다.

이런 역사적 배경 아래 1600년대 전반기 네덜란드 동인도회사가 바타비야(자카르타의 옛 이름)에 무역기지를 설치한다. 해금령 선포 후 자신들이 중국 항구로 가지 못하니 중국인들이 차를 포함한 물품을 싣고 바타비야에 오게 된다. 이 무렵 아직 동남아시아에 제대로 된 기지(항구)가 없던 영국은 네덜란드로부터 차를 구입하고 있었다. 중국인들이 물품을 가져오는 데 익숙해져 편안한 무역을 하던 네덜란드가 방심한 틈에 영국은 1685년 해금령이 해지되자 1689년에 아모이항에서 처음으로 차를 직접 구입하게 된다. 이때부터 영국은 차 무역에서 네덜란드를 서서히 앞서게 되고 18세기에 들어와서는 영국시대를 맞게 된다.

또 하나 재미있는 역사는 우리나라 『정감록鄭鑑錄』에 나오는 정도령이 앞에서 언급한 정씨 가문의 전성기를 이끈 정성공의 아들이라는 설이 있다는 것이다.

이제는 위의 과정을 통해 탄생한 보헤아 혹

은 홍차가 지구 반대편에 있는 영국의 문화가 되는 과정을 알아보자.

홍차가 유럽으로 가서 꽃피운 곳은 영국이지만 유럽에 차가 도착하기 이미 100년도 더 전부터 포르투갈은 아시아의 바다를 향한 모험을 시작했고, 네덜란드가 포르투갈을 이어받았다. 이들 나라가 개척한 항로를 따라서 동양의 차는 유럽으로의 여행길에 올랐다.

3. 영국, 홍차를 알게 되다

포르투갈, 아시아 바닷길을 열다

바스쿠 다가마Vasco da Gama(1469~1524)는 1498년 포르투갈 국왕 마누엘 1세의 명령으로 아프리카 희망봉을 돌아 인도 서해안 캘리컷(지금의 코지코드)에 도착한다. 이렇게 바닷길을 통해 시작된 유럽의 아시아 진출은 유럽과 아시아를 연결하면서 비로소 세계가 하나가 되는 새로운 역사의 시작이었고, 소위 말하는 대항해 시대가 도래했다.

포르투갈이 인도로 가는 바닷길을 개척한 데에는 두 가지 목적이 있었다. 하나는 유럽 상류층 사회에서의 높은 수요로 같은 무게의 금만큼이나 비쌌다는 향신료를 직접 구하고자 원산지인 인도로 가기 위해서였고, 또 하나는 당시 중동을 지배하고 있던 오스만튀르크 제국을 무찌르기 위해 아프리카 동북부에 있다는 전설 속의 기독교 왕(프레스터 존)을 찾기 위해서였다.

향신료는 유럽 상류층이 부와 권위를 과시하기 위해 혹은 자신들 입맛을 충족시키기 위해 오랫동안 사용해온 것이며, 이는 주로 베네치아의 중계 무역을 통해 유럽에 전해졌다. 그러나 베네치아에 동방의 물품을 공급하던 지중해 동부 지역이 오스만튀르크의 지배 아래 들어가면서, 물품 공급이 원활하지 않게 되고 가격 또한 점점 더 치솟았다. 이런 상황에서 포르투갈의 사업적 마인드와 오스만튀르크에 대항해서 싸우

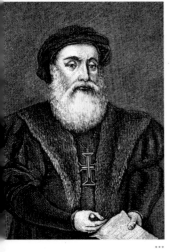

···
바스쿠 다가마.

홍차란 무엇인가

려는 교황청의 의도가 일치했던 것이다.

16세기 초반부터 포르투갈은 인도를 중심으로 무역을 시작해 동남아
와 동북아까지 무역 범위를 점차 확대했다. 하지만 차와의 본격적인 인
연은 뒤따라온 네덜란드가 처음 맺게 된다.

네덜란드, 홍차를 유럽에 소개하다

아시아와의 무역에 있어 포르투갈이 개척해놓은 항로를 따라 동아시
아의 바다로 온 네덜란드는 1596년 인도네시아 자와섬의 반탐을 개척
기지로 삼았다. 1602년 (통합)네덜란드 동인도회사가 설립되면서 이웃한
바타비아(현재 자카르타)로 근거지를 옮기고 본격적으로 활동하면서 일본
까지 진출했다. 이 과정에서 네덜란드는 차를 알게 되었고 1606년에 처
음 차가 유럽으로 수입되었다는 설도 있으나 기록에 남겨진 첫 사례는
1610년이다.

1637년경에는 상당한 양의 차를 수입한 것으로 미루어 당시 네덜란

•••
니콜라스 마워스가 18세기에 이 그림을 그렸을 즈음, 네덜란드인들은 많은 양의 차를 마시는 데 익숙해졌다. 몽테스키외는 『네덜란드 기행』에서 앉은자리에서 무려 서른 잔의 차를 마신 여주인을 보고 놀란 경험담을 적었다.

네덜란드인들은 찻주전자에 애정을 쏟았다. 17세기 네덜란드 가정의 멋진 응접실(위)과 네덜란드 델프트 지방의 채색 도자기에 묘사된 차 마시는 부인(아래).

Batavia, Dutch East Indies

https://en.wikipedia.org/wiki/File:COLLECTIE_TROPENMUSEUM_De_stad_Batavia_TMnr_3728-537.jpg

드에서는 상류층을 중심으로 차 음용이 꽤 이뤄졌던 듯하다.

　초기에는 차가 의료 목적으로 주로 약국에서 판매되었고, 1650년경
에는 식료품점에서도 판매되었으며, 1670년대 무렵에는 귀족들 사이에
서 상당히 확산되었다.

영국, 차를 알게 되다

　영국에 차가 언제 처음 들어왔는지는 정확하지 않다. 1641년 영국 양
조업자들이 따뜻한 맥주를 홍보할 목적으로 발표한 「따뜻한 맥주에 대
한 논문A Treatise on Warm Beer」에 당시 영국에 알려진 모든 뜨거운 음료를
나열했는데 여기에 차에 대한 언급은 없었다고 한다.

　따라서 연구자들은 이 무렵까지 영국에서 차가 음용되지 않은 것으
로 추정한다. 차의 거래를 기록한 첫 번째 사람으로 알려진 런던 상인인
토머스 개러웨이의 1657년 기록에 따르면 이전에도 런던에서 차가 팔렸
다는 내용이 있다. 따라서 차는 1641년 이후 언젠가부터 영국에서 음용
된 듯하다.

LADY NIGHTCAP AT BREAKFAST.

Printed for Carington Bowles, Map & Printseller, N.º 69 in S.t Pauls Church Yard, London. Publish'd as the Act directs, 27 Feb. 1772.

나이트캡을 쓴 채 차를 마시며 아침 식사를 하는 부인을 담은 1772년 포스터.
여기서 특이한 것은 차를 잔 받침에 부어 마신다는 점이다.

1658년 술탄 헤드라는 커피하우스에서 차를 건강에 좋은 음료라고 소개한 것이 차에 관한 영국에서의 첫 번째 광고다. 그러나 이러한 내용은 이때 처음으로 영국에 차가 들어 왔다는 것 이상의 의미는 없다. 차는 아주 천천히 확산되었기 때문이다. 당시 수입된 물량과 가격을 보면 알 수 있다.

차는 네덜란드를 거쳐 영국에 소개되었는데 1660년 시점에서도 수입된 차는 겨우 226킬로그램에 불과했다. 영국에서 차는 엄청나게 귀한 사치품이었다. 영국 동인도회사가 1666년에 영국 왕 찰스 2세에게 아주 비싼 가격으로 약 10킬로그램을 제공했을 정도로 말이다.

캐서린 브라간자

영국 역사를 보면 크롬웰이 실각하고 왕정이 복구되면서 찰스 2세가 왕위에 올랐고 1662년에는 포르투갈 공주인 캐서린 브라간자Catherine of Braganza와 결혼한다.

아시아 바다에서 네덜란드에 밀리면서 영국의 군사력이 필요했던 포르투갈과 아시아에서 항구가 필요했던 영국의 이해관계가 맞은 정략적 결혼이었다.

하지만 영국 홍차 역사에서도 매우 중요한 의미가 있다. 공주는 지참금으로 인도 봄베이(현재의 뭄바이)와 일곱 척의 배에 가득 실은 설탕, 그리고 자신이 마실 차를 가져왔다. 이 봄베이를 근거지로 삼아 동아시아로 진출한 영국이 1689년 아모이항에서 처음으로 차를 구입하면서 아시아 바다에서 영국 시대가 시작되었다고 앞에서 설명했다.

설탕도 지참금이 될 만큼 그 당시에는 가치가 있었다. 뿐만 아니라 나중에 홍차와 설탕의 관계를 고려하면(16장 '홍차를 위한 설탕? 설탕을 위한 홍차?' 참조) 이 또한 역사의 필연적 운명이었는지도 모른다.

캐서린 브라간자.

아시아에서 차를 처음 만난 것이 포르투갈이었으므로 아마도 공주는 오랫동안 차를 마셔왔을 것이며, 게다가 찰스 2세 또한 크롬웰의 통치 기간 네덜란드에 망명해 있으면서 차 음용에 익숙해져 있었다.

캐서린이 오기 전 영국에서 차는 겨우 소개된 수준에 불과했고, 그것 마저도 주로 약으로 음용했다. 그러나 궁전에서 왕비가 차를 마시기 시작하자 귀족사회에서 차를 알게 되고 차를 맛보는 것이 상류층의 관심사가 되었다.

이렇듯 캐서린 왕비 때부터 영국에서 홍차 마시는 전통이 작게나마 시작되었다고 보는 것이 적절할 것이다. 하지만 수요는 여전히 미미했고 가격은 엄청나게 비쌌다. 1678년 런던에 도착한 약 2톤의 물량조차도 당시 사람들에겐 놀랄 만큼 많은 양이었다.

차 음용의 느린 확산

개러웨이스 커피하우스에서 차를 팔기 시작한 이후 40여 년이 지난 1700년경 수입량은 겨우 9톤에 머물렀다. 9톤이면 우리가 거리에서 보는 큰 트럭 한 대 분량에 불과하다. 물론 이 무렵 이후 차의 수입량은 그전의 30년 동안보다 상대적으로 증가하긴 했다.

1721년에 공식적인 차 수입량은 453톤이다. 한 잔에 2그램을 소비한다고 가정하고 당시 영국 인구로 나누어보면 전 인구가 1년에 32잔을 마신 것으로 계산된다.

이 개념이 언뜻 와닿지 않겠지만, 당시 영국인들 중 그나마 여유 있는 상위 20퍼센트가 차를 마셨다고 가정하면, 거의 이틀에 한 잔도 채 마시지 못했다고 보면 된다.

70년 뒤인 1790년에는 수입량이 7300톤으로 증가하고, 위의 기준으로 상위 20퍼센트가 마셨다고 보면 하루에 약 4잔, 그러나 이 기간 음

영국 빅토리아 앨버트 박물관에 전시된 티세트.

차에 매겨진 높은 세금 문제 등으로 인해 결국에는 보스턴 차 사건이 일어나게 되었다.

런던 리덴홀 거리에 세워진 동인도회사.

용 인구 자체가 엄청나게 증가했다고 볼 때 인구의 50퍼센트가 마셨다면 하루에 약 1.6잔으로 계산된다.

우리나라의 커피 음용 빈도와 비교하면 하루 1.6잔이 적어 보이지 않겠지만, 우리나라에서 커피는 여전히 기호 음료다.

그러나 18세기 말경 영국에서는 홍차가 중산층 이상 가정에서는 적어도 식사 때만이라도 꼭 있어야 할 필수품이었다.

비싼 홍차 가격

홍차 애호가라면 대강은 접해본 이런 역사를 여기서 상세히 설명하는 이유는, 머나먼 중국 땅에서 들여온 낯선 상품이 영국에서 확산되는 과정이 당연하고도 자연스러웠던 것이 아니라는 점을 강조하기 위해서다. 위에서 본 것처럼 차는 처음 수입 이후 100년이 지나도록 여전히 귀족들만 마실 수 있는 음료였다. 이런 느린 속도로 차가 확산된 것은 비싼 가격 때문이었다. 1730년이 지나면서야 겨우 영국 동인도회사가 아시아에서 차를 정기적으로 들여올 수 있었다. 그럼에도 왕복 2년 이상 걸리는 먼 거리는 많은 비용과 위험이 뒤따라 차의 가격을 터무니없이 높게 만들었다.

또 하나 차 가격이 비싸진 것은 세금 때문이었다. 세금은 차의 소비에 장애가 될 정도로 지속적으로 높게 책정되었고, 정부의 필요에 따라 세율이 변경되기도 했으며, 전쟁 등으로 정부가 돈이 필요할 때면 추가로 세율을 올리기도 했다.

119퍼센트라는 높은 차 세금이 1784년이 되어서야 12퍼센트로 10분의 1 수준으로 낮아진다. 이때부터 차 소비량은 급격히 증가했다. 하지만 영국인 모두가 부담 없는 가격으로 즐겁게 차를 마시게 된 것은 이로부터 거의 100년 뒤, 영국인이 인도에서 직접 홍차를 생산하게 되는 아삼 시대가 열리면서다. 아삼에서 값싼 홍차가 공급되자 '애프터눈 티 Afternoon tea'라는 귀족들만의 문화가 서민계급으로 확산되고 홍차는 비로소 진정한 영국 문화가 된다.

홍차로 인한 새로운 관습들

19세기 초 영국의 귀족들이나 상류 계층은 오전 10시경에 아침을 먹었다. 그리고 그날의 가장 제대로 된 식사인 저녁을 오후 4~5시 전후에 먹고, 애프터 디너 티After-dinner tea라는 이름으로 저녁 7시경에 간단히 차를 마시는 자리가 있었다.

귀족의 삶이라는 것은 일상의 쫓김도 없고 또 밤 문화를 즐기는 생

···
저녁 식사를 마친 뒤 차를 마시고 있는 영국 부인들. 채색판화. 19세기.

홍차란 무엇인가

1710년 존 볼스가 런던에서 간행한 판화. 부인들이 차를 마시면서 잡담을 하는 동안 선한 기운이 뱀을 부리는 악마에게 쫓겨나고 있다. 테이블 밑을 보면, 악마가 추문 섞인 잡담을 엿들으며 차를 마시고 있다.

「티가든」, 조지 몰랜드, 판화, 1790. 런던 플레저 가든에서 차를 마시고 있는 한 가족.

활 리듬을 유지했을 것이다. 나만의 경험이었는지 모르겠지만 중학교 때 처음 영어를 배울 때 디너dinner와 서퍼supper의 개념 차이가 애매했는데, 이런 단어들이 위와 같은 시대 배경에서 나온 듯하다. 즉 오후 4~5시에 먹는 제대로 된 저녁이 디너이고 이후 차와 함께 간단히 먹는 것이 서퍼인 것 같다.

그런데 저녁 시간이 점차 늦어져, 1850년경에는 7시 30분에서 8시까지 미루어졌다. 이런 생활 습관의 완만한 변화 중 빨라진 아침과 저녁 사이의 긴 시간을 메우기 위해 점심luncheon이라는 개념도 생겨났다.

이 간단히 먹는 점심과 저녁 사이에 있는 긴 시간의 허기를 해결하기 위해 소위 '애프터눈 티'라는 가장 영국적인 티 세리머니가 탄생했다.

애프터눈 티와 애나 마리아

이런 사회적 관습이 정확히 언제 누구에 의해 시작되었다고 말하는 것은 현실적이지 못하다. 그렇다 해도 전설은 전하니, 이에 따르면 베드퍼드 공작 7세의 부인인 애나 마리아Anna Maria가 점심과 저녁 사이 긴 틈의 허기를 해결하기 위해 하녀에게 차와 먹을 것을 가져오게 한 것이 시작이라고 한다.

어쨌든 분명한 것은 1830년 후반에서 1840년대 초반 무렵부터 오후에 차를 마시는 유행이 귀족 계층에 한정되긴 했지만 조금씩 확산되기 시작한 것이다. 아마도 이미 나타나고 있는 현상을 유명하게 한 것이 애나의 역할이었을 수도 있다.

애프터눈 티는 점차 하나의 확립된 사회 관습으로 자리잡아가는 과정에서 여러 이름으로 불리기도 했다. '리틀 티little tea'는 오후에 제공되는 적은 양의 음식과 식사의 간결함 및 우아함 때문에 그렇게 불렸다. 또 다른 이름으로 우리에게 익숙한 '로 티Low tea'는 마시는 사람들이 그

홍차란 무엇인가

애나 마리아 부부.

들의 잔과 잔 받침이 놓여 있는 낮은 테이블과 함께 낮은 팔걸이의자에 앉았기 때문이다. '핸디드 티handed teas'는 집의 여주인이 잔을 차례로 돌렸기 때문이고, 케틀드럼kettledrums은 아마도 케틀(물 끓이는 주전자)이 차를 마시는 데 있어 주요한 장비였기 때문으로 추정된다.

애프터눈 티는 상류사회에서 사교 모임으로 매우 중요한 이벤트가 되었고, 귀족들의 생일이나 결혼과 같은 행사 때 대규모 홀 등에서 진행되었다. 이러한 분위기 속에서 애프터눈 티에 관련된 온갖 사회 예절이나 규범이 갖춰지고 파티 때 여자들이 입는 티 가운tea gown까지 만들어졌다.

좋은 테이블보라든지 티 웨어tea wares 세트 등에 대한 수요가 발생했고, 무엇보다도 집안의 여주인은 티푸드나 차를 준비하는 데 있어 전문가가 되어야 했다. 당시에 차와 함께 먹은 케이크, 얇은 빵과 버터, 스콘, 머핀, 샌드위치 등이 오늘날에도 티푸드로 남아 있다.

홍차를 사랑한 빅토리아 여왕

애프터눈 티의 유행에는 차를 몹시 사랑한 빅토리아 여왕의 영향도 컸다. 1837년부터 1901년까지 64년간 영국을 통치한 빅토리아 여왕은 차를 즐겨 1865년부터는 버킹엄 궁전에서 애프터눈 리셉션을 시작하기도 했다. 아마 여기에는 여왕과 매우 가까웠다는 애나 마리아의 영향이 있었을지도 모른다. 차와 관련된 에피소드는 여왕이 왕이 되기 전 젊은 시절에 여왕의 가정교사가 당시 유행했던 『타임』지를 읽는 것과 차 마시는 것을 나쁜 일로 여겨 예비 여왕에게 이 둘을 금지했다는 이야기다. 예비 여왕은 규율을 충실히 따랐다. 1837년 즉위식 직후 여왕은 깊은 한숨을 내쉬며 『타임』지 최신호와 차를 시켰고, 시종은 즉시 여왕의 명령을 따랐다. 그때야 여왕은 "이제야 내가 참으로 통치하고 있다는 것을 알겠다Now I know that I truly reign"라고 했다는 이야기가 전한다.

빅토리아 여왕의 통치 후반기인 19세기 말, 애프터눈 티는 그야말로 온 국민이 즐기는, 차를 중심으로 하는 행사가 되었다. 그 규모는 시골의 조그만 동네에서 이웃끼리 하는 소박한 수준에서 귀족사회의 화려한 행사에 이르기까지 매우 다양했으며, 어떻게 보면 처음으로 차가 진정한 의미에서 온 국민의 음료가 되었다고 볼 수 있다. 1860년 무렵부터 인도 그리고 시간이 지나면서 스리랑카에서도 홍차를 생산함에 따라 19세기 말경에는 중국 홍차를 거의 대체하면서 훨씬 더 값싼 가격에 수입할 수 있었기 때문이다.

이렇게 애프터눈 티는 다양한 수준에서 즐겨졌는데, 오늘날 우리나라에서 일부 음용자는 이런 애프터눈 티의 화려한 격식만을 강조해, 차를 즐기기보다는 차 마시는 자리의 부대 요소들을 더 중시하는 모습을 보여주기도 해 아쉬움을 남긴다.

애프터눈 티의 부활

2019년 런던은 그야말로 애프터눈 티가 대유행이었다. 신문에는 다양한 장소와 다양한 가격대의 애프터눈 티 마실 곳을 소개하고 있는 기사가 자주 실렸다.

리츠호텔 애프터눈 티
3단 트레이

더 중요한 것은 일반 영국 국민이 일상에서 애프터눈 티를 즐기는 것이다. 하지만 우리의 막연한 생각과는 달리 영국에서 애프터눈 티가 이렇게 다시 유행하게 된 것은 10년 남짓의 일일 뿐이다.

19세기 후반부터 영국이 홍차의 나라가 되고 애프터눈 티가 유행한건 맞지만 제2차 세계대전이 끝난 후에는 상황이 변했다. 전쟁 후 전 세계를 휩쓴 미국 문화의 영향 그리고 정신없이 바쁜 현대 사회의 각박함이 더해져 1960대에 들어서면서 영국에서는 애프터눈 티라는 문화가 거

의 사라지게 된다.

홍차를 줄곧 엄청나게 마시는 것은 변함이 없었지만 영국인들이 사
랑했고 따뜻함을 느꼈던 애프터눈 티 문화는 사라지고 외국 관광객들
을 위한 전통으로 퇴색하여 일부 호텔에서만 명맥을 유지하게 되었다.
이것이 거의 2000년도까지의 상황이었다.

애프터눈 티에 대한 관심이 되살아난 것은 최근 일이다. 2008년 전후
의 세계 경제 불황으로 인한 불경기, 2012년에 있었던 엘리자베스 2세
즉위 60주년을 축하하는 다이아몬드 주빌리Diamond Jubilee 행사 등이 영
국인들로 하여금 자신들의 전통에 관심을 돌리게 했다. 그리고 최근에
는 우리나라와 비슷하게 TV 음식 프로그램에서 티푸드를 자주 다루면

서 홍차에 대한 관심이 다시 일어나게 되었다.

런던 리츠 호텔의 애프터눈 티

이런 런던의 애프터눈 티 열풍으로 애프터눈 티로 유명한 호텔은 예약하기가 매우 어렵다. 가격은 현지 언론조차도 이해할 수 없다고 비난할 정도로 비싸 2시간 남짓의 애프터눈 티에 일인당 15만원까지 한다. 예약도 적어도 3개월 전에는 해야 한다.

하지만 홍차 애호가라면 한 번쯤은 경험해보기를 추천한다. 티룸의 우아함과 제공되는 차의 품질, 티푸드의 훌륭함뿐만 아니라 서빙하는 직원들의 세련됨과 친절함도 인상적이었다. 더욱이 호텔 측에서 참석자들의 드레스 코드에 기준을 두는 등 분위기를 높은 수준으로 유지하려고

리츠 호텔에서 애프터눈 티를
여유롭게 즐기는 사람들.

애를 쓰고 있어, 참석하는 사람들도 애프터눈 티 경험을 큰 즐거움으로 느끼는 듯했다. 나도 양복을 미리 준비해 갔다. 일찍 와서 피아노 연주를 들으면서 즐기기도 하고, 점잖게 차려입은 신사 숙녀와 노부부들이 우아하게 담소하고 사진을 찍는 모습에서 과거의 흔적을 엿볼 수 있었다.

하이 티

우아하고 세련된 귀족들의 생활 습관에서 비롯된 애프터눈 티와 달리 하이 티high tea는 노동자 및 하층 계급에서 널리 퍼진 또 다른 관습이다. 이 또한 정확히 언제 어떻게 시작되었는지는 알려져 있지 않다. 어쨌든 이를 위한 두 가지 조건은 노동자와 하층 계급에서도 차를 부담 없이 마실 수 있을 만큼 차 가격이 하락했다는 것과 농업시대에서 산업혁명의 시대로 접어들어 공장으로 출퇴근하는 삶이 등장했다는 점이다.

상류층이 점심을 먹은 뒤 오후에 소위 애프터눈 티 시간을 갖고 늦

···
'하이티'라는 용어는 서민들이
식사하는 높은 식탁에서
유래했다.

홍차란 무엇인가

1890년경이 되면 인도와 스리랑카에서 생산된 홍차가 영국 내 수요를 충족시키게 되면서 가격이 내려간다. 서민들도 마음껏 홍차를 마시게 되는 때가 이 무렵이다.

은 저녁에 저녁식사를 했다면, 노동자들에게 애프터눈 티를 위한 시간은 따로 없었다. 그러니 광산이나 공장에서 일을 마칠 무렵에는 배가 몹시 고팠을 것이고, 그들에게 집에 와서 차와 함께 배부른 저녁을 먹는 것이야말로 아주 필요한 일이었다. 하이 티라는 이름도 부엌에 있는 이들이 식사하는 높은 식탁과 의자에서 나온 말이다. 애프터눈 티를 마시는 귀족들의 낮은 탁자와 확연한 대조를 이룬다.(이 때문에 애프터눈 티를 로우 티low tea라고도 한다.) 아마도 좋은 품질의 차는 아니었겠지만 진하게 우려 설탕과 우유를 넣은 차는 실질적으로 허기를 달래는 데 도움이 되었고, 심리적으로도 위안이 되었을 것이다.

따라서 하이 티는 비록 '티'라는 단어가 들어 있지만 티가 메인이 아니고 노동자들 가족이 함께하는 저녁 식사였다. 따라서 하이 티의 가장 큰 장점은 시간과 격식에 얽매이지 않는다는 것이다. 차가 메인이고 어느 정도 격식이 필요했던 애프터눈 티와 많이 다른 점이다.

애프터눈 티가 비록 귀족 계층에서 시작되었지만 일반 서민층으로 확산된 것처럼, 하이 티 또한 노동자 계층의 식사였지만 모든 사회 계층에 받아들여졌다.

인도와 스리랑카로부터 이전보다 훨씬 값싼 홍차가 들어오고, 산업혁명으로 사회 시스템이 바뀌면서 홍차 음용은 점점 확산되었다. 홍차의 나라 영국이라는 신화는 이렇게 만들어져 갔다.

크림 티

크림 티Cream Tea는 홍차와 함께 스콘에 잼과 클로티드 크림을 발라먹는 것을 말한다. 클로티드 크림으로 인해 생긴 전통이다.

클로티드 크림Clotted Cream은 영국 서남부 끝에 있는 콘월과 데번 지방에서 생산된다. 그래서 코니쉬 크림Cornish Cream, 데번셔 크림Devonshire Cream이라고도 불린다. 두 지방은 기온이 따뜻해 목초지가 잘 발달되어 생산되는 우유에는 지방 성분이 특히 많다.

만드는 방법은 새로 짠 신선한 우유를 24시간 동안 젓지 않고 차가운 곳에 두었다가 약한 불로 가열해 끓기 직전까지 데운다. 불에서 들어낸 후 12시간 정도를 두면 식어가면서 표면에 지방이 응고Clotted하기 시작하며 이것을 걷어낸 것이 클로티드 크림이다. 보통 크림은 지방 함유량이 18퍼센트 전후인데 반해 클로티드 크림은 최소 55퍼센트 이상이어야 한다. 따라서 풍부하고 달콤한 맛이 난다. 하지만 건강에는 나쁜 음식으로 알려져 있다.

콘월 지방의 목초지와 크림을
나중에 바른 콘월식 크림 티

스콘을 보통 따뜻하게 제공하는 것은 크림을 발랐을 때 살짝 녹는 것
이 더 맛있기 때문이다.

잼을 먼저 바르냐 크림을 먼저 바르냐에 대해서도 논쟁이 있는데 콘
월 지방은 잼을 먼저 바르고 데번 지방은 크림을 먼저 바른다.

그렇긴 하지만 콘월 지방이 생산량이나 유명세에서 앞서는 편이다.
최근 우리나라에도 콘월에서 만든 품질 좋은 클로티드 크림이 수입되고
있다. 맛있게 먹기 위해서는 스콘에 잼과 크림을 과하다 싶을 정도로 아
주 듬뿍 발라야 한다.

1. 정통법과 CTC,
   영국식 홍차의 완성

CTC 가공법의 탄생

17세기 중반부터 200년 이상 중국에서 수입하던 홍차를 1860년대 들어 인도 아삼에서 본격적으로 생산함에 따라 영국은 새로운 시대를 맞이한다. 이 과정에서 1838년 아삼에서의 첫 홍차를 생산한 뒤 거의 20년 동안 영국이 겪은 시행착오는 매우 실질적인 것이며, 이를 극복하고 개선해나가는 과정이 새로운 홍차, 아삼 홍차의 탄생을 가져온다. 즉 홍차 제조 과정에서의 발전이 이뤄진 것이다.

처음 아삼에서의 영국인은 당연하게도 중국식 홍차 가공법을 철저히 답습했다. 그러나 중국식으로 생산해서는, 중국 현지에서 나오는 차와 비교해 품질과 가격 면에서 경쟁력이 없었다.

풍부한 노동력을 가진 중국은 애초부터 노동력을 줄이려는 노력은 하지 않아도 되었다. 이는 중국의 차 생산과 공급 시스템이 수십만 중국 가정에서 조금씩 생산한 차를 모으고 모아 결국 수출항까지 와서 엄청난 양이 되는 방식이었기 때문이다. 중국의 이 개개의 과정은 생산에 별 비용이 들지 않았고, 생산 농가 입장에서는 보조 수입일 때가 대부분이었기 때문이다.

아삼 지역은 밀림을 개척한 곳이기에 인구가 희박했을 뿐만 아니라 자연환경 및 기후가 중국과는 무척 달랐다. 겨울인 12월에서 2월을 제외하면 1년 중 나머지 달은 모두 채엽이 가능해, 평지 다원에서 쏟아져 나오는 엄청난 양의 찻잎을 중국식으로 일일이 손으로 유념하거나 솥에서 건조할 수 있는 상황이 아니었다. 더구나 중국에서 하는 것처럼 위조를 길게 하면 습한 기후로 인해 찻잎이 썩었다.

이런 새로운 상황과 환경에 적응하기 위해 영국은 기존의 중국식 차 가공 과정의 각 단계를 수정하고 개선하여 새롭게 만들었다. 이렇게 탄생한 것이 채엽, 위조, 유념, 산화, 건조, 분류로 정형화되어 오늘날까지 그 틀이 유지되는 정통법orthodox method이라 불리는 방법이다.

정통가공법의 기계화

물론 이 과정이 하루아침에 이뤄진 것은 아니다. 그리고 과정의 정형화 못지않게 중요한 것이 각 단계에서 사람의 손을 기계로 대체하는 것이었다. 찻잎 시들리기 시간을 줄이기 위해 위조대를 만들고 손으로 하는 유념을 대신하는 롤링머신(유념기)도 만들어졌다. 브리타니아Britannia라 불리는 그 당시의 유념기가 아직도 쓰이는 곳이 많다.

1871년 처음 도입된 롤링머신은 성능이 개선되면서 단계적으로 아삼의 노동력을 대체해 1913년경에는 약 8000대의 롤링머신이 160만 명의 노동자를 대체했다는 기록도 있다. 롤링머신으로 하는 유념은 손으로 할 때와 달리 찻잎이 다양한 크기로 더 잘게 부서지기 때문에 이를 크기별로 분류하는 기계도 도입되었다. 1884년에는 건조기가 도입되어 이전에는 불 위의 솥에서 건조시키던 찻잎을 뜨거운 공기로 손쉽게 말리게 된다.

이렇게 가공 단계의 개선과 더불어 기계로 대체하고 다원 운영까지 공장식으로 바꿔, 마침내 영국은 다윈을 산업적 기업으로 전환, 생산성을 높이고 비용은 낮출 수 있었다. 이 과정을 거치면서 영국은 그 이전 중국 홍차와는 본질적으로 다른 새로운 종류의 차 즉, 우유와 설탕을 넣었을 때 더 맛있는 강하고 떫은 영국식 홍차를 개발했다. 1장 2절 '녹차와 홍차는 어떻게 다른가'에서 이 정통가공법의 각 단계에 대해서는 이미 자세히 설명했다.

현재, 잎차라고 불리는 대부분의 고급 홍차는 이 정통가공법을 통해 생산된다. 하지만 전 세계 홍차 생산량으로 보면 상황은 조금 다르다. 인도를 보면 1950년경만 하더라도 인도 생산량의 70퍼센트가 정통가공법에 의한 것이었다. 하지만 2016년에는 생산량 중 단지 8퍼센트만이 정통가공법으로 생산되었고 나머지 92퍼센트는 CTC라고 불리는 가공법으로 생산되었다. 어떤 연유로 이런 극적인 변화가 생겼는지 그리고 CTC홍차라는 것이 무엇인지를 알아보겠다.

CTC 가공법의 발명과 의의

그전의 복잡하고 긴 중국식 홍차 가공법을 채엽, 위조, 유념, 산화, 건조, 분류 단계로 단순화하고, 이어서 사람의 손으로 진행되는 많은 과정을 기계로 대체하면서 홍차 생산에 큰 변화를 가져온 것은 맞지만, 이때까지의 기계들은 단순히 사람의 손을 대체한 것뿐이었다. 즉 홍차를 만드는 방법과 과정에 개선은 있었지만 기본 과정에는 변화가 없었다.

그러던 중 1930년대 초반 CTC 기계의 발명은 기본 과정에 근본적인 변화를 가져왔다. 윌리엄 매커처William Mckercher라는 이가 위조가 끝난 찻잎을 단번에 뭉개고crushing or cutting, 찢고tearing, 둥글게 뭉치는curling 기계를 발명한 것이다. 이 과정들의 첫 글자를 딴 것이 CTC 가공법이다. 바로 이 기계가 홍차 생산 과정에 혁명적인 변화를 일으켰다.

CTC 가공법은 생산자로 하여금 표준적인 맛을 가진 홍차를 대량으로 생산할 수 있게 했는데, 이것은 대량 생산, 규격화된 맛, 낮은 가격, 대량 소비 체제로 변해가는 현대 시장이 원하는 바였다. 채엽, 위조, 유념, 산화, 건조, 분류의 여섯 단계로 이뤄진 기존 방법에서 위조와 산화 시간을 짧게 하고 유념 과정을 CTC 기계로 대체함으로써 생산에 필요한 시간을 대폭 줄였다. 즉 위조 시간을 줄였다는 것은 다양한 향을 희생시킨다는 뜻이고, CTC 과정을 통해 찻잎을 뭉개고 찢어 거의 분말 수준으로 산산조각냄으로써 유념할 필요도 없어진다. 앞에서 '유념'을 다룰 때 설명한 것처럼 유념은 "찻잎 형태를 잡아주면서 부피를 줄이고 찻잎에 상처를 내어 나중에 잘 우러나게 하는 과정"이다. 그런데 CTC는 아예 찻잎을 가루 수준으로 분쇄하니 유념과정이 필요 없어진다.

CTC 분쇄 과정을 통과한 입자가 작다보니 산화를 위한 시간을 따로 두지 않고 찻잎 분쇄 단계로부터 건조 기계를 향해 움직여가는 컨베이어벨트에서의 짧은 시간 동안 산화도 완료된다.

티백 제품에 적합한 홍차

가공 과정에서의 이런 변화는 생산에 필요한 시간도 단축할 뿐만 아니라 좀더 빨리 우려지는 강한 차를 만드는 데 필요한 미세한 찻잎을 생산하는 것에 적합하다.

처음에는 거친 찻잎을 위해서만 사용했으나 당시 소비가 늘고 있던 티백 제품 생산에 적합해짐에 따라 수요가 급격히 늘어났다. 이 CTC 홍차의 작고 균일한 찻잎이 기계의 연속 과정을 통해 대량으로 생산되는 티백에 필요한 것이었다. CTC 홍차는 품질 저하를 감수하는 대신 표준화와 생산성을 택한 것이다. 당연히 생산비가 절감되고 가격 또한 인하되었다. 그리고 이것이 그 시대가 바라는 것이었다.

오늘날 홀리프whole leaf와 브로큰broken 타입으로 가공된 찻잎을 정통 홍차orthodox tea라 부르는데, CTC 가공법으로 만들어진 차와 구별 짓기 위해서다.

패닝fannings과 더스트dust도 찻잎 크기는 비록 작아 CTC 홍차와 크기가 비슷할 수 있지만 가공법이 완전히 다르며 정통 홍차에 포함된다.

티백

1908년 미국인 토머스 설리번Thomas Sullivan에 의해 우연히 발명된 것으로 알려진 티백은 영국에서는 오랫동안 주목받지 못했다. 그러던 중 제2차 세계대전 이후 노동력의 부족, 편리성 등으로 관심을 끌기 시작해 1960년경에는 영국에서 소비되는 홍차의 4퍼센트 정도를 차지했다. 오늘날에는 오히려 역전되어 소비되는 홍차의 95퍼센트 이상이 티백 타입이다.

미국이나 유럽 등 선진국의 소비 스타일도 이와 크게 다르지 않다. 편리성이라는 것은 인간에게 엄청난 매력을 지닌다. 문명의 발달은 세탁기, 청소기처럼 인간의 노동력을 거의 대체하거나, 그것이 불가능하면 편리하게라도 만들어왔다.

홍차나 커피 소비량이 과거보다 엄청나게 증가한 것은 낮아진 가격과 소비자가 쉽게 마실 수 있도록 한 편리성이 가장 큰 이유다. 즉 홍차에 있어서 티백 제품의 발명과 아이스티를 위한 인스턴트 제품의 발명, 커피에서 있어서도 인스턴트 제품 발명과 RTD(Ready-to-drink의 약자로 유리병이나 캔, 페트병에 들어 있는 음료) 형태의 도입이 그렇다. 한국에서는 '믹스커피'라는 편리성을 한 단계 더 높인 제품까지 포함시켜야 한다.

이 편리성을 대가로 어느 정도 품질의 희생이 뒤따랐지만, 소비자들은 기꺼이 질의 저하를 압도하는 편리성을 택했다. 홍차에서는 바로 이것이 티백이며, 티백을 낮은 가격으로 대량 공급하게 한 것이 CTC 가공법이다. 요즘은 먹기 편리하면서도 제품의 품질도 향상시키려는 노력이 본격화되고 있다. 홍차도 더 이상 CTC 타입을 넣지 않고 정통법으로 생산된 홀리프 등급을 넣는 피라미드 타입이나 모슬린 재질의 샤쉐가 급격히 증가하고 있다. 어떻게 보면 2세대 티백이라 볼 수 있다. 반면 이 장의 주제인 CTC홍차는 1세대 티백을 위한 것이다. 그리고 여전히 1세대 티백이 압도적이다.

2. CTC 홍차
가공 과정

위조

　이제 구체적인 CTC 생산 과정을 알아보자. 큰 줄기는 같겠지만, 국가나 지역에 따라 방법상의 차이는 있을 것이다. 아삼 지역의 공장들을 기본으로 삼아 설명해보겠다.

　다원에 아담하게 속해 있는 스리랑카나 다르질링의 티 팩토리들과 달리 아삼에서 방문한 CTC 티 팩토리는 말 그대로 공장이었다. 특징적인 것은 대부분의 CTC 티 팩토리가 두 동의 건물로 이루어져 있으며 한 동은 위조실이고 다른 한 동은 가공공장이다.

　위조실은 밀폐식과 오픈식이 있다. 밀폐식은 길이 20미터, 가로세로가 2~3미터 되는 대형 컨테이너를 1, 2층에 걸쳐 수십 개 쌓은 것 같은 모양이다.

　밀폐식은 각각이 사방으로 막혀 있기 때문에 효율성이 매우 높을뿐더러 더운 바람까지 공급할 수 있는 장치를 갖추고 대형 팬을 회전시켜 위조 시간을 줄였다.

　오픈식 또한 1층 혹은 2층 규모이고 1, 2층 각각에 수십 개의 위조대

...
사방이 막힌 위조대(아삼)

가 놓여 있으며 각각에 (더운 공기를 공급할 수 있는) 대형 팬이 갖추어져
있다.

마치 덮개 없는 닭장차 같은 곳에 찻잎을 가득 싣고 와서 위조시설
근처에 내려놓는다. 그러면 노동자들이 대나무로 만든 커다란 바구니에
찻잎을 담아 위조대 가장자리로 옮긴다.

폭이 거의 2미터, 길이는 15미터쯤 되는 위조대 위에는 사람이 앉아
서 위조대 가장 자리를 따라 부어놓은 찻잎을 손으로 아주 요령껏, 마
치 소금을 뿌리듯이 위조대에 흩뿌리면서 뒤로 이동한다. 차 밭에서 티
팩토리까지 이동 중에 눌리고 뭉쳐진 찻잎을 골고루 위조대에 뿌려 흩
어주면서 찻잎 사이에 적정한 공간을 두어 위조가 균일하게 되게 하려
는 목적이다. 위조 단계를 거친 찻잎은 이동하는 레일을 따라 건너편에
있는 다른 동의 가공공장으로 간다. 가공공장은 커다란 하나의 공간으
로 되어 있으며 건물 내 한쪽은 2층으로 분리되어 있었다. 즉 교회나 성
당의 2층에서도 설교자를 보면서 예배를 드릴 수 있는 구조를 떠올리면
된다.

위조된 찻잎은 레일을 통해
CTC 기계가 있는 공장으로
옮겨진다.

CTC 홍차의 위조 시간은 보통 7~10시간 정도다. 이는 보통 16~18시간인 정통 홍차 위조 시간보다 훨씬 짧은 편이다.

CTC공장 구조가 두 동의 건물로 이루어져 있으며 한 동 전체가 위조 시설일 정도로 큰 것은 CTC 생산의 특징 때문이다.

위조를 제외하면 정통 홍차 가공법과는 달리 시간이 걸리는 과정이 없다. 단적으로 말하면 위조된 찻잎을 얼마나 많이 공급할 수 있느냐가 이 공장의 생산능력이 된다.

···
수리를 위해 분리된 커팅 머신.
찻잎은 이런 기계 사이를
지나면서 산산조각이 난다.

선별

위조실 건물에서 공중에 달린 레일식 이동 장치에 실려 생산이 이루어지는 건물의 2층으로 옮겨진 위조된 찻잎은 여기서 설비를 통해 한번 선별Cleaning 과정을 거친다. CTC 과정은 찻잎을 날카로운 커팅머신으로 자르는 것이므로 혹시 있을지도 모를 금속이나 거친 가지 등을 사전에 제거한다. CTC 홍차를 위한 채엽 과정은 정통 홍차를 위한 채엽보다는

위조 후 레일을 통해 옮겨진
찻잎은 먼저 선별과정을
거친다. 아삼 토클라이
차연구소Tocklai Tea Research
Institute에 있는 선별기.
아래 흰색 통이 로터베인이다.

섬세하지 못하므로 채엽된 찻잎에 이물질이 포함될 가능성이 높은 편이
다. 방문한 공장 한쪽에서는 CTC 커팅머신의 칼날이 망가져 수리 중인
것도 있었다.

분쇄

선별 과정을 거친 찻잎은 큰 관을 따라 아래층으로 내려와 바로 로터
베인 속으로 들어간다. 로터베인은 여전히 원래 모습에 가까운 큰 찻잎
을 CTC 커팅머신으로 들어가기 전에 1차로 분쇄해 CTC 커팅머신에서
의 미세 분쇄를 돕는 역할을 한다. 이어서 CTC 커팅머신으로 들어간다.
커팅머신은 밀가루반죽 등을 납작하게 밀 때 사용하는 도구처럼 생긴
대형 롤러 2개가 한 세트로 되어 있다. 이 롤러는 엄청난 무게의 스테인
리스 재질로 되어 있으며 표면에는 기하학적 무늬가 날카롭게 새겨져 있
었다. 이 표면의 거친 새김이 찻잎을 분쇄하는 역할을 한다.

이 두 개 롤러 사이로 찻잎이 들어간다. 롤러는 빠른 속도로 서로 반

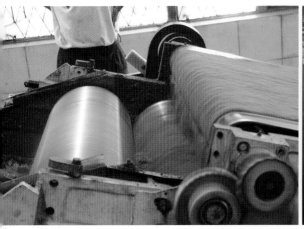

···
CTC 가공의 핵심인 찻잎
분쇄 과정(왼쪽). 이런 롤러
세트가 여러 대 연결되어 있다.

대 방향으로 회전한다. 하나의 속도는 나머지 롤러의 10배 속도다. 이 롤러 사이를 통과하면서 찻잎은 그야말로 완전히 산산조각이 난다. 고운 밀가루 분말 같은 입자로 분쇄된다.

보통은 3개의 롤러 세트로 구성되어 있었는데, 두 번째와 세 번째 세트로 넘어가면서 두 개 롤러 사이 간격이 점점 더 좁아진다. 즉 앞 롤러 세트에서 뒤 롤러 세트로 옮겨지면서 찻잎은 더 작게 분쇄된다. 롤러 세트는 공장마다 달라 4개 혹은 5개 세트로 구성된 곳도 있다.

이 과정을 마친 입자 크기가 원하는 수준이 아니면 한 번 더 이 과정을 밟을 수도 있는데, 어쨌든 이 공정을 거친 찻잎은 아주 미세한 분말 수준이다. 이 과정이 찻잎을 분쇄할 뿐만 아니라 정통법의 유념을 대신하는 것으로 볼 수도 있다. 이 커팅머신 세트 전부를 찻잎이 지나는 데 걸리는 시간이 1~2분밖에 되지 않는다. 크고 육중한 기계들이 빠른 속도로 작동하며 소리가 커서 그야말로 공장에 있는 것 같은 느낌이 든다.

홍차란 무엇인가

둥글게 말기

CTC 커팅머신을 통과하면서 거의 분말 수준으로 부서진 찻잎은 바로 다음 단계에 있는 회전하는 원통으로 들어간다. 이 원통은 지름 약 2미터, 길이 약 10미터쯤 되는 대형 드럼통처럼 생겼으며 금속으로 만들어졌다. 분쇄 과정을 통해 분말이 된 찻잎을 이 통에서 회전시키면서 뭉쳐 과립형으로 만든다. CTC 홍차의 외형은 구슬 모양이다. 과립형이기 때문에 표면이 거친 구슬이라 생각하면 된다.

양쪽 끝이 열려 있는 원통 한쪽 끝으로 들어간 분쇄된 찻잎은 원통이 회전하면서 반대쪽으로 서서히 밀려간다. 그 과정에서 원통이 회전하는 방향 쪽으로 따라 올라가던 찻잎은 각도가 급해지면서 다시 아래로 굴러 떨어진다. 이 과정이 반복되면서 구형 즉 과립형 모양으로 형태가 잡힌다. 앞에서 CTC 홍차를 위한 위조 시간이 상대적으로 짧다고 했다. 위조 시간이 짧다는 것은 찻잎에 수분이 많이 남아 있다는 뜻이다. 실제로 CTC 기계에서 분쇄된 찻잎을 만져보면 끈적거릴 정도로 수

미세하게 분쇄된 찻잎은
회전하는 드럼을 지나면서
과립형으로 뭉쳐진다.

분이 많다. 이렇게 수분이 많아야만 이 회전하는 원통형에서 그래뉼 입자로 뭉쳐질 수 있다.

완성된 CTC 홍차도 입자 크기가 아주 다양하다. 그런 크기들이 이 과정에서 결정된다. 이렇게 회전하는 일종의 드럼통에서 회전 시간에 따라 과립 크기가 결정된다. 다시 말해 분말 수준의 찻잎만 필요할 때는 이 과정을 아주 짧게 하면 되고 필요한 과립형의 크기가 클수록 회전 시간을 늘리면 된다.

산 화 및 건 조

유념이 끝난 찻잎을 산화대로 옮겨 2시간 전후로 산화시키는 정통 홍차와는 달리 CTC 홍차는 주로 이동식을 사용한다.

회전하는 드럼통을 통과해 적정 크기로 과립화된 찻잎은 건조기로 이동하는 컨베이어 벨트 위에서 30분~1시간 전후에 걸쳐 산화된다. 찻잎 입자가 작아 산화에 필요한 시간이 짧기 때문이다. 이동하는 컨베이

···
분쇄된 찻잎은 이동하면서 산화된다. 앞쪽 녹색에서 뒤쪽으로 가면서 점점 갈색으로 변하고 있다. (스리랑카)

홍차란 무엇인가

어벨트 아래로부터 습기를 머금은 시원한 공기가 올라오는 경우도 있다. 습기도 공기도 산화를 촉진하는 역할을 한다. 이동 중인 찻잎 위에 손을 놓아보면 시원한 바람이 느껴진다.

건조기 또한 정통가공법과는 다른 형태다. 밀폐된 공간에서 컨베이어 벨트를 따라 이동하면서 아래쪽에서 뜨거운 바람이 올라온다. 이를 유동층 건조기Fluid Bed dryer라 부른다. 바람을 이용해서 작은 입자가 서로 뭉쳐지는 것을 방지하기 위한 목적이다.

또 다른 산화 방법

그런데 산화과정이 위에서 설명한 일반적인 방식과는 다른 좀 특이한 경우도 있다. 가로 세로 약 40센티미터, 높이 약 15센티미터 정도 되는 사각형 플라스틱 세숫대야처럼 생긴 용기에 바닥은 그물망으로 되어 있다. 그리고 바닥면(그물망)의 가로 세로는 조금 더 짧다. 여기에 CTC 기계를 거쳐온 찻잎을 넣는다.

높이 1미터 정도, 폭 1미터 정도, 길이 10미터 정도 되는 콘크리트로

***
CTC 홍차의 맛과 향을 개선하기 위한 새로운 산화 방법.

만든 테이블에 이 용기가 딱 들어가도록 홈이 파져 있다. 이런 테이블이 10개 정도였고, 각 테이블에는 홈(구멍)이 수십 개 정도가 있었다. 찻잎이 담겨진 수백 개의 용기가 콘크리트로 만든 테이블에 있는 이런 홈에 올려지고 홈 아래에서는 서늘한 바람이 올라오면서 산화가 진행된다.

이런 용기가 수백 개, 홈이 수백 개다 보니 천장에 매달려 이 용기를 이동시키는 레일을 따라 CTC 기계를 통과한 찻잎은 새롭게 홈에 올려지고 시간이 지난 것(산화가 완료된 것)은 내려져 건조기로 이동하는 과정이 연속적으로 이루어지고 있었다.

이 방식의 주요 포인트는 시원한 공기를 공급하는 데 있다. 용기는 단지 이동상의 편리를 위한 것일 뿐이다. 컨베이어벨트 식 산화에도 (습기 있는) 공기를 공급했고, 사각형 용기식 산화에도 공기를 공급하는 것이다.

공기를 인위적으로 공급함으로써 산소를 더 많이 제공하고 결국 산화 속도를 빠르게 할 수 있다.

품질 향상을 위한 끝없는 노력

어차피 아삼의 무더위에서는 산화 속도가 빠른데 이렇게 컨베이어벨트 방식이든, 사각형 용기 방식이든 인위적으로 습기가 있는 공기를 불어넣어 산화 속도를 조금 더 빨리하는 이유가 무엇일까.

산화 속도보다 더 중요한 이유가 있었다. 우리의 질문에 여러 공장 책임자들은 동일하게 아로마Aroma(향)를 더 좋게 하기 위해서라고 답했다. 아삼처럼 무더운 기온에서는 멈춰져 있는 공기 속에서 산화되는 것보다는 흐르는 공기 속에서 산화되는 것이 맛과 향이 더 좋아진다고 한다.

딱히 적절한 비유는 아니겠지만 똑같이 맑고 햇빛 좋은 마당에 빨래를 말리더라도 바람까지 불어주면 건조된 빨래가 더 뽀송뽀송하고 기분

홍차란 무엇인가

이 좋은 것 같다고나 할까.

CTC 공장뿐만 아니라 일부 아삼의 정통 홍차 생산 공장에서도 사각형 용기 모델 산화 방식을 사용하기도 했다. 목적은 같을 것이다.

이물질 제거

건조기를 지나면서 일단 완성된 찻잎은 이물질 제거 단계로 간다. 과립형으로 둥글게 뭉쳐진 다양한 크기의 찻잎이 길게 이어진 벨트 위에 얇게 펼쳐져 이동한다. 이동하는 벨트 폭 길이와 같은 길이를 가진 회전하는 원통이 찻잎 바로 위에 일정한 간격을 두고 설치되어 있다. 이 원통은 표면이 아주 매끄러운 금속이어서 이 아래를 지나 가는 찻잎 속에 들어 있는 이물질을 흡착하여 제거한다. 책받침을 옷에 문질러 머리에 대면 머리카락이 서면서 붙는 것과 같은 원리다. 파이버 익스트렉터 Fiber Extractor라 불리는 기계로 매끄러운 금속 표면이 정전기를 일으키면서 찻잎 속에 섞여 있는 줄기 같은 섬유질을 흡착해낸다. 이 과정은 정

...
건조기를 거친 찻잎은 사진 왼쪽에 보이는 이물질 제거기를 지나 정면에 있는 분류기를 통해 다양한 찻잎의 크기로 나뉜다.

통 홍차(주로 브로큰 등급) 생산 과정에도 동일하게 있다.

등급별 분류

마지막으로 인상적이었던 것이 분류sorting 과정이었는데, 정통 홍차 생산 공장의 직사각형 망과는 달랐다. 지름 1미터, 두께 10~15센티미터 되는 CD처럼 생긴 것이 여섯 칸쯤 포개져 있고, 각각의 CD는 따로 출구가 있었다.

건조와 이물질 제거 과정을 거친 찻잎은 이 분류 기계 위로부터 투입되면 CD처럼 생긴 것은 아랫면이 각각 크기가 다른 망으로 이뤄져 있어 위에서 아래로 크기에 따라 분류된다. 분류된 것은 출구를 통해 각각 다른 포대에 담는다.

분류 기계를 통과한 CTC 입자 크기는 매우 다양했다. 드럼통에서의 회전 시간과 또 다른 변수에 의해 입자가 다양하게 층이 진 듯하다. 공장 매니저는 소비자의 취향에 따라 선호도가 다르고, 출고할 때 다양한 크기의 CTC 입자를 블렌딩하기도 한다고 했다. 아마도 티백용은 아주 작은 입자가 필요할 것이며 차이(인도의 국민차)용으로 쓰이는 내수품은 큰 입자의 CTC가 필요할지 모른다.

CTC로 만들어진 차도 크기에 따라 등급이 매겨진다. 결국 CTC 홍차의 입자 크기는 아주 작은 분말부터 요즘 약국에서 판매하는 환약 조제로 된 소화제 크기만큼 다양하다. CTC 기계를 통과하면서 분말 수준으로 된 찻잎이 회전하는 원통형에서 얼마나 과립화, 즉 그래뉼화되었냐는 정도에 따라 크기가 다르다. 큰 입자의 CTC는 5분 이상을 우려도 형태가 거의 그대로 유지된다. 손가락으로 문지르면 겨우 물에 젖은 끈적한 분말처럼 문드러진다.

CTC 홍차의 특징

위에서 본 것처럼 CTC 홍차 가공 과정은 정통 홍차 가공 과정과는 많이 다르다. 요약하면 생산 비용을 줄이고 생산성을 높이는 대신 맛과 향을 포기한 것이다

따라서 CTC 홍차는 홀리프 등급의 홍차를 마실 때 느낄 수 있는 미묘하고 섬세한 변화는 느끼게 해주지 못한다. 하지만 최근 들어서야 영국, 미국 등 소위 선진국이라 할 수 있는 홍차 음용국에서의 음용 방식이 조금씩 고급화되고 있지만, 오랫동안 이들은 홍차에 우유와 설탕을 넣었다. 그리고 우유와 설탕을 넣을 경우는 오히려 다소 강하고 떫은맛의 특징을 가진 CTC 홍차가 더 적합했다.

최근 CTC 가공법의 변화

CTC 홍차의 외형상 두드러진 특징은 구슬처럼 생긴 형태다. 그리고 이런 모양이 되는 것은 CTC의 마지막 C 즉 Curling(둥글게 뭉치기) 과정을 거치면서다. 그런데 최근 들어 CTC 가공 과정에 변화가 있는데 이 마지막 둥글게 뭉치기 과정을 생략하는 추세다. 2013년 처음 아삼 CTC 공장을 방문했을 때 어떤 공장에서는 마지막 둥글게 뭉치기에 사용하는 금속원통(드럼)이 생산라인에서 빠져 있었다. 티 매니저가 요즘은 잘 사용하지 않는다는 말을 했었다. 2016년, 2019년 아삼에서도 유사한 상황이었다. 사용하는 곳이 있고 사용하지 않는 곳이 있었다. 2015년, 2018년 스리랑카 방문 시 들른 두 곳의 CTC 공장에서는 아예 금속원통 자체가 없었다.

둥글게 뭉치기 과정이 없으면 CTC로 생산해도 구슬 모양이 될 수 없다. 이렇게 되면 외형상으로는 정통 홍차의 브로컨 등급과 구별이 잘 되

3. CTC 홍차의
품질 개선

지 않는다.

　나름 구별하는 방법은 둥글게 뭉치기 과정을 생략한 CTC 홍차 마른 잎은 구슬 모양은 아니지만 외형에 나름 일관성이 있다. 또 마른 찻잎을 손으로 비벼보면 느껴지는 촉감이 까칠까칠하면서 균일한 느낌이 든다. 앞에서 본 뭉개고crushing or cutting, 찢는tearing 과정에서 찻잎이 균일하게 분쇄되었기 때문이다. 대신 정통 홍차의 브로컨 등급은 CTC 홍차와 크기는 비슷할지라도 손으로 만지만 상대적으로 부드럽다는 느낌이 들고 외형상 보기에도 균일하지 않다.

둥글게 뭉치기 과정의 생략 이유

　따라서 CTC 홍차라도 구슬 모양 외형이 아닐 수 있다는 것을 기억해야 한다. 정작 궁금한 것은 마지막 둥글게 뭉치기 과정을 생략하는 이유다. 여기엔 두 가지 이유가 있다고 추정된다. 비용 절감과 품질 향상이다.

한 과정이라도 생략하면 설비에서나 가공 과정에서 비용을 절감할 수 있다. 즉 아주 미세한 입자를 둥글게 뭉쳐서 어느 정도 크기의 구슬 모양으로 만드는 것이 원래의 CTC 방법이었다면 아주 미세한 입자로 만드는 대신 둥글게 뭉쳐서 만들 크기까지만 분쇄한다고 보면 된다.

즉 원래 방법은 1(지름 단위라고 가정하자) 단위로 찻잎을 분쇄하여 필요에 따라 10단위, 20단위로 뭉치는 것이었다면 변화된 가공법은 처음부터 10단위, 20단위 정도로만 분쇄하여 뭉치는 과정을 생략하는 것으로 바뀐 것이다. 이런 변화가 가능한 것은 전반적 품질 향상 추세 때문이다.

일반적으로 차는 찻잎 크기가 작을수록 빨리 그리고 강하게 우러나며 품질은 대체로 좋지 않다. 하지만 과거에는 품질보다는 빨리 강하게 우러나는 것이 중요했다. 하지만 차에 있어서 최근 전 세계적 추세는 고급화다. 따라서 고급 잎차에 대한 수요가 증가하고 있다. CTC 홍차가 비록 값싼 티백 제품 생산에 사용되지만 그래도 조금은 품질을 개선한다는 차원에서라면 입자 크기를 아주 작게 분쇄하지 않는 것은 충분히 이해가 된다.

길어진 위조 시간

2019년 아삼 방문에서 알게 된 또 다른 새로운 사실은 길어진 위조 시간이다. 아삼에서 방문한 두 곳의 CTC 공장에서 위조 시간이 15~20시간이라고 말했다. 원래는 정통 홍차 위조 시간이 15~20시간 정도이고, CTC는 7~10시간 정도라고 알고 있었는데 다소 의외였다.

일반적으로 위조 시간이 길면 길수록 홍차 향은 더욱더 풍부해진다. 하지만 CTC는 향보다는 맛에 중점을 둔 홍차다. 작은 입자로 만들어 빨리 우러나는 강한 홍차에 대한 수요로 CTC 가공법이 일반화되었기 때문이다. 따라서 위조 시간이 굳이 길 필요가 없었다.

또 하나는 앞에서 설명했지만 마지막 C인 컬링 과정 즉 찻잎을 둥글게 뭉치기 위해서는 분쇄된 찻잎에 어느 정도 수분이 필요했으므로 수분을 증발시키는 위조 시간이 짧아야만 했다.

CTC 가공 과정의 위조 시간이 15~20시간으로 늘어난 것이 일반적인 상황이라면(좀더 확인이 필요하다) 이는 CTC 가공의 마지막 컬링 과정의 생략과 관련이 있다고 여겨진다. 즉 컬링 과정이 없어 찻잎에 수분이 적어도 되니 대신 위조를 충분히 하여 향을 더 개선할 수 있는 것이다.

즉 컬링 과정(둥글게 뭉치기)의 생략과 이로 인해 CTC 입자가 더 커진 것, 위조 시간이 길어진 것 등은 모두 다 CTC 홍차 품질 개선을 염두에 둔 것이라고 여겨진다. 결국 CTC 홍차 가공법의 변화는 품질 개선이 목적이라고 말할 수 있다.

CTC 홍차의 현재

연간 130만 톤 규모로 세계 1위 홍차 생산국인 인도는 약 90퍼센트 정도가 CTC로 생산한다. 약 43만 톤 규모로 2위인 케냐는 95퍼센트 이상이 CTC 홍차다. 케냐 외의 아프리카 국가들도 대부분 CTC로 생산한다. 약 32만 톤을 생산하는 스리랑카는 반대로 대부분이 정통법Orthodox Method 홍차이고 약 6퍼센트 정도가 CTC로 생산된다. 약 25만 톤 수준으로 생산하는 숨은 홍차 강국인 터키는 대부분 정통 홍차를 생산한다. 정통 홍차가 CTC보다 반드시 품질이 좋은 것은 아니다. 터키 홍차는 품질 면에서 좋다고는 할 수 없고 거의 다 국내에서 소비된다. 또 중국도 대부분 정통 홍차 생산이지만 근래 윈난 등지에서는 대규모 CTC 공장이 세워지고 있다.

전 세계 홍차 물량을 놓고 보면 약 70퍼센트가 CTC 홍차이고 30퍼센트 정도가 정통 홍차다.

　이렇게 CTC 홍차 생산량이 훨씬 더 많은 것은 향은 거의 없고 맛도 특징적이지 않지만 가격이 저렴하고 품질이 균일해 상업적 차 가공자와 블렌더blender를 위한 거대한 시장이 형성되어 있기 때문이다. 즉, 티백 생산이나 블렌딩 제품, 아이스티, 인스턴트 홍차를 위한 벌크 제품용으로 CTC가 필요하다. 일부 고품질 홍차를 생산하는 지역 외에는 높은 생산성과 균일한 품질을 목표로 하는 현대적이고 기계화된 생산 방법을 선호해, 대부분 CTC 방법으로 홍차를 생산한다.

　세계 유명 홍차 회사들은 CTC 홍차를 루스 티Loose Tea(티백이 아닌 형태로 포장된 차를 지칭하는 용어)로는 거의 판매하지 않는다. 포트넘앤메이슨의 아이리시 브렉퍼스트Irish Breakfast나 해러즈의 브렉퍼스트 스트롱Breakfast Strong처럼 매우 드물게 CTC 홍차로 이뤄진 제품이 있긴 하다. 이 두 제품은 비교적 고품질 CTC 홍차로 강한 홍차의 매력을 마음껏 느낄 수 있기에 추천한다. 2020년에 출시된 포트넘앤메이슨의 앨비언Albion은 CTC 홍차와 정통 홍차를 블렌딩한 제품으로 드문 경우다.

　대신 CTC 홍차는 티백 속에 주로 포함되어 우리 눈에 보이지는 않지만 매우 친숙하다.

　국내에서도 티백 제품에 들어 있는 것 말고는 CTC 홍차를 따로 마시는 사람은 거의 없을 것이다. 밀크티를 좋아하는 일부 소비자들이 CTC 홍차를 사용하곤 한다. 어쨌든 현대식 홍차의 총아인 CTC 가공법에 대한 지식은 홍차를 전반적으로 이해하는 데 도움이 될 것이다.

4. 가향차

홍차를 처음 접하는 이들은 홍차에서 피어오르는 재스민, 장미, 초콜릿, 시나몬 같은 향기롭고 달콤한 향의 유혹이나 혹은 헤렌토피, 아이리시 몰트, 마르코 폴로, 얼그레이 프렌치 블루 등 이국적인 이름에 끌려 홍차를 마시기 시작하는 경우가 적지 않을 것이다.

이런 측면에서 본다면 가향차의 공이 큰데, 홍차를 처음 마시는 사람들이 막연히 지닐 법한 홍차의 떫은맛에 대한 편견을 없애고 대신 향기롭고 이국적인 맛으로 홍차에 일단 친숙하게 하며 차츰 더 세련된 홍차 본연의 맛과 향으로 관심을 갖게 하기 때문이다.

이미 알고 있는 차의 여섯 분류에 더하여 꽃이나 과일 혹은 향료 등을 첨가한 완전히 다른 차의 영역이 가향차다. 기존의 분류에서는 벗어나지만 차에 추가로 맛과 향을 더하는 것도 오랜 역사를 지닌 하나의 기술이며, 기존의 차와 마찬가지로 우리를 매혹하는 또 하나의 영역임은 분명하다.

가향차는 다양한 베이스의 차에 꽃잎이나 과일 조각, 향신료, 허브 등을 직접 넣거나(Inclusions), 이들의 추출물을 뿌리거나(Flavored Tea) 혹은 이들의 향만을 입히는(Scented Tea) 3가지 방법으로 주로 가공한다.

다양한 베이스의 차라고 표현한 것은 과거에는 주로 녹차, 홍차를 베이스 차로 많이 사용했으나 근래 들어 이들 외에도 백차, 우롱차, 심지어 보이차를 베이스로 해서 가향한 차들도 있기 때문이다.

처음 홍차를 시도하는 음용자들이 쉽게 접할 수 있는 장점 때문인지 최근 각 홍차 회사들은 엄청난 종류의 가향차를 제품 목록에 올리고 있다.

우리가 가장 친숙하게 알고 있는 대표적인 가향차가 재스민 차와 얼그레이 홍차다. 이 두 제품의 역사와 가공 방법 등을 알아보도록 하겠다.

재스민차

재스민 꽃으로 가향된 차는 푸젠성 북부 지역에서 주로 생산되며 명

나라 때부터 중국 황제들이 좋아했다고 한다. 근래 들어서는 광시성 헝현橫縣도 유명하다

만드는 방법은 일단 완성된 차(고급 재스민 차는 주로 녹차, 백차를 베이스로 사용한다)를 창고 같은 넓은 실내 공간에 다양한 형태의 더미로 쌓는다. 이 차 더미에 꽃봉오리 상태의 재스민 꽃을 차 전체를 다 덮을 수 있을 정도로 많이 넣고 섞는다. 이 방법을 음화窨花라고 부른다.

이 음화 과정을 간단히 설명하면 실내에서 찻잎과 살짝 피기 시작한 꽃봉오리를 함께 섞어 큰 더미를 만들어놓은 후 꽃봉오리가 퍼지면서 꽃 향을 방출하면 찻잎이 이 향을 흡수하게 한다(찻잎의 속성 중 하나가 외부 향을 잘 흡수하는 것이다. 따라서 차를 보관할 때는 밀폐가 중요하다. 그렇지 않으면 주위에 있는 잡냄새를 흡수하기 때문이다).

이 과정이 12시간 정도 걸린다. 도중에 한 번 정도 더미를 풀어헤쳐 찻잎과 꽃잎을 쉬게 하기도 한다.

12시간이 지난 뒤 향을 다 뺏긴 꽃잎을 제거하고 일정 시간 찻잎을 쉬게 한 뒤 새로운 신선한 꽃을 가져와 같은 과정을 반복한다. 원하는 향의 강도에 따라 반복 횟수는 다르겠지만 대체로 횟수가 많을수록 고급 차이며 7~8번까지 되풀이하기도 한다. 마지막에는 꽃은 완전히 제거

한다. 설명은 간단하지만, 실제로 재스민차를 만드는 것은 섬세함을 요하고 과정도 복잡하며, 맛과 향을 조화롭게 하는 데는 많은 경험과 기술이 필요하다.

이런 최고급 재스민차를 만드는 데는 가공 작업이 길게는 일주일 정도 걸리기도 한다. 우리가 현재 유럽홍차 회사에서 구입할 수 있는 고급 재스민차는 이런 과정을 2~3번 정도 거친 것이라고 보면 된다.

이렇게 향만 입혀 만든 가향차를 센티드 티Scented Tea라고 부른다.

반면 현재 우리가 쉽게 구할 수 있는 재스민 차는 베이스 차에 재스민 향을 가진 오일을 뿌렸을 가능성이 높다. 이렇게 만드는 방법은 얼그레이 홍차에서 설명하겠다.

얼그레이

홍차에 대해 조금이라도 관심 있는 사람이라면 얼그레이 홍차에 대해 들어보았을 것이다. 가향차이면서도 세계적으로 널리 알려져 아삼, 실론, 다르질링 같은 클래식 반열에 오른 홍차다.

얼그레이 홍차는 베르가모트라는 과일 껍질에서 추출한 오일을 찻잎에 뿌려서 만든 가향차다.

···
베르가모트는 귤처럼 생긴 과일이다.

홍차란 무엇인가

베르가모트^{bergamot}는 이탈리아 토착 밀감류 과일로, 모양은 서양 배와 비슷하다. 이 과일의 상업적 가치는 오일을 함유하고 있는 껍질에 있다.

작은 레미콘처럼 생긴 용기에 찻잎을 넣고 용기 속에 있는 노즐을 통

프레이그런스 오일

위에서 언급한 '추출한 오일'이라는 용어는 가향하는 방법에 대한 이해를 돕기 위해 사용했을 뿐이다. 얼그레이 홍차가 만들어진 초기에는 어떠했는 지 알 수 없지만, 현재는 베르가모트 과일에서 추출한 오일은 거의 사용하지 않는다. 정확히 말하면 다양한 물질에서 추출한 성분으로 베르가모트 향이 나도록 합성한 프레이그런스 오일^{Fragrance Oil}을 사용한다. 프레이그런스 오일은 아로마 오일^{Aroma Oil}, 플레이버 오일^{Flavor Oil}이라고도 불린다. 얼그레이뿐만 아니라 위에서 설명한 플레이버드 방식으로 만드는 가향차에 사용되는 향은 대부분 합성한 것이다.

해 일정 시간 간격으로 오일을 뿌린다. 그 동안 용기는 전후좌우로 회전하면서 오일을 찻잎에 골고루 섞는다. 이 방법을 통해 만든 가향차를 플레이버드 티Flavored Tea라고 부른다.

가향차를 영어로 보통 플레이버드 티라고 부르는 것은 시중에서 판매되는 대부분의 가향차가 이 방법으로 만들어지기 때문이다.

얼그레이 탄생의 전설

베르가모트 향이 잘 조화된 약간 새큼한 맛이 홍차를 처음 마시는 사람에게조차 부담 없이 다가가는 장점이 있다. 베이스가 되는 홍차의 다양함과 더해진 베르가모트의 성질 및 양에 따라 수많은 버전이 있어 더욱 매력적일지도 모른다. 게다가 이 가향홍차가 얼그레이라고 불리게 된 것과 관련된 전설도 있다.

...
찰스 그레이 백작

영국의 유명한 차 회사 트와이닝이 이 블렌딩을 처음 만들었으며, 여기에 당시 수상이었던 얼그레이 2세의 이름을 붙인 것이다. 미국 독립전쟁 시기 영국 장군으로 큰 공을 세운 얼그레이 1세는 영국 왕 조지 3세로부터 백작 작위를 받았고(얼earl은 백작 작위를 뜻한다) 그 아들 얼그레이 2세는 나중에 영국 수상을 역임했다. 수상 재임 때 중국 관리가 그에게 가향차를 선물했는데, 이 차를 마음에 들어 한 수상이 차가 떨어져가자 트와이닝 사에 똑같은 것을 생산하도록 요청해서 만들어진 것이라는 이야기다.

하지만 잭슨스 오브 피카달리Jacksons of Piccadilly라는 회사 또한 얼그레이를 최초로 만들었다는 주장을 하고(물론 1990년에 트와이닝이 이 회사를 사버렸지만) 중국에는 베르가모트 향으로 가향된 차가 없었다는 사실로 보아 이 전설은 마케팅용으로 꾸며낸 것일 가능성이 높다.

다양한 얼그레이 홍차

  거의 모든 차 회사는 얼그레이 제품을 갖추고 있고 또 각자의 블렌딩 레시피를 보유하고 있다. 위에서 언급한 것처럼 베이스가 되는 홍차에 따라서, 즉 단일 지역 홍차냐 혹은 블렌딩이냐, 단일 지역이라면 어느 국가와 지역 것이냐, 블렌딩이면 어느 생산지 홍차로 블렌딩했느냐에 따라서 맛과 향이 다르다.

  베르가모트 오일도 천연natural인가 인공artificial인가, 사용한 양은 어느 정도인가에 따라 그야말로 다양한 종류의 베르가모트 맛과 향이 나올 수 있다(천연과 인공은 둘 다 합성한 것이라는 점은 마찬가지다. 단지 합성에 사용된 원료가 다르다. 앞 박스에서 설명한 것처럼 진짜 베르가모트와는 관련이 없다).

···
여러 회사에서 만들어진
다양한 얼그레이

게다가 새로운 프로파일profile의 얼그레이도 등장하고 있다. 랍상소우총을 베이스로 한 스모키 얼그레이, 라벤다와 콘 플라워를 넣은 얼그레이, 베이스 되는 차가 홍차와 녹차뿐 아니라 우롱차도 있으며, 심지어 디카페인 얼그레이까지 있다.

특히 얼그레이에 관심이 많아 다양한 종류의 얼그레이 차를 판매하는 회사는 프랑스의 마리아주 프레르Mariage Freres로 약 15종의 얼그레이를 갖고 있다.

윈난 차를 베이스로 한 것(로이 드 얼그레이Roi des Earl Grey), 일본의 센차 베이스(얼그레이 센차Earl Grey Sencha), 보이차를 베이스로 한 것(얼그레이 보이차Earl Grey Pu'er), 특히 다르질링 퍼스트 플러시를 베이스로 한 얼그레이 임페리얼Earl Grey Imperial은 커다란 성공을 거뒀다. 이들은 얼그레이 차에 대한 우리의 상상력을 마음껏 확장시키고 있다.

세 번째 가향 방법

가향차 중에는 찻잎 이외에 꽃잎, 허브, 향신료 조각 같은 것이 함께 들어 있는 경우가 많다. 이렇게 향기성분 물질을 직접 포함시키는 것을 인클루전Inclusions이라 부르며 이것이 가향의 세 번째 방법이다.

이 방법으로 만든 가향차의 가장 큰 장점은 시각적 즐거움이다. 분홍색 장미꽃잎, 보랏빛 수레국화(콘플라워) 등 예쁜 꽃잎이나 허브조각은 보는 이들의 기분을 좋게 만들어준다.

하지만 향기 성분 물질만을 직접 넣어서는 원하는 강도의 맛과 향을 얻기가 매우 어렵다. 아마 아주 많이 넣어야 할지도 모른다. 따라서 대부분은 한 가지 이상의 방법을 사용한다. 즉 앞에서 설명한 센티드 방법 혹은 플레이버드 방법과 같이 사용하는 것이다. 현실적으로는 플레이버드 방법과 같이 사용하는 경우가 많다.

현대의 가향차

마리아주 프레르는 판매하는 제품의 종류가 700가지가 넘는다. 그중 가향차가 가장 많은 목록을 차지한다.

마리아주 프레르의 이런 노력과 이로 인해 촉발된 경쟁 때문인지 모르겠지만 프랑스 홍차 회사들은 영국에 비해 아주 다양하고 품질 좋은 가향차를 세계의 차 애호가들에게 공급하고 있다. 포숑FAUCHON, 에디아르HEDIARD, 니나스NINA'S, 쿠스미티KUSMI TEA 등에서 판매하는, 우리 감성을 자극하는 이름과 맛과 향을 가진 많은 가향차가 있다.

물론 이들 프랑스 브랜드뿐만 아니라 전 세계의 홍차 브랜드들은 모두 각자의 가향차 판매 목록을 갖고 있다. 특히 독일의 로네펠트Ronnefeldt에도 훌륭한 가향차가 많다. 싱가포르의 TWG는 800개가 넘는 제품 목록에 가향차 숫자도 세계에서 가장 많다고 알려져 있다.

앞에서 언급한 것처럼 현재 전 세계 차 추세가 고급화이며 동시에 가향차에 대한 수요가 늘고 있기 때문이다.

비교적 보수적인 포트넘앤메이슨도 기존에 판매하던 전통 가향차와

마들렌 광장에서 퐁피두센터로
오는 길에 있는 쿠스미티 매장

는 파격적으로 다른 맛과 향을 내는 가향차 시리즈 제품인 오디 티Oddi Teas를 몇 년 전부터 판매하고 있다.

게다가 호주의 티 투T2, 미국의 스티븐 스미스 티메이커Steven Smith Teamaker, 독일의 피앤티P&T 같은 비교적 신생 브랜드들이 판매하는 가향차들도 수준이 매우 높다.

이렇게 다양한 맛과 향으로 우리를 즐겁게 해주는 것 외에 가향차의 또 다른 공헌은 앞서 말한 것처럼 떫다고 인식되는 홍차를 향기롭고 이국적인 맛으로 친숙하게 하여 조금씩 더 세련된 홍차 본연의 맛으로 이끈다는 것이다. 가향차는 홍차에 발을 들여놓는 이들에게 멋진 출발점이다.

차는 전통적으로 여섯 가지로 분류된다. 즉, 녹차, 홍차, 청차(우롱차), 황차, 백차, 흑차(보이차) 그리고 이들 차에 향을 첨가한 가향차가 또 다른 카테고리로 이 분류에 포함될 수 있다. 그렇다면 캐모마일, 페퍼민트, 루이보스, 히비스커스 등으로 익숙한 허브차herbal tea라 불리는 것들은 어디에 속할까? 또 대추차, 인삼차, 율무차, 생강차 같은 우리 고유의 차는 어디에 속할까?

즐거움이나 건강 등의 목적으로 따뜻하게 혹은 차갑게 해서 기분 좋게 마시면 되지 이런 분류를 꼭 알아야만 하느냐고 반문할 수도 있다. 하지만 알아놓으면 도움이 될 수 있으니 한번 참고삼아 정리해보고자 한다.

엄밀하게 말하면 차tea는 카멜리아 시넨시스라는 차나무의 싹이나 잎으로만 만든 것을 일컫는다. 소위 차의 6대 분류에 속하는 것들은 모두 차나무의 싹이나 잎으로만 가공한 것이다.

인퓨전Infusion이라고 표시되어 있다.

따라서 흔히 말하는 허브차는 차^{Tea}가 아니다. 정확하게는 영어로 인퓨전infusion(우려낸, 달여낸 즙이란 뜻) 혹은 티젠tisane(말린 잎이나 꽃으로 만든 즙)이라 부르는 것이 맞다.

하지만 영어권에서 사용되는 것을 보면 인퓨전, 티젠 뿐만 아니라 허벌 인퓨전Herbal Infusion, 허벌 티젠Herbal Tisane으로도 쓰고 허벌 티라고도 쓴다. 정의상으로 허브차는 차가 아니지만 일상적인 용어에서는 허브차의 명칭에 대한 합의된, 명확한 정의는 없다고 보면 된다.

허브란 무엇인가

그렇다면 허브차를 만드는 데 사용되는 허브란 어떤 것인가? 허브Herb를 사전에서 찾아보면 약초, 향초, 초본식물을 뜻한다고 나온다. 약초는 약이 되는 풀, 향초는 향기 나는 풀이다. 초본식물은 쉽게 말하면 가을이 되면 지상에 있는 부분들이 말라 죽는 것으로 대체로 일년생이라고 보면 된다.

따라서 허브는 굉장히 광범위한 용어다. 약용식물, 향기식물, 채소, 향신료 등도 다 허브에 포함될 수 있다. 좀 좁혀서 보면 허브차에 사용되는 허브는 초본식물의 녹색 잎이나 꽃처럼 특정 부위이며 여기에는 보통 향기물질이 위치한다.

허브차의 성장

1980년대부터 소비자들이 건강에 관심을 갖게 되면서 성장하기 시작한 허브차는 최근 들어 그 성장세가 더욱 가파르다. 게다가 다른 차들과 마찬가지로 고급 허브차에 대한 수요 또한 급성장하고 있다. 유명 차 회사들은 차로 만든 기존 티백과는 차별화된 고급 허브차 티백 제품을 출시하고 또 루스 티에 해당하는 허브차도 판매하기 시작했다.

허브차 성장을 이끈 동인은 카페인이 들어 있지 않다는 점이다. 카페인 과다 섭취에 대한 우려가 큰 현실에서 카페인을 피하고 싶은 경우에 좋은 대안이 될 수 있다. 게다가 허브에 항산화 효능을 포함한 다양한 약리적 효능이 있다는 것이 알려지면서 허브차가 더욱 관심을 받게 되었다.

하지만 수요와 시장은 커졌지만 소비자들이 알고 있는 허브 효능들 대부분은 인터넷이나 잡지 기사, 광고 등을 통한 것이다. 여기에 있는 정보들은 대체로 허브 제조자 혹은 판매자들이 제공하고 있다.

따라서 다소 과장 혹은 왜곡되거나 제대로 검증되지 않은 것이 있을 수도 있다.

허브차 맛있게 우리는 법

가장 중요한 것은 펄펄 끓인 물에 최소 5분 이상 우리는 것이다. 차를 오래 우렸을 때 떫어지는 이유는 그 안에 포함된 카데킨 성분 때문이다. 허브차에는 대체로 카데킨이 들어 있지 않아 오래 우려도 떫지 않다. 따라서 허브차의 주 재료가 꽃 〈 잎 〈 줄기, 껍질 〈 뿌리, 씨앗 등으로 가면서 우리는 시간을 7~8분까지 늘여도 된다. 물 양은 내 경우는 차와 동일하게 티백 당 400밀리리터로 한다.

그러나 모든 음용자에게 맞는 골든 룰은 없다. 그리고 허브차의 종류가 워낙 다양하니 조금씩은 다를 수 도 있을 것이다. 내가 제시한 가이드를 기준삼아 자신에게 맞는 원칙을 찾는 것이 필요하다.

허브차 또한 여러 허브를 블렌딩해서 만든 블렌딩 허브차가 있고 하나의 허브로 만든 단일 허브차가 있다. 차와 마찬가지로 가향 허브차도 있다. 단일 허브차로는 페퍼민트, 캐머마일, 루이보스, 로즈힙/히비스커스, 펜넬, 레몬 그라스, 레몬 버베나 같은 것들이 가장 널리 음용된다.

루이보스 Rooibos

루이보스 나무는 남아프리카 공화국 서남쪽에 위치한 세더버그 Cederberg 산맥 일대에서만 자란다. 키가 1미터 전후로 자라며 멀리서 보면 개나리 같은 모양을 가진 관목이다. 이 나무의 바늘 모양 잎과 줄기를 잘라 아주 잘게 분쇄해 산화시켜 만든다. 산화 과정이 있는 것은 허브차로서는 아주 특이한 경우다. 산화를 거치면서 마치 홍차처럼 잎과 줄기가 붉은색으로 바뀐다. 루이보스라는 말이 현지어로 붉은Rooi 관목 혹은 덤불Bos이라는 뜻인데 산화 후의 모습을 말한다. 완성된 루이보스는 줄기 대비 잎 비율이 높을수록 품질이 좋다고 보면 된다.

17세기 이후 이곳에 정착한 네덜란드인들이 홍차 대용으로 마셨으며 이후 수백 년 동안 현지에서 음용되어왔다.

깔끔한 붉은색 계통의 매력적인 수색과 달콤한 맛이 장점이다. 게다가 카페인이 없고 항산화 성분이 풍부하고 마음을 편안하게 하는 진정 효과가 있다는 것이 알려지면서 1960년대 이후 세계적으로 유행하게 되었다.

...
루이보스 나무(왼쪽)와 산화가
완료된 루이보스 잎과 줄기

홍차란 무엇인가

라즈베리, 히비스커스, 바닐라 등과 블렌딩한 다양한 맛과 향의 루이보스 차가 판매되고 있다.

우리나라 홍차 음용자들에게 많이 알려진 로네펠트의 윈터드림Winter Dream은 루이보스 베이스에 오렌지향과 시나몬, 정향까지 블렌딩되어 아름다운 수색과 신선한 향을 특징으로 한다.

히비스커스 Hibiscus

히비스커스 사브다리파*Hibiscus Sabdariffa*라는 학명을 가진 로젤Roselle 혹은 로젤 히비스커스라고 불리는 식물의 꽃받침이다. 흔히 꽃이라고 잘못 알려진 히비스커스 붉은색 조각은 사실 꽃받침이다. 시큼하고 자극적인 맛이 매력적이라 허브차 말고도 잼, 과일 샐러드, 아이스크림 등에서 사용된다. 혈압, 콜레스트롤을 낮추고 면역 시스템 강화에 효능이 있는 것이 알려지면서 우리나라뿐만 아니라 전 세계적으로 지난 몇 년간 유행했다. 허브차로는 로즈 힙Rosehip과 블렌딩 되어 많이 사용된다. 붉은색 계열의 예쁜 수색도 매력적이고, 아이스티로 차갑게 마시면 훨씬 더 맛있다. 우리나라 무궁화 학명이 히비스커스 시라쿠스*Hibiscus Syriacus*다. 즉 무궁화가 다양한 히비스커스 품종 중 하나다.

***
히비스커스는 꽃이 아니라 꽃받침이다.

🫖 *Tea Time...* 모로칸 민트, 북아프리카의 낭만

젊은 세대에게는 익숙하지 않겠지만, 제2차 세계대전을 배경으로 세기의 배우라 불리는 잉그리드 버그만과 험프리 보가트가 주연한 영화 「카사블랑카」의 배경 도시 카사블랑카가 있는 나라가 모로코다. 카사블랑카는 대서양 쪽에 있는 항구 도시이지만, 모로코는 대서양과 지중해

길목에 있는 지브롤터 해협의 아프리카 대륙 쪽에 위치하면서 유럽 대륙의 스페인과 마주보고 있다.

역시 젊은 세대는 잘 모를 7080세대 가수 중 한 명이 부른 노래 제목도 '카사블랑카'다. 우리나라와 별로 관계없는 듯한 이 나라의 이름에서 유래한 낭만성을 띠는 차 모로칸 민트Moroccan Mint에 대해 알아보자.

모로칸 민트는 녹차에 민트를 넣은 차다. 아니 민트 차에 녹차를 넣었다고 하는 게 정확하다. 아프리카 지중해 연안을 따라 자생하는 허브인 민트는 이미 오래전부터 모로코의 전통차였다. 하지만 이 민트 차와 녹차의 만남은 우리가 생각하는 것만큼 그렇게 오랜 역사를 품고 있지 않다. 19세기 중반 나이팅게일의 활약으로 우리에게도 잘 알려져 있는 크림 전쟁의 결과 영국은 러시아에 더 이상 차를 팔 수 없게 되었다.

···
모로칸 민트

이때 새로 찾은 시장이 모로코였고, 모로코인들은 민트 차가 주는 다소 거친 맛을 누그러뜨리는 녹차를 환영했다. 홍차보다 녹차를 선호한 이유는 민트의 색깔과 잘 어울렸기 때문이라고 한다. 녹차 중에서도 건 파우더가 선호된다.

어찌 보면 우연인 듯한 민트와 녹차의 만남은 오늘날 모로칸 민트라는 낭만적인 이름의 차로 발전했다. 아마도 푸른색, 자주색, 녹색, 붉은색 등으로 칠해진 자그마한 유리컵이 금색 문양이나 테두리로 둘러져 있는 것을 본 기억이 있을 것이다. 긴 주둥이를 가진 은제 티포트로 높

카페 모모의 실내

은 곳에서 유리컵을 향해 차를 따르는데, 이렇게 높은 곳에서 따르면 더운 날씨에 차도 식혀지고 거품이 일어나며, 더 맛있다고 한다.

여기에 설탕을 넣어 달콤해진 차는 매일 어느 곳에서나 나이를 불문하고 즐기는 모로코의 국민 음료다. 물론 취향에 따라 홍차에 민트를 넣을 수도 있다.

모로칸 민트의 건조한 찻잎은 짙은 연두색을 띤 느슨한 원형의 녹차 잎과 밝은 연두색의 민트 조각이 섞여 있는데, 엽저는 아주 큰 녹차 잎만 눈에 들어오고 민트 조각은 잘 보이지 않는다.

수색은 아주 밝고 선명한 호박색을 띤다. 진하지 않은 민트 향이 나고 바디감이 있으며 약간 떫은 듯한 건조한 맛이다. 모로코인들처럼 설탕을 넣어보니 민트가 부드럽고 달콤한 맛으로 확 느껴진다.

앞에서 카사블랑카를 길게 언급한 이유는, 이 모로칸 민트에서 영감을 얻어 마리아주 프레르에서 발매한 차인 '카사블랑카'를 말하고 싶었기 때문이다. 1986년부터 팔기 시작한 이 차는 녹차와 민트에 홍차와 베르가모트를 추가로 넣은 가향차로 이 회사의 대표 제품 중 하나가 되었다. 카사블랑카의 건조한 찻잎에서는 마치 설탕을 넣은 듯한 단 민트 향이 아주 강하게 올라온다. 찻잎은 다소 밝은 듯하며 눌린 원형의 녹차와 짙은 푸른 기를 가진 홍차 그리고 민트 조각이 섞여 다양한 색상으로 어우러진다. 녹차의 짙은 연두색에 민트 조각만 들어 있는 모로칸 민트보다는 색상이 좀 어둡지만 더 다양한 느낌을 준다.

엽저에서도 여전히 단 향이 올라오며, 커다랗고 푸른 기가 있는 녹차 잎과 짙은 갈색의 홍차 잎 그리고 작지만 밝은 푸른 민트 조각이 보인다. 홍차의 상대적인 원숙한 맛과 녹차의 싱그러운 맛이 조화된 가운데 마치 설탕을 넣은 것같이 단 민트 향을 느낄 수 있다. 민트의 날카로움을 누그러뜨리고 단맛을 강화시켜주는 이유는 더해진 베르가모트 향 때문

...
마리아주 프레르의
카사블랑카

홍차란 무엇인가

인 듯하다.

모로칸 민트도, 이를 변화시킨 카사블랑카도 저마다의 매력이 있다. 하지만 두 종류의 차를 마실 때 느낄 수 있는 분명한 차이는 야생미와 세련미다. 취향에 따라 혹은 그날 그날의 분위기에 따라 선택하면 될 것이다.

요즘 차를 취급하는 카페가 조금씩 늘고 있는 가운데, 사실은 차 가운데 아주 비주류에 속하는 이 모로칸 민트를 몇 되지 않는 차 판매 목록에 넣고 있는 것은 아마도 이 이름이 주는 이국적인 느낌 때문일 것이다. 모로칸 민트, 카사블랑카…… 어쨌거나 차의 세계를 아름답게 만드는 멋진 친구들이다.

모로칸 민트와 관련된 이야기를 하나 더 하자면 런던의 중심부인 피카딜리 광장에서 뻗어나가는 여러 길 가운데 리젠트 가街가 있다. 쇼핑 거리인 리젠트 가는 옥스퍼드 광장 전철역으로 연결되는 굉장히 고전적인 분위기를 풍기고 있다. 이 리젠트 가의 뒷골목에 카페 및 식당들이 모여 있는데 이곳에 모모MOMO라는 모로코 식 카페에서 민트 차를 마셨다.

민트 차가 거칠어 녹차를 넣어 부드럽게 한 것이 모로칸 민트인데, 그날 마신 민트 차는 전혀 거칠지 않고 설탕을 넣어 달콤한 것이 이국풍을 강하게 풍겼다. 거칠다는 표현이 상당히 주관적일 수 있으며, 내 입에 모로칸 민트가 거칠게 느껴진 것은 설탕을 넣지 않았기 때문일 수 있다.

아니면 어두운 카페 안에 매달린 수십 개의 화려한 등이 내뿜는 이국적인 모습과, 이어지는 거리에 면한 바깥 테이블에서 사람들이 물 담배를 피우는 모습 등 낯선 분위기에 취해서 민트 차가 더 부드럽게 느껴졌는지도 모른다.

| 제2부 |

산지産地를 찾아서

4장

·······

왜 생산지가
중요한가

1. 품종과 테루아

다르질링, 아삼, 우바, 누와라엘리야, 기문 등과 같은 싱글 오리진single origin 홍차는 모두 각자의 독특한 맛과 향이 있다. 이외에도 생산 지역을 기반으로 한 많은 종류의 홍차가 있으며, 맛과 향에 있어 저마다 고유한 특징을 갖고 있다. 이 다양한 맛과 향은 어디서 오는 것일까?

위에 언급된 홍차는 모두 생산 지역의 이름을 딴 것이다. 여기에 힌트가 있다. 즉 생산 지역이 다른 것이다.

생산 지역에 따라 맛과 향이 다른 것은 각 산지의 차나무 재배 환경이 다른 지역과는 다른 어떤 독특함이나 차별점이 있다는 것을 의미한다. 이 독특함이나 차별점을 가리켜 테루아terroir라는 말을 쓴다.

테루아는 포도가 자라는 데 영향을 주는 지리적인 요소, 기후 요소, 포도재배법 등을 포괄하는 용어로 와인의 맛과 향의 다양함을 설명하기 위한 것이었다가 이제는 거의 모든 농산물에도 쓰이고 있다. 여기에는 토양, 강수량, 태양, 바람, 햇빛, 고도, 경사, 배수 조건 등이 포함된다. 이 단어는 프랑스 말로 흙을 뜻하는 '테르terre'에서 파생되었다. 똑같은 품종이라도 각 지역의 테루아가 다르기 때문에 만들어지는 와인의 맛과 향이 모두 다르다는 게 유럽 사람들 생각이다. 여기에 그 지역의

다르질링(위)과 아삼 차밭

독특한 재배법이나 가공법을 광의의 테루아에 포함시킨다.

다시 말하면 현대적 의미의 테루아란 차나무가 자라는 장소에 관한 것만이 아니라, 그 지역 생산자들이 보유한 기술까지 더해 홍차의 맛과 향에 영향을 끼치는 모든 요소를 포함한다.

이 테루아의 영향을 더 강화시키는 것이 차나무 품종이다. 현재 전 세계 차 생산국의 수많은 다원이나 생산자들은 아주 다양한 품종의 차나무를 재배하고 있다. 이들 품종 각각은 나름 독특한 맛과 향의 특징을 갖고 있다.

각각의 생산지에는 그곳의 테루아에 맞는 품종이 선택되어야 한다. 어떤 지역이든 그곳에 심는 차나무 품종에 그 지역의 총체적 테루아가 작용하긴 하지만, 이 테루아의 특징을 가장 잘 발현시킬 수 있는 품종을 만날 때에만 진정으로 훌륭한 차가 나온다.

훌륭한 야구 감독(테루아)이라면 어떤 팀(품종)을 맡아도 다른 감독보다는 더 훌륭한 팀으로 만들겠지만, 자신과 필이 통하는 팀을 맡았을 때 최고의 결과를 내는 것과 같은 이치다. 품종(야구팀) 또한 자신의 특질을 가장 잘 발현시킬 수 있는 테루아(감독)를 만나야 명품 홍차가 된다.

하동에서 재배되는 차나무를 다르질링에 심은 후 녹차를 만들어도 하동 녹차 맛이 나지 않는다. 다르질링에서 재배되는 차나무를 하동에 심은 후 홍차를 만들어도 다르질링 홍차 맛은 나지 않을 것이다. 이것이 바로 생산 지역 즉 테루아의 중요성이다. 어디선가 읽은 문장인데 테루아의 의미를 잘 표현한 것 같아 옮겨본다.

한 잔의 차는 찻잎으로 만들어지겠지만 그 맛과 향은 땅에서 시작된다.
A cup of tea might be made from leaves, but the flavors begin in the earth.

산지産地를 찾아서

새로운 시도들

정통 백차인 백호은침의 원래 생산지는 중국 푸젠성 북부의 정허, 푸딩 지역이다. 그리고 이 지역에서 생산된 백호은침을 최고로 여긴다. 그런데 최근에 이 백호은침 스타일의 백차를 다르질링, 아삼, 스리랑카, 케냐에서도 생산한다.

이처럼 홍차 외의 다양한 차에 대한 수요 증가로 스리랑카, 다르질링 등 기존의 홍차 생산지에서도 녹차와 우롱차, 백차를 생산하는 비중이 높아지고 있다. 스리랑카에서 생산되는 백차와 같이 드물게 성공한 예도 있지만, 아직은 다르질링과 스리랑카의 녹차, 우롱차의 품질이 중국이나 타이완, 일본의 품질에는 미치지 못하는 것 같다.

이것은 위에서 본 테루아의 당연한 결과다. 물론 시간이 지나 다르질링에서 생산되는 우롱차가 타이완의 우롱차에 버금가고, 스리랑카의 녹차가 중국의 녹차에 버금가는 날이 올지도 모른다. 그렇다 하더라도 다르질링의 우롱차는 다르질링의 테루아가 반영된 우롱차이지 아리 산의 테루아가 반영된 우롱차가 될 수는 없다. 이 말은 다르질링의 우롱차가 아리 산의 우롱차를 능가할 수 없다는 뜻이 아니라 다르질링의 테루아가 반영된 또 다른 특징을 지닌 우롱차가 나올 수 있다는 뜻이다.

이 시간에도 차 생산자들은 끊임없이 새로운 품종 개발에 몰두하고 있다. 다르질링의 테루아에 이상적인 우롱차용 품종을 개발할 수 있고, 스리랑카 테루아에 이상적인 녹차용 품종을 개발할 날이 올지도 모른다. 그렇다면 시간이 걸리더라도 가공 방법에서 진보만 이뤄진다면, 우리는 전혀 다른 종류의 차를 즐길 기회를 갖게 될 것이다. 그러나 아직은 갈 길이 멀다.

생산 지역을 홍차 품질의 증거로 활용한 첫째 인물은 바로 토머스 립턴Thomas Lipton이다. 그는 자신이 공급하는 홍차의 품질을 보증하고 고

객의 충성도를 높이기 위해 스리랑카 전체가 마치 자기 다원인 양 홍보했다. 테루아를 마케팅에 활용한 것이다. 오늘날 자연에서 생산되는 식품을 평가할 때 테루아의 영향은 매우 중요한 포인트가 되었고, 우리도 그것을 대체로 받아들인다. 그런 까닭에 립턴의 후예들은 여전히 홍차와 테루아를 연결시켜 열심히 마케팅을 펼치고 있다.

매해 다르질링에서 생산되는 홍차 양의 4~6배가 다르질링 홍차로 판매된다는 것은 다르질링 지역이라는 테루아를 마케팅에 활용하려는 생산자나 유통자가 여전히 많다는 증거다.

어쨌든 지금 내 앞에 놓여 있는 뜨거운 한 잔의 홍차에서는 이 차를 키워낸 토양과 공기 그리고 이 차를 가공한 기술이 같이 우려져 나온다. 내가 다르질링을 마실 때는 눈 덮인 칸첸중가를 품은 히말라야의 모든 것이 나와 함께하는 것이다. 신비로운 느낌이다.

2. 홍차의 분류 : 단일 산지 홍차, 단일 다원 홍차, 블렌딩 홍차

그 이전 시대는 말할 것도 없고 20세기 초엽인 1901년에 죽은 빅토리아 여왕보다도 오늘날의 우리가 훨씬 더 다양하고 좋은 품질의 홍차를 마시는 것은 분명하다.

홍차는 지난 30여 년 동안 다양성과 품질 면에서 눈부신 발전을 이뤘다. 그동안 차나무 품종들이 새로 개발되었고, 차를 가공하는 기술 역시 발전했다. 또한 운송 수단과 속도의 발전으로 다원에서 소비자에게 전달되는 기간도 단축되고, 보관 기술도 향상되었다.

각자의 기호나 취향뿐만 아니라 마시는 장소, 마시는 시간, 함께 마시는 사람, 차를 마시는 분위기와 날씨, 함께 곁들여지는 티푸드, 심지어 그때 사용하는 다구에 맞는 홍차를 선택할 수 있다. 물론 정해진 규칙은 없다. 순전히 마시는 사람의 선택일 뿐이다. 하지만 홍차를 오래 마시다보면 자연스레 그 상황에 끌리는 차가 있기 마련이다. 보통 아침에는 강한 홍차를 마시면서 몸과 머리를 자극하고, 오후에는 부드러운 홍차를, 비오는 날에는 기문이나 랍상소우총을 즐기게 된다. 이는 물론 음용자 개인의 학습 효과로 몸과 뇌가 반응하는 것이다. 하지만 좋은 추억이 사람의 삶을 풍요롭게 하듯 상황에 따라 마시고 싶은 홍차에 대한 기억이 많은 것은 행복한 일이다.

많은 차 회사는 '크리스마스 티'라든지 '웨딩 임페리얼' '마르코 폴로' '헤렌토피' 등 듣기만 해도 사랑스럽고 낭만적인 제품명으로 소비자에게 환상을 일으킨다. 또 오랜 전통의 홍차 회사가 판매하는 맛과 향이 잘 조화된 스테디셀러, 베스트셀러인 블렌딩 홍차를 택하면 실패할 확률이 거의 없다. 이 블렌딩된 홍차는 균형 잡힌 맛과 향의 프로파일을 제공한다.

좀더 관심을 기울이면 다원차도 있다. 다원차는 조화라기보다는 생산된 지역의 테루아를 반영한 독특한 맛의 요소를 느끼게 한다. 가끔은

왜 생산지가 중요한가

무난함보다는 특정한 매력에 더 끌릴 때가 있다. 이때는 자기만 갖고 있는 비장의 다원차를 마시면 된다. 이처럼 다양한 영역이 있는 홍차의 카테고리를 살펴보자.

단일 산지 홍차 Single-Origin Tea

홍차의 다양성은 주로 품종과 재배 지역, 즉 원산지로부터 온다. 이 중에서도 우리가 흔히 세계 3대 홍차라고 하는 인도의 다르질링, 스리랑카의 우바, 중국의 기문祁門, Keemun은 원산지에 따라 부르는 이름이다. 이처럼 동일 원산지의 찻잎만으로 만든 것을 단일 산지 홍차Single-Origin Tea라고 한다.

세계적인 명성을 누리는 원산지로는 인도의 아삼, 다르질링, 닐기리, 중국의 기문, 윈난, 스리랑카의 누와라엘리야, 우바, 딤불라Dimbulla 등이다. 특정 생산지에서 생산된 홍차는 다른 국가의 다른 지역에서 생산

***
해러즈의 다르질링과
포트넘앤메이슨의 아삼.
단일 산지 홍차로 분류된다.

산지産地를 찾아서

세계적 명성을 지닌 다르질링의 다원들.
마거릿호프, 캐슬턴, 굼티

된 홍차와 구별되는 그 지역만의 독특한 맛과 향의 프로파일을 가지며
이런 특징들로 다양한 소비자의 기호를 충족시킨다. 이 단일 산지 홍차
가 홍차 분류의 가장 기본이 된다.

단 일 다 원 홍 차 Single-Estate Tea

동일 산지에서 생산된 홍차 중에서도 하나의 다원에서 생산된 것을
단일 다원 홍차Single Estate Tea, Single Estate Garden Tea라고 한다. 이렇게 다
원 이름을 달고 나오는 홍차는 보통 그 다원이 생산한 가장 좋은 찻잎
으로 만들기 때문에 가격이 높다. 하지만 그만한 가치가 있다.

다원차는 고급 홍차의 맛과 향에서 느낄 수 있는 독특한 다양성을 지
니고 있다. 이 다원차에는 특정 지역의 테루아의 섬세한 총합이 반영되
어 있는 것이다. 기후, 바람, 습도, 고도 그리고 차나무 재배 방법, 채엽
방식, 가공 기술까지. 게다가 동일한 다원차라도 수확한 해 그 지역의
날씨 상황에 따라 맛과 향에 차이가 난다. 이것이 다원차의 단점이 될
수도 있지만 동시에 다원차의 매력이기도 하다.

홍차 애호가들의 관심이 늘다보니 세계의 유명 홍차 회사는 매해 이

암부샤 다원 티 팩토리

···
스리랑카의 다원들.
페드로, 서머싯, 케닐워스

런 다원의 차 가운데 좋은 것을 공급해 소비자의 욕구를 충족시키고자 애쓴다.

뿐만 아니라 아직 드러나지 않은 새로운 다원을 찾아내기도 해, 유명 홍차 회사들이 출간한 책이나 홈페이지 같은 곳에 들어가 보면 어느 지역의 새로운 다원을 발굴했으며, 이 다원 홍차를 독점적으로 공급한다는 등의 홍보 문구를 접할 수 있다. 다원 홍차의 매력에 빠지기 시작하면 홍차 진열장은 점점 더 비좁아질 수밖에 없다.

블렌딩 홍차 blended tea

블렌딩 홍차는 다른 국가나 지역에서 생산된 차를 배합한 것이다. 잉글리시 브렉퍼스트, 아이리시 브렉퍼스트, 애프터눈 티가 대표적인 블렌딩 홍차다.

블렌딩 홍차의 핵심은 일관성 있는 맛과 향에 있다. 특정 차 회사의 티 블렌더Tea blender 혹은 티 테이스터Tea Taster들은 소비자들이 그들 회사의 특정 브랜드에 대해 항상 기대하고 찾는 동일한 맛을 유지하기 위해 10~30개에 이르는 다른 국가나 지역에서 생산된 차를 배합한다. 매해 통제할 수 없는 변수로 품질 변화가 일어날 가능성에 대비해 다양한 공급처를 확보하는 것이다. 따라서 패키지에 어떤 구체적인 생산지 정보를 표시하지 않는 경우가 대부분이다.

블렌딩 홍차는 상황에 따라 특정 지역 차가 배제되고 다른 지역 차가 포함될 수도 있지만 최종적인 맛에는 영향을 미치지 않도록 하는 것이 장점이자 핵심이다.

블렌딩 홍차의 장점

처음 홍차를 접하는 초보자에게는 블렌딩 홍차를 추천하고 싶다. 새로운 상품명을 단 제품이 끊임없이 출시되고 있으며, 어떤 것은 살아남고 어떤 것은 사라진다. 유명 홍차 회사들은 길게는 100년 이상의 전통을 지닌 블렌딩 제품을 보유하고 있다. 긴 시간을 견뎌온 명품이라는 뜻이다. 맛과 향, 강도 등은 대부분 애호가의 입맛에 맞도록 적절하게 조화되어 있다. 편안하고도 균형 잡힌 맛이다.

나의 에브리데이every day 차도 대부분 블렌딩 홍차다. 부담 없이 언제 마셔도 좋은 차이기 때문이다. 가격 또한 대체로 저렴하다. 실제로 홍차의 나라 영국 등에서 마시는 대부분의 차는 싱글 이스테이트, 싱글 오리진도 아닌 블렌딩 제품이다.

DSLR 카메라로 사진 찍는 법을 배울 때 강사가 "요즘 카메라의 자동 모드는 대단히 훌륭한 수준이다. 모든 카메라 회사가 이 자동 모드의 수준을 향상시키기 위해 총력을 기울인다. 왜냐하면 이 기술이 회사의 능력을 나타내는 척도이기 때문이다. 그러니 일반인들은 그냥 자동 모드로 놓고 찍으면 된다. 이렇게 찍어도 85점 이상은 나온다. 다만 수동으로 배우는 것은 자동 모드가 하지 못하는 5~10점을 더 향상시키기 위한 것이다"라는 말을 했다.

홍차도 마찬가지다. 전통 있는 홍차 회사들도 자신을 대표하는 스테디 제품으로 블렌딩 홍차에 전력을 쏟는다. 대부분의 매출이 블렌딩 제품에서 발생하기 때문이다. 단일 다원차가 주는 독특한 맛의 프로파일은 없지만 여러 지역에서 생산된 다양한 차의 장점을 최고의 블렌딩 기술로 완벽하게 조화시키니 블렌딩 제품 중에는 뛰어난 차가 많다. 당신의 에브리데이 차를 꼭 찾아보길 권한다.

현재 시중에서 판매되는 모든 홍차는 위에서 설명한 단일 산지 홍차, 단일 다원 홍차, 블렌딩 홍차 그리고 바로 앞장에서 설명한 가향차를 포함하여 네 종류로 나눌 수 있다. 즉 독자들이 구입하는 홍차는 이 네 종류 중 하나에 속한다. 비율로는 블렌딩 홍차와 가향차가 압도적으로 많다. 그러나 가장 기본이 되는 것은 단일 산지 홍차다. 그리고 홍차를 알아가면서 가장 흥미롭고 재미있는 부분도 바로 홍차 생산지 이야기다. 지금부터는 바로 그 생산지로 가보겠다.

모든 차는 중국에 기원을 두고 있다. 어느 정도 논란이 있을 수 있지만 크게 틀린 말은 아니다. 그러나 홍차의 경우는 비록 중국에 기원을 두고 있다 해도, 어떻게 보면 소비처인 유럽이나 좀더 직접적으로 영국의 주문 생산품일 수 있다.

푸젠성 우이산에서 부분산화차라는 새로운 종류의 차로 탄생한 것이 그 시작이지만, 이후 영국인의 기호에 맞춰 점점 더 진화하고 발전했기 때문이다. 게다가 오늘날 우리가 홍차라고 부르는 것의 실체와 정의를 놓고 보면 인도에서 홍차를 생산하기 시작하면서, 그리고 생산 방법이 개선되면서 그전과는 다른 차원의 홍차를 갖게 되었다고 해도 과언이 아니다.

영국은 17세기 후반부터 19세기 중반까지 거의 200년 동안 차를 중국에서 수입했다. 처음에는 귀족을 포함한 상류층의 기호품이었지만 18세기 말이 지나면서 아주 가난한 사람을 제외한 국민 대부분이 마시는 필수품이 되어가고 있다. 이와 함께 수입량 또한 늘어났다.

1. 아삼, 영국에 의한,
   영국을 위한 홍차
   시대를 열다

영국과 중국의 커가는 갈등

한편 중국은 이때까지도 영국을 포함한 서구 국가들과 무역을 함에 있어 과거의 조공무역 방식을 고집했다. "우리가 너희 오랑캐에게 필요한 것은 없다. 중국차가 필요하면 은銀을 가지고 와서 우리 조건에 맞춰 사가라"는 자세였다. 이것은 1792년 영국이 중국에 외교사절을 파견했을 때 일어난 해프닝으로 알 수 있다. 영국은 조공 무역 방식에서 벗어나 대등한 무역관계를 맺고 광저우항 외에 추가로 항구 개방을 요청하기 위해 노련한 외교관인 매카트니G. McCartney를 베이징에 파견했다.

그런데 건륭 황제를 만나는 과정에서 중국은 매카트니에게 세 번 무릎 꿇고 아홉 번 조아리는 삼궤구고두를 요구했다. 이는 사실상 머리를 조아리는 것이 아니라 땅에 닿게 찧는 것이었다. 매카트니는 당연히 이 요구를 거절했다. 이런 상황에서 영국은 중국 측에 요구한 어떤 것도 관철시키지 못했다. 영국이 힘으로 밀어붙이기 위해서는 아직도 50년이란 세월이 더 필요했고, 결과론적이지만 이런 중국의 오만한 태도가 아편전

쟁이라는 치욕의 역사를 만드는 데 일조했을지도 모른다.

영국의 절실함

하지만 당시로서는 차의 독점 공급권을 보유한 중국의 불합리한 모든 요구를 받아들일 수밖에 없었다. 바로 이런 이유로 영국은 대안을 찾아 나섰다. 영국인들은 또한 중국이 차의 독점 공급으로 엄청난 부를 쌓는 것을 두고 볼 수 없었다. 근대 문명의 이기를 먼저 활용한 군사력을 바탕으로 설탕, 아편, 고무, 코코아, 커피 그리고 다른 돈이 될 만한 농산물의 생산지를 찾아, 통제하여 이익을 남겨온 지난 100년 동안의 제국주의적 행태를 중국차에도 적용하려 했다.

더욱이 18세기 말부터 영국은 이미 산업혁명의 한가운데에 있었다. 또한 농업에서도 괄목할 만한 개선을 이루었다. 즉 자본 투자, 소규모를 대규모로 통합하는 방법 등으로 영국은 농업의 효율성을 이뤘다. 영국은 이것을 중국에서도 적용해 차 생산을 위해 대규모 다원과 농업 경영, 즉 규모의 경제와 진정한 과학적 생산을 일으켜 생산성을 훨씬 더 높이고자 했다.

그러나 당시 영국과 중국의 현실을 놓고 볼 때 이런 일은 불가능했다. 사실 18세기 말엽 영국인이 차에 대해 알고 있는 지식은 거의 없었다. 심지어 홍차와 녹차를 같은 찻잎으로 만든다는 것조차 19세기 중엽에 알았으며, 중국 또한 차 관련 비밀을 유출하지 않기 위해 철저히 단속했다.

아삼에서의 가능성

제국주의 정책에 따라 영국에 국립식물원이 세워졌고 해외에는 지점이 세워져, 새로운 영토를 확보하면 바로 전문가를 보내 새로운 종류의 식물을 연구하여 영국의 이익을 위해 활용했다.

　이러한 업무에 종사했던 영국 식물학자 조지프 뱅크스Joseph Banks는
이미 1778년에 인도 북부 지역에서 차가 재배될 수 있다는 자신의 주장
을 영국 동인도회사에 전달했다. 비록 영국은 오랫동안 인도에서 차를
재배하는 것에 관심을 기울여왔지만, 중국 무역이 이익이 나는 동안 이
관심은 학문적인 영역에만 머물러 있었고, 조지프 뱅크스의 주장은 무
시 되었다.

　이는 중국차 무역을 통해 엄청난 이익을 거둬들이던 동인도회사가 차
의 대체 공급지를 조사하는 데 열성이 없었기 때문이다. 중국 무역은 독
점이었고, 이것이 위협받길 원치 않은 것은 당연했다. 또한 당시 영국 동
인도회사는 대체 공급지를 찾는 영국 내부의 움직임을 무시하거나 저지
할 수 있는 힘도 지니고 있었다.

　1823년 동인도회사의 군인인 로버트 브루스 소령이 아삼 지역에서 야
생 차나무를 발견했다. 이 시기 영국 내 차 수요량은 빠르게 증가하고
있었다. 또한 중국과는 아편 무역으로 인해 점점 더 높아지는 정치적 긴
장감으로 무역이 불안정해졌고, 1833년 동인도회사의 중국 무역 독점권
이 종료를 앞두고 있었다. 조지프 뱅크스의 주장이 무시된 50년 전과는
상황이 바뀐 것이다.

홍차 생산의 시작

　이렇듯 변화하는 국제관계 속에서 야생 차나무의 발견은 하나의 전기
가 되었다. 아삼 대엽종인 야생 차나무가 기존에 알고 있던 중국종과 완
전히 다르다는 이유로, 발견한 것이 차나무로 인정받는 데도 여러 우여
곡절이 뒤따랐다. 그럼에도 불구하고 1838년 아삼에서 첫 번째로 생산
한 홍차 열두 박스가 영국으로 보내졌다. 아삼에서의 홍차 생산 가능성

을 확인한 영국에서 많은 투자자가 나와 아삼 컴퍼니Assam Company(1839년 영국 의회 승인으로 세워진 세계 최초의 차 회사. 1977년 인도 소유가 되었고 현재도 다원과 석유를 주 사업 영역으로 하여 존속하고 있다)라는 회사를 세웠으며 다원을 개척하기 시작했다. 하지만 1838년은 역사적으로만 의미가 있다. 왜냐하면 아삼차 생산은 이로부터 약 20년 뒤에 본격화되기 때문이다.

그 20여 년 동안 많은 시행착오가 있었다. 가장 큰 시행착오는 비록 아삼에서 차나무를 재배하지만 차나무 종만은 아삼에서 발견한 차나무가 아닌 중국종 차나무로 재배해야 한다는 것이었고, 그래야만 중국에서 생산되는 차와 같은 맛이나 품질로 경쟁할 수 있다는 편견이었다. 물론 이것은 중국과 아삼이 기후와 토양을 포함한 자연환경이 다르다는 사실을 등한시한 생각이었다. 시행착오 끝에 편견은 결국 극복되었다.

중국과 다른 아삼의 기후와 자연환경은 차나무 품종만이 아니라 홍차 가공법에도 영향을 미쳤다. 이 오래된 중국식 가공법을 현지 상황에 맞게 수정, 개선해나가면서 영국은 원래 의도한 대로 균일한 품질의 홍차를 대량생산하는 시스템을 완성했고 이것이 오늘날 정통법이라 불리는 방법이다.(정통법의 의의는 앞의 '정통법과 CTC' 편 참조)

더욱더 중요한 것은 이런 표준화되고 기계화된 방법으로 대량생산된 아삼 홍차가 중국 홍차를 대신해서 낮은 가격으로 공급됨으로써 영국은 19세기 말과 20세기 초를 지나면서 온 국민이 홍차를 즐기는 나라가 되었다는 사실이다.

아삼의 자연환경 및 간략한 역사

인도 동북부에 있는 아삼 지역은 방글라데시가 막고 있어 인도 본토와 좁은 길로 연결된 고립된 섬처럼 보인다. 과거에는 그 지역 전체를 아

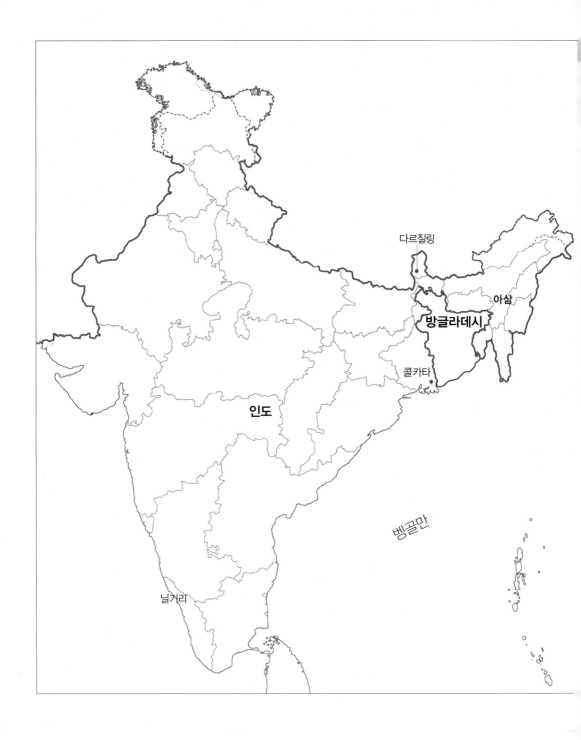

다르질링

아삼

방글라데시

콜카타

인도

벵골만

닐거리

삼으로 칭했으나 지금은 아삼 주를 포함해 총 일곱 개 주로 분리되었다.

아루나찰프라데시, 메갈라야, 나갈랜드, 미조람, 마니푸르, 트리푸라 등 각 주의 이름이 저마다 참 아름답다. 아삼은 지리적으로 동떨어진 만큼 정치적으로도 고립된 곳이다. 1940년대부터 아삼 분리운동이 있었고 1980년대에는 무장폭력으로까지 나아갔다. 1830년대부터 이어진 착취와 가난으로 인한 좌절감이 폭력으로까지 비화된 것이다.

1990년대 정부의 강력한 진압 정책 이후, 재발을 방지하기 위해 아삼 지역의 차 노동자들에 대한 처우는 상당히 개선되었다. 그러나 정치적으로는 여전히 불안정하여 현지 차 산업에 대한 외국인들의 투자 의욕을 꺾고 있다. 최근 아삼을 방문했을 때 동행한 인도인 가이드는 보통의 인도인조차 아삼 지역에 오는 것을 썩 달가워하지 않는다고 했다. 국내에 출간된 인도 관련 가이드북에서도 아삼 지역은 아예 언급하지 않은 것이 많다.

아삼은 무덥고 습한 기후뿐만 아니라 산맥으로 둘러싸인 밀림 지역으로, 풍토병과 문명화되지 않은 듯한 종교 행위 때문에 오랫동안 외부로부터 별다른 관심을 받지 못한 곳이었다. 인도를 지배한 영국조차 정복 예정지 우선순위에서 아삼을 제외했다. 13세기부터 아홈Ahoms 족이 이 지역을 지배했는데, 이 험난한 자연환경이 인도를 지배한 무굴 제국의 침입도 막아냈을 정도다.

대부분 왕국의 몰락이 그러하듯이 아홈 족의 국가도 내부 분란으로 남쪽으로 국경을 접한 미얀마의 침공을 불러들였으며, 미얀마가 물러나면서 1826년 영국이 이 지역을 장악했다. 이 무렵만 해도 영국은 아삼의 동부가 중국과 국경을 맞대고 있기 때문에 관심을 가졌을 따름이었다.

브라마푸트라강의 선물

1823년 아홉 족의 옛 수도 근처인 시브사가르Sibsagar에서 로버트 브루스 소령이 야생 차나무를 발견한 이후 아삼은 새로운 역사의 장을 쓰게 된다. 홍차가 생산되는 지역은 아삼 주에 집중되어 있으며, 아삼 주는 지도에서 보면 마치 아래가 짧은 T자 모양을 하고 있다. 이 T자 모양의 윗부분을 가로질러 브라마푸트라강이 기다랗게 흐르고, 아삼 홍차의 주요 생산지들은 이 강 유역을 따라 위치해 있다. 그래서 아삼 홍차는 브라마푸트라강의 선물이라고 말해지기도 한다.

아삼주의 차 생산지는 기본적으로 브라마푸트라 강변의 비옥한 토지에 집중되어 있지만, 특히 1823년 로버트 브루스 소령이 차나무를 발견한 시브사가르에서부터 아삼의 동북쪽 끝 중국과 미얀마의 국경 지역인

•••
아삼 다원에서 채엽하는 모습

위Upper 아삼이라 불리는 둠 두마 지역의 붉은 토양에 위치한 다원들이 최고 품질의 차를 생산한다고 알려져 있다. 아삼의 주요 차 산지는 둠 두마를 포함하여 아래와 같은 지역을 중심으로 형성되어 있다.

브라마푸트라강은 티베트 고원에서 시작해 인도 북부를 가로막고 있는 히말라야 산맥을 오른쪽으로 빙 돌아 다시 왼쪽으로, 즉 T자의 오른쪽에서 왼쪽 방향으로 방글라데시까지 흘러와 마지막에 갠지스강과 만나 뱅골만으로 흘러든다. 굉장히 큰 강임에도 불구하고 많이 알려져 있지 않은 것은 아마도 대부분 정글 지역을 가로지르면서 그 유역에 발달한 문명이 없고, 또 마지막이 직접 바다로 흘러 들어가지 못하고 갠지스강에 합쳐지기 때문인 듯하다.

지도에서 보듯 대부분의 생산 지역은 브라마푸트라강 상류에 집중되

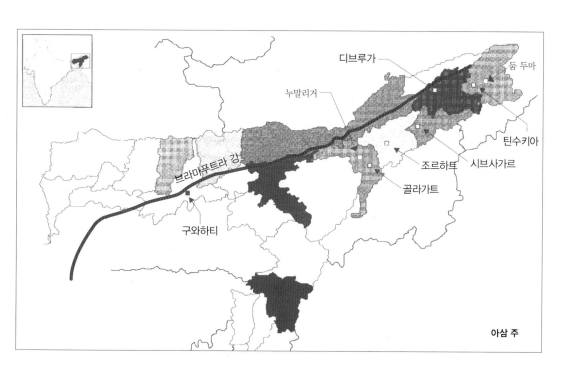

아삼 주

어 있기 때문에 당시 인도의 중심지인 콜카타에서 보면 벵골만에서 배로 강을 거슬러 거의 끝까지 가야 하는 먼 거리였다.

이 멀고도 깊은 밀림 속에 다원을 개척하면서 숱한 사람들이 죽어갔다. 인구도 부족하고 현지인들이 비협조적이다보니 벵골, 지금의 방글라데시에서 다원 일꾼들을 모집해 강을 따라 몇 개월 걸려 올라가는 도중에 배 안에서조차 많은 사람이 죽어나가는 상황이었다. 우리가 잘 알고 있는 미국 흑인 노예 참상보다 더하면 더했지 덜하지 않았던 듯하다.

아삼 홍차의 의미

이런 고통스런 과정을 거쳐 1860년 무렵부터 아삼에서는 본격적으로 의미 있는 물량의 홍차가 생산되기 시작했다. 1859년만 하더라도 인도와 영국의 차 무역 규모는 보잘것없었다. 반면 같은 해 중국에서 영국으로 수출한 양은 3만2000톤 수준이었다. 1888년 인도에서 생산된 양은 3만9000톤이었으며 이때부터 인도에서의 수입량이 중국에서의 수입량을 넘어섰다. 1899년 인도에서 생산된 양은 거의 10만 톤에 이르렀고, 중국에서 수입한 양은 7100톤까지 줄어들었다.

더구나 증기 엔진을 이용한 증기선이 아삼 지역에서 생산한 차를 영국으로 운반하기 위해 브라마푸트라 강을 따라 해안가로 이동하는 것이 가능해지면서 조직화된 노동력, 증기 동력, 생산의 기계화로 인해 아삼에서는 당시 기준으로 표준화된 고품질 홍차를 대량으로 생산·공급하게 된다. 이로 인해 낮아진 가격은 영국에서 홍차 소비를 크게 증가시켰고, 1890년경을 지나면서 본격 생산되기 시작한 스리랑카 홍차까지 더해져서 영국은 아삼에서 차를 생산한 지 거의 40년 만에 실질적으로 중국으로부터 홍차 독립을 이루게 된다.

인도 홍차의 절반 생산

아삼이 세계 최고의 다우多雨 지역인 것은 벵골 만에서 올라오는 뜨겁고 습기 찬 공기가 히말라야 산맥을 넘지 못하고 비가 되어 내리기 때문이다. 5월에서 9월 사이의 몬순 시즌에는 평균 35도 더위에 높은 습도로 인간에게는 결코 우호적이지 않지만 아삼종 차나무는 이런 환경 속에서 바디감 있고 강한 맛, 몰트 향을 품으며 자라난다.

아삼에도 12월에 겨울이 와 2월까지 지속된다. 비록 온도가 13도 아래로는 잘 내려가지 않지만, 차나무는 다음 해 봄까지는 겨울잠을 잔다. 3월은 퍼스트 플러시first-flush인 봄 수확을 하며, 늦은 5월과 이른 6월에는 여름 차인 세컨드 플러시second flush를 생산한다. 일반적으로 아삼 홍차는 세컨드 플러시 품질이 제일 좋다. 하지만 다즐링 홍차의 FF/SF 같은 구별과 의미가 있는 것은 아니다. 다른 생산 시기에 비해 5~6월에 생산되는 홍차가 상대적으로 품질이 더 좋은 편이라는 의미로 받아들이는 것이 옳다.

찻잎은 대개 약간 갈색 톤을 띤 검은색에 가깝다. 달콤하게 익은 과일 향이 나는 오랑가줄리Orangajuli 다원차를 마셔보면 입안 가득 채우는 바디감에 아삼 홍차 특유의 몰트 향이 더해져 아삼차에 대해 갖고 있던 모든 선입견을 날려보낸다.

그러나 아삼차의 대부분을 생산하는 CTC 홍차는 짧은 위조와 산화의 결과로 향보다는 강한 맛이 특징이다. 좋은 정통 차를 마실 때는 차가 입안에서 움직이며 혀를 자극하고 맛과 향이 변하는 것을 느낄 수 있다. 반면 CTC 홍차를 마시면 입안에 그냥 덩어리진 무엇인가가 들어오는 것 같다. 그러고는 움직이지 않는다. 이 CTC 홍차도 우유와 설탕을 넣으면 또 다른 개성을 지녀 영국인이 오랫동안 좋아했던 홍차로 태어난다.

현재 아삼에는 900여 개의 대형 다원(대형 다원 말고도 소규모 찻잎 재배자들이 생산하는 물량도 상당하다. 자세한 내용은『홍차 수업2』'다원홍차의 대안: 스몰티 그로어/보트 리프 팩토리' 참조)이 있으며 생산량은 약 65만 톤을 생산했다. 이는 인도 전체 생산 물량인 130만 톤의 절반이다. 일부 자료에는 통계의 허술함을 이유로 70퍼센트까지 보기도 한다. 대부분 CTC로 생산한다.

아 삼 홍 차 의 맛 과 향

아삼 지역과 아삼 홍차는 영국이 자신들을 위해 개발하고 생산했다. 그 목적에 맞게 오랫동안 아삼 홍차는 영국 홍차의 상징으로 그 영광을 누려왔다. 세계 최고 다우지역인 아삼 주 브라마푸트라강 유역의 비옥한 토지와 무덥고 습한 기후 조건에다 카멜리아 시넨시스 아사미카 *Camellia sinensis var. assamica*라는 대엽종 품종 특성이 결합되어 아삼 홍차는 짙은 수색과 특유의 떫은맛을 가진 강한 홍차가 되었다.

홍차에 우유와 설탕을 넣는 관습을 가진 영국인들에게는 딱 맞는 맛이었다. 게다가 티백이 유행하게 되고 티백의 대량생산에 적합한, 찻잎을 미세한 입자로 분쇄하는 CTC 가공법이 발전하면서 CTC 가공법으로 생산된 아삼 홍차는 더욱 맛이 강한 홍차가 되었다. 그러면서 영국을 포함해 세계에서 가장 많이 음용되면서 강한 맛을 특징으로 하는 잉글리시 브렉퍼스트의 주된 베이스차가 되었다.

다시 말하면 아삼 홍차의 강함은 차나무 품종이나 토양, 기후 같은 주어진 재배 조건 영향도 있지만 이런 특성을 더더욱 극대화시킨 가공법의 영향도 있다. 우유와 설탕을 넣는 음용 습관이 지속하면서 홍차 음용자들이 아삼 홍차에서 원하고 기대한 것은 떫고 강한 맛이었다.

이러다보니 정통가공법으로 생산하는 경우조차도 싹은 거의 포함하지 않는다거나 대부분 브로컨 등급으로 강한 맛을 가진 작은 입자의 홍차로 생산되었다.

이런 영향 등으로 지금도 대부분 홍차 음용자들은 아삼 홍차하면 떫은맛을 가진 다소 강한 홍차 이미지를 떠올리는 경우가 많다. 그러나 지난 몇 년 동안 아삼 홍차가 변하고 있다.

아 삼 홍 차 의 재 발 견

즉 주어진 토양과 기후 같은 재배 조건은 어쩔 수 없다 하더라도 혹은 그 재배 조건을 활용하면서 가공방법에서의 변화를 통해 이전과는 다른 아삼 홍차를 생산하기 시작했다. 아삼 다원들이 품질을 향상시킨 정통 홍차 생산에 이전보다 더 많은 관심을 두기 시작했다는 뜻이다.

이런 변화는 아삼이 주로 생산하는 CTC 홍차가 베트남, 인도네시아, 케냐 및 다른 아프리카 국가들에서 생산되는 CTC 홍차와의 가격 경쟁이 치열해진데다 한편으로는 전 세계적으로 고급 홍차에 대한 수요가 커졌기 때문이다.

최근 들어 골든 팁도 많고 홀리프 외형을 가진 높은 등급의 아삼 다원 차들이 많이 판매되고 있다. 대부분의 이런 다원차들은 전체적으로는 바디감이 있고, 특유의 떫고 강한 맛을 베이스로 두고 있으면서도 아주 깔끔하고 향기롭고, 강하면서도 부드러운 복합적인 맛과 향의 특징을 가지고 있다. 아삼 특유의 풍성한 몰트 향에 건조한 과일 향이 조화되고 꿀 향이라고까지 표현될 수 있는 달콤함이 느껴지는 근래의 아삼 다원 홍차는 그야말로 최고다.

토끼처럼 원래부터 부드러운 홍차가 아니라 호랑이처럼 천성은 강하지만 훈련되어 온순해진, 속에는 강함의 특성을 가지면서도 섬세하고 부드러워진 아삼 홍차를 꼭 경험해보길 바란다

두무르 둘롱Doomur Dullong, 누말리거Numalighur, 하무티Harmutty, 하주아Hajua, 할마리Halmari, 디콤Dikom, 모칼바리Mokalbari, 망갈람Mangalam, 나호르하비Nahorhabi, 잠구리Jamguri 다원 등을 추천한다.

로네펠트

아삼 나호르하비Nahorhabi 다원SFTGFOP1

짙은 갈색 찻잎에 골든 팁이 선명히 대조되어 보기에도 기분 좋다. 차를 보관했던 은박봉투 속 면에는 싹에서 떨어진 금색가루가 촘촘히 붙어 있다. 붉은 수색인데 옅지도 진하지도 않는 딱 표준적이고 깔끔한 붉은색이다. 특징적인 향은 없지만 전체적으로 부드럽고 고급스럽다. 차에 골격과 바디감은 있지만 부드러운 촉감이다. 아주 잘 만든 좋은 차라는 느낌이 든다. 뜨거울 때는 아삼 특유의 맛과 향이 느껴지지 않았는데, 식어가면서 약한 몰트 향에다 기분 좋은 수렴성이 느껴진다. 짙지 않은 비교적 균일한 갈색 톤의 색상을 가진 깔끔한 엽저다.

3. 아삼 홍차 여행기   가장 좋은 홍차가 생산되는 윗 아삼 지역

아삼 주 차 생산지는 대개는 윗 아삼Upper Assam, 중앙 아삼Central Assma, 북부 지역North Bank, 낮은 아삼Lower Assam 이렇게 4개 지역으로 구분한다.

차나무가 처음 발견된 시브사가르Sibsagar와 디브루가 지역이 윗 아삼에 속하며 다원이 가장 처음 개척된 지역이기도 하다. 윗 아삼 그리고 강을 따라 서쪽으로 오면서 이어지는 중앙 아삼 이 두 지역이 가장 좋은 품질의 홍차를 생산한다고 알려져 있다.

처음 홍차 공부를 할 때 아삼은 아주 먼 곳으로 느껴졌다. 지리적으로뿐만 아니라 심리적으로도 굉장히 멀었다. 하지만 그만큼 가고 싶은 곳이기도 했다.

아삼 홍차 여행의 시작은 보통 아삼의 관문인 구와하티에서 시작된다. 구와하티는 아삼 주에 위치하며 주도州都(디스푸르)는 아니지만 아삼 7개주 전체의 중심지 역할을 하는 브라마푸트라 강가에 위치한 큰 도시다.

처음 두 번의 아삼 여행은 구와하티에서 시작하여 동쪽으로 이동하는 코스였다. 사실 구와하티 근처에는 다원이 없고 몇 시간을 달려 중앙 아삼의 시작 도시인 골라가트Golagat 지역에 이르러서 본격적으로 다원이 시작된다. 그러다보니 아삼 홍차가 처음으로 재배되기 시작한 곳이자 현재도 가장 좋은 품질의 홍차가 생산되고 있는 윗 아삼까지 가기가 쉽지 않았다. 첫 방문 때는 골라가트까지, 두 번째 방문 때는 조르하트Jorhat까지 가는 것으로 만족해야만 했다.

구와하티 기차역의
야경

***

구와하티에서 4시간 이상을
달려야 본격적인 다원 지역이
나온다. 버스에서 보는
아삼은 지평선이 펼쳐진,
그야말로 평원 지대였다.

... 아삼의 민가.
이 집이 경제적으로 평균 수준의 집인지,
잘사는 집인지, 못사는 집인지는 알 수 없다.

... 그늘막이 나무와 차나무 밭

인도의 동쪽 끝, 디브루가

2019년 4월 세 번째 방문은 윗 아삼의 중심도시인 디브루가에서 시작해 구와하티까지 서쪽으로 약 440킬로미터 정도를 자동차로 이동하면서 중앙 아삼 지역까지 둘러보는 일정이었다. 아삼에서 자동차로 이동하는 평균 속도가 시속 50킬로미터가 채 되지 않기 때문에 이 거리를 쉬지 않고 달리면 10시간 정도 걸린다.

이 거리를 150여 년 전 아삼 개척기에는 배를 타고 수십 일씩 고생하면서 오가며 배 안에서 수없는 사람이 죽어갔다. 아삼 개척기의 비참한 상황에 관한 글을 인상 깊게 읽었기에 아삼 여행 내내 그 생각이 머릿속을 떠나지 않았다. 아니 꼭 그 옛날이야기만이 아니라 현재 아삼 노동자의 열악함도 아삼을 보는 내 시각에 계속해서 영향을 미쳤다.

서울에서 델리까지, 델리에서 디브루가까지는 비행기로 이동했다. 디브루가는 흔히 인도 동북 지역이라 불리는 아삼에서도 동쪽 끝에 위치한 도시이며 인도 전체로 보아도 그야말로 가장 동쪽 끝에 있는 도시로 중국 윈난성과 거의 인접해 있다.

...
디브루가 공항

산지産地를 찾아서

언젠가는 가보리라 마음먹었지만, 정작 디브루가 공항에 도착해서 비행기에서 연결통로를 걸어 나오면서 바깥이 보이자 울컥하는 마음이 들었다. 홍차 공부를 하면서 '꿈'처럼 여겼던 하나하나가 이루어져 나가는 데 대한 감동이었던 것 같다. 케냐의 끝없이 펼쳐진 차밭 위로 경비행기를 타고 날아보겠다는 꿈도 반드시 이룰 수 있을 거라는 확신도 들었다.

아 삼 다 원 의 특 징

아삼의 특징이 넓은 평지에 끝없이 펼쳐진 다원이라고 했는데, 사실 눈으로 이것을 확인하기는 쉽지 않다. 차로 이동하는 길 양쪽에 끝없이 펼쳐진 지평선이 보이는 것은 맞지만 막상 다원 지역은 그렇지 않았다. 생각보다 훨씬 많은 그늘막이 나무로 인해 차나무가 끝없이 펼쳐진 다원은 보지 못했다. 마치 평지 숲속에 다원이 있는 것 같았다. 그늘막이 나무는 평지인 아삼의 뜨거운 햇빛으로부터 차나무 잎을 보호하기 위해 다원에 심은 나무를 말한다. 고산지대인 다르질링에서는 구름과 안개가 이를 대신하므로 필요치 않다. 닐기리나 스리랑카에도 그늘막이 나무가 있긴 하지만 상당히 띄엄띄엄 심어진 반면 아삼은 아주 촘촘히 심어져 햇빛으로부터 차나무를 거의 가려주었다. 과거에는 이 나무들을 베어 차를 담고 운반하는 상자를 만들기도 했다. 이 그늘막이 나무는 멀리서 보면 숲 같기도 하다. 하지만 다원 속에서 보면 잘 정돈되어 있다. 아삼의 차나무는 우리나라 보성이나 일본 차밭에서 보는 것처럼 반원을 그리면서 곡선으로 가지치기가 된 것이 아니라 테이블처럼 평평하게 되어 있다. 사람이 선 채로 이동하면서 채엽하기에 편리하도록 한 것이다.

이런 차밭 한가운데 서 있으면 (과거) 영국 홍차의 핵심 지역인 아삼에 와 있다는 실감이 들곤 한다.

아삼의 평지 다원과
티 플러커들

브라마푸트라강

나는 강에 관심이 많다. 물론 개인적인 취향이다. 하지만 아삼 홍차
와 브라마푸트라강의 관계는 개인적인 취향을 넘어서 실제로 매우 중요
하다.

아삼 다원이 브라마푸트라강 주변에 펼쳐져 있다고 하지만, 첫 번째
아삼 방문 때는 이동 중에 단 한 번도 강을 보지 못했고, 아삼을 떠나면
서 구와하티에서 이륙하는 비행기 창을 통해 보는 것으로 만족했다.

두 번째 방문 때는 강북 지역인 테지푸르에서 다리를 건너면서 역시
이동하는 차량 속에서 보는 것으로 만족했다.

2019년 4월 디브루가 방문 때는 작정을 하고 강을 보러 나갔다. 최
근 새로 완성된 아주 긴 다리 위에 차를 세워두고 마음껏 강을 바라보
았다. 구글 검색에서 디브루가 인근 강폭이 10킬로미터 정도로 나왔는

데, 눈으로 보아서 넓이를 가늠할 수 없지만 정말 넓었다. 강물도 회색이고 하늘도 회색이라 시야 전체가 회색 세상처럼 보였다. 멀리 보이는 강둑, 강 가운데 있는 하중도의 육지만이 이 회색 세상에 가로로 짙은 선을 그어주고 있었다.

2018년 12월에 완공된 보기빌 다리Bogibeel Bridge는 2층은 자동차, 1층은 철도로 되어 있으며 4.9킬로미터 길이로 자동차/기차 겸용 다리로는 인도에서 제일 길다고 한다. 중국과의 험악한 관계에서 전략적으로 매우 중요한 다리라 개통식에는 인도 수상도 참석했다.

새로 지은 다리라 그런지 일부 현지인들도 차를 세워두고 강을 구경하고 있었다. 저녁 무렵의 옅은 어둠이 살짝 내리기 시작한 강은 고요했다. 잠깐 들른 방문객으로 보는 풍경이라 더 아쉬웠는지도 모른다.

4월은 아직 갈수기에 가깝고 7~8월 몬순기에는 이 넓은 강폭을 가득 채운 강물이 바다처럼 흘러갈 걸 생각하니 가슴이 벅찼다. 브라마푸트라 강물이 가득 차 흐르는 모습을 직접 보기는 쉽지 않을 것 같다. 케냐 차밭 하늘을 경비행기로 나는 것보다는 더 어려울 것이다. 무더위와 몬순으로 아삼 지역이 가장 살기 어려운 7~8월에 아삼을 방문할 기회는 없을 것이기 때문이다.

하지만 다음 아삼 방문 때는 브라마푸트라강에서 배를 탈 수 있다는 희망은 가질 수 있었다.

산지産地를 찾아서

오래 전에 본 「웨이 백Way back」이라는 영화에서 제2차 세계대전 당시 시베리아에 있는 포로수용소를 탈출해 티베트의 수도 라싸까지 온 사람들이 인도로 가고 싶다고 하니 라싸 현지인이 시킴Sikkim으로 가면 된다고 하는 대목이 나왔다. 히말라야 산맥을 두고 마주보고 있는 인도와 티베트의 통로가 시킴이다. 다르질링은 이 시킴 바로 남쪽에 경계를 이루면서 오늘날 웨스트벵골(서벵골) 주 북쪽 끝에 위치한다. 좌우로는 네팔과 부탄이 접해 있다.

다르질링이 1830년대 당시는 시킴 왕국의 영토였지만, 휴양지와 전략적 요충지로서 이곳의 가능성을 본 영국이 양도받았다. 독립 왕국이었던 시킴은 1975년 인도 22번째 주로 편입되었다.

다르질링이란 이름의 유래에 관한 이야기로는 몇 가지가 전한다. 하나는 '도르자 링dorja ling'에서 유래했다는 것인데, 신성한 숭배의 대상인 '도르자dorja'의 땅이라는 뜻이다. 또한 한때 언덕 위에 세워졌던 불교 사원의 이름이었다는 설도 있다. 현재의 다르질링 타운이 이곳을 중심으로 형성되었다고 한다. 다르질링은 또한 티베트의 기원도 가지고 있는데, 천둥과 비를 관장하는 인드라 신의 천둥이 휴식하는 곳이라는 뜻

다르질링의 홍차 제조 과정,
19세기 후반

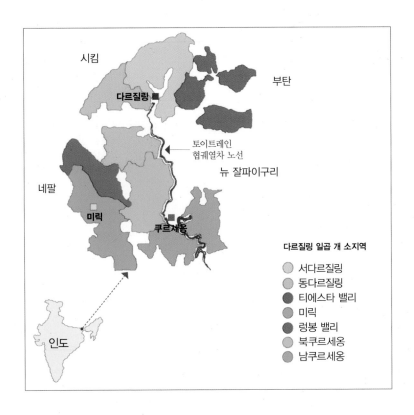

다르질링 일곱 개 소지역

- 🔵 서다르질링
- 🔵 동다르질링
- 🔵 티에스타 밸리
- 🔵 미릭
- 🔵 렁봉 밸리
- 🔵 북쿠르세옹
- 🔵 남쿠르세옹

이다. 이렇게 다양한 유래가 있는 다르질링인지라 이 좁은 지역에서 생산되는 홍차 또한 그렇게 다양한 맛과 향을 뿜어내는 것은 아닐까 하는 생각이 들었다.

다르질링 홍차의 시작

1830년대 중반 이곳의 책임자로 온 영국인 캠벨 박사는 영국 군인들을 위한 휴양지를 건설함과 동시에, 차나무를 시험 재배하는 데도 성공했다. 당시는 아삼에서의 차 재배 가능성을 확인하고 인도 각지에서도 차가 자랄 수 있는 곳을 탐색하는 중이었다.

산지産地를 찾아서

1850년대 실험적 다원에서 성공을 거둔 뒤 다원 개척이 본격적으로
시작되어 1866년경 다르질링의 다원 숫자는 39개로 늘어났으며 생산량
이 21톤에 이르렀다. 오늘날까지도 유명한 다원(암부샤Ambootia, 바담탐
Badamtam, 마카이바리Makaibari, 싱겔Singell 등) 중 많은 것이 이때 세워졌다.
1839년경 100여 명에 불과하던 인구는 1881년경에는 9만5000여 명으

로 늘었고 다원은 100개를 넘어섰다.

쿠르세옹 지역에서 묵었던 호텔은 벽면 곳곳에 다르질링 개척 당시의 사진이 걸려 있었다. 아무것도 없는 고산지대를 깎아서 길을 내고 경사 급한 산허리를 계단으로 층층이 개간해 차를 심는 모습들이 사진에 담겨 있었다.

아삼에서의 다원 개척 시 그 비참함이란 오늘날 결코 상상할 수 없는 수준이었는데, 다르질링도 150여 년 전 아삼 못지않은 열악한 환경 속에서 많은 사람의 피와 눈물로 만들어진 곳이라 생각하니 가슴이 아팠다. 아니 정확히 말하면 오늘날까지도 생산 과정을 냉철한 눈으로 보면 우리가 마시는 홍차의 아름다운 맛과 향에 어울리지 않는 슬픈 배경을 지니고 있다.

언젠가 기회가 된다면 이에 관한 책도 쓰고 싶다. 어쨌거나 이렇게 하여 홍차의 샴페인이라고 알려지는 다르질링 홍차의 역사가 발을 내디뎠다.

자연환경

기차역과 공항이 있는 다르질링 지역 아래의 도시 실리구리에서부터 산으로 접어들기 전까지 주위 평지 차밭(이 지역은 떼라이로 다즐링이 아니다)에는 아삼처럼 그늘막이 나무들이 있었는데, 산에 이르자 나무들이 없어졌다. 지대가 높아지면서 구름과 안개가 그 역할을 대신해 태양으로부터 찻잎을 보호한다. 히말라야 산맥의 기슭을 타고 내려오는 이 지역은 차 생산에서 축복받은 땅이다.

다르질링 다원들은 300미터에서 2300미터 고도에 걸쳐 분포하며 대부분 1000미터 이상의 고도에 자리잡고 있다. 온도는 여름에 평균 섭씨 25도, 겨울에 8도 정도이나 고지대는 서리와 가끔 눈이 오기도 한다. 강

우량은 1600밀리미터에서 4000밀리미터로 차이가 나는데, 어쨌든 차나
무에는 충분한 양을 공급한다. 이런 환경에서 다원들은 언덕이나 계곡
을 따라 진한 녹색 천을 잇댄 것처럼 펼쳐져 있다. 다르질링은 일곱 개
소지역으로 나뉜다.

　길이 험해 지프를 타고 올라가면서 보니 계곡과 산허리를 따라 난
도로 옆이나 저 멀리 떨어진 곳까지 온통 차밭이었다. 정말 평지는 한
군데도 없고, 경사가 덜한가 더한가의 차이뿐이었다. 명색이 히말라야
산의 기슭이어서 그런지 스리랑카 고산지대보다 훨씬 더 험악한 지형이
었다.

　하지만 이런 지형 덕분에 차나무 재배에 중요한 토양이 약한 산성을
유지하고 있으며 배수 또한 아주 잘된다. 어느 정도 고도에 올라가서 저
멀리 아래로 내려다보면 온 산허리가 차나무로 덮여 있었다. 언덕을 따

다즐링은 전혀 다른 다원의 모습. 평지는 없고
모든 차나무는 이렇게 경사 심한 산에 심어져 있다.

라 경작할 수 있는 대부분 땅은 다원으로 채워져 있는 듯했다. 이런 지형 조건으로 인해 다르질링의 다원 규모는 평지에 있는 아삼의 다원과 비교하면 훨씬 더 작다.

고지대에서 재배되는 차 품질은 전 세계적으로 모두 훌륭하다. 이런 축복을 받은 대표적인 곳이 다르질링과 스리랑카 고지대, 타이완 고산 지역이다. 이들 지역에서 생산되는 차들은 예외적으로 훌륭함을 뽐낸다. 그중에서도 다르질링은 더더욱 특별하다. 세상의 그 어떤 차도 이처럼 축복받은 지리적 요건과 기후 결합에서 오는 맛이나 향을 지니진 못했을 것이다.

물이 잘 빠지고 약한 산성인, 성기고 모래투성이의 토양은 다르질링 계곡의 경사 가파른 면에 차나무를 단단히 안착시킨다. 고도 300~2300 미터에 걸쳐 있는 다원에서 자라는 차나무들은 히말라야산의 엷고 시원하며 깨끗한 공기 영향을 받는데, 이 공기는 찻잎을 천천히 자라게 하며 그 만큼 맛과 향을 이루는 성분이 농축된다.

다양한 품종들

힘들게 얻어진 모든 것은 귀하다. 인간에게는 힘든 자연환경, 60~70도에 이르는 급경사로 인해 차나무를 심기도 찻잎 따기도 힘든 높은 지역에서 생산되는 다르질링 홍차는 그만큼 맛과 향이 뛰어나다.

대부분의 다르질링 다원은 중국종과 아삼종 두 가지를 재배하지만 각각의 품종 비율은 다원마다 다르다. 대체로 높은 고도에 있는 다원일수록 중국종을 많이 재배한다고 한다. 다르질링 생산자들은 중국종으로 만들었을 때 맛과 향이 더 우수하다고 주장하는데, 중국종이 높은 지대와 거친 기후에 잘 맞기 때문이다.

하지만 낮은 고도에 있는 일부 다르질링 다원을 중심으로 새로 차나무를 심을 때면 번식력이 좋으며 찻잎 생산량이 많은 아삼종을 심곤 한다. 뿐만 아니라 새 차나무는 씨앗으로 심는 경우는 드물다. 내가 방문해서 티 테이스팅을 하고 근사한 티파티에도 참석했던 유서 깊은 싱겔 다원은 초기에 씨앗으로 심어졌던 많은 차나무가 여전히 번성하고 있지만, 근래에는 다원 묘목장에서 꺾꽂이(삽목)를 통해 대량으로 번식시킨다. 이렇게 재배된 차나무를 복제종clonal varieties이라 부른다.

날씨 변화에 대한 적응력이 뛰어나고 품질에서도 이미 검증된 품종을 일괄적으로 재배하는 이런 방법이 다원의 생산성을 높이기 때문이다. 다르질링에서 가장 널리 재배되는 유명한 품종은 P312, AV2, B157 등으로 최근에는 판매회사들의 마케팅 일환으로 이런 품종을 부각시키기도 한다.

다르질링 다원과 현황

2020년 현재 87개 다원이 있고 다르질링 전체 생산량이 연평균 8500톤 전후이니 다원당 평균 생산량이 100톤 정도로 보면 된다. 8500톤이면 인도 전체 생산물량 130만톤의 1퍼센트에도 미치지 못하는 물량이다. 하지만 시장에 나도는 다르질링 홍차 물량은 항상 다르질링에서 정식으로 추산하는 것의 4배 이상은 되었다고 한다.

이를 방지하기 위한 노력 결과 다르질링 홍차가 2016년 11월부터 인도 농산물로서는 처음으로 EU(유럽연합) 국가들에서 원산지 표시제품 PGIProtected Geographical Indication으로 인정받게 되었다. 다시 말하면 현재 EU 가입국에서 판매하는 다르질링 홍차는 100퍼센트 다르질링 지역에서 생산된 홍차임을 법적으로 인정받고 있다.

이런 소량 생산으로도 다르질링은 홍차 세계에서 독특한 위치를 차지하고 있다. 다르질링 홍차 생산자들은 자신들이 물량으로는 어느 지역

과 경쟁해도 뒤처진다는 것을 잘 알기에 세계 홍차 시장에서 경쟁력을 갖추기 위해 주어진 천혜의 환경에 더해 품질 향상에 전력을 기울이고 있는 듯했다.

마카이바리 다원 티 테이스팅 룸 옆 진열장에 뜻밖에도 정파나 다원 세컨드 플러시를 사용해서 유명해진 로네펠트의 다르질링 서머 골드 Darjeeling summer gold 틴이 있었다. 매니저에게 이유를 물으니 로네펠트에서 정파나 세컨드 플러시의 맛을 참고하라고 보내왔다고 한다.

바로 근처에 있는 다원끼리 이렇듯 치열하게 품질 경쟁을 하고 있었다. 다원별로 연간 겨우 100톤 남짓 생산할 뿐이지만 이런 힘이 다르질링의 명성을 유지하는 근간이 되는 것은 아닐까 한다.

2. 다르질링 홍차의 맛과 향

다르질링 홍차의 특징

다르질링 홍차의 가장 큰 특징은 생산하는 계절에 따라서 맛과 향이 전혀 다르다는 것이다. 봄에 생산하는 것을 퍼스트 플러시(스프링 플러시 Spring Flush라고도 한다), 늦봄/초여름에 생산하는 것을 세컨드 플러시(서머 플러시Summer Flush라고도 한다), 여름 장마철에 생산하는 것을 몬순 플러시, 가을에 생산하는 것을 오텀 플러시(오텀널Autumnal이라고도 한다)라고 부른다.

First Flush　Second Flush　Autumnal Flush　Monsoon Flush

산지産地를 찾아서

두 번째 특징은 87개 다원 각각이 자신들만의 차별화된 맛과 향의 홍차를 생산한다고 주장하는 것이다(실제로 티 팩토리를 운영하고 있는 다원은 72개다. 나머지는 이웃 다원에 생찻잎을 판매한다). 약 4.5만 에이크(인도 차 재배 면적이 약 150만 에이크로 인도 전체 재배 면적의 3퍼센트 정도다) 면적에 흩어져 있는 다원들은 다원별로 재배하는 품종도 다르고, 다원이 위치하는 고도나 지형에 따라 달라지는 미세 기후의 영향을 받아 맛과 향이 다른 것으로 여겨진다. 물론 다원별 가공방법 차이도 중요한 역할을 한다.

세 번째 특징은 앞에서 언급한 것처럼 재배 면적도 생산량도 적지만 홍차 세계에서 차지하는 중요성이 매우 크다는 점이다. 전 세계 홍차 애호가들의 관심 또한 매우 크다. 다르질링 홍차가 인도 농산물 중 제일 먼저 EU에서 원산지 표시제품PGI 인증을 받았다는 것이 그 증거다. 가격 또한 평균적으로 다른 지역 홍차보다는 훨씬 비싼 편이다.

퍼스트 플러시

높은 산마루, 깊은 계곡 등으로 인한 미세한 날씨 변화뿐만 아니라 다르질링을 찾아오는 뚜렷한 계절적 변화는 다원을 통해 최종적인 차의 맛과 향에 강한 영향을 미친다. 따라서 계절별로 수확되는 차의 맛과 향의 독특함이 다르질링 홍차의 명성을 더욱더 높이고 있다.

추운 겨울은 11월 하순부터 3월 초까지 이어져 차나무에 동면 시간을 준다. 그러다가 봄비와 함께 2월 말에서 3월 초에 부드러운 싹이 고개를 내민다. 이것이 다르질링 퍼스트 플러시로 알려진 봄차다. 이 차는 가벼운 바디감으로 산뜻하면서도 약한 꽃향을 풍긴다. 조금 얼얼한 맛도 느껴지는데, 달콤함이 함께하는 얼얼함이 매우 귀족적인 뉘앙스를 준다. 마시고 난 뒤 입안에 오래 남는 기분 좋은 후미는 다르질링 퍼스트 플러시의 또 다른 매력이다.

찻잎 외형은 연푸른색 계열, 연갈색 계열이 조화되어 컬러의 배합이 절묘한 티베트 산 양탄자 같다. 이것은 강한 위조와 짧은 산화의 영향이 며, 여기에 더하여 다양한 복제종이 재배되는 다르질링의 특성상 각 복제종의 특징들이 각각의 찻잎에 미친 영향이 다르기 때문이다.

이 강한 위조와 짧은 산화는 차로 우려낸 뒤 엽저에도 흔적을 남긴 다. 퍼스트 플러시의 엽저는 홍차에서는 예외적으로 푸른 기가 많이 남 아 있다. 전체적으로 연푸른색과 연갈색의 조합이라고 보면 된다.

우리나라의 녹차도 이른 봄 첫 번째로 채엽한 잎을 가지고 만든 것을 최고로 꼽듯 이른 봄 차가 좋은 나름의 이유가 있다. 겨울 동안 차나무 가 동면하면서 뿌리에 저장해놓았던 많은 영양분을 봄이 되면서 새 잎 의 성장에 필요한 에너지로 새싹에 내보낸다. 뿐만 아니라 아직도 차가 운 봄 날씨는 찻잎들을 느리게 자라게 하는데, 이 동안 찻잎에 좀더 맛 있는 성분 등을 다양하게 농축시킨다. 다르질링 퍼스트 플러시는 농축 된 맛과 향을 가진 이른 봄의 찻잎과 강한 위조 및 짧은 산화의 합작품 이며, 퍼스트 플러시의 이런 특징이 2005년 전후로 세계 홍차 애호가들 의 관심을 다시 다르질링으로 끌어들였다.

지난 10여 년 동안 가장 빨리 생산된 퍼스트 플러시에 대한 경쟁이 치 열해졌다. 마치 티 클리퍼 시대의 영국에서처럼 가장 먼저 그해의 퍼스 트 플러시를 맛보길 원하는 것 같다. 특히 일본과 독일 음용자들이 다르 질링 퍼스트 플러시에 열광한다고 한다.

퍼스트 플러시의 새로운 추세

2015년을 전후로 퍼스트 플러시FF의 유념과 산화 정도를 점점 더 약 하게 하는 것이 새로운 추세다. 따라서 찻잎 외형은 단단히 말리지 않아

산지産地를 찾아서

부피가 매우 크고 색상 또한 라이트 에머럴드Light Emerald에 가까운 연푸른색 찻잎이 주를 이룬다.

산화를 약하게 시키는 추세는 점점 더 강화되어 2019년 4월 방문했을 때 마카이바리 다원에서는 산화 시간이 5~10분이라고 했고 어떤 다원에서는 심지어 산화과정을 따로 두지 않는다고 했다. 마치 누아라 엘리아의 페드로 다원처럼.

게다가 '다르질링 퍼스트 플러시 화이트Darjeeling First Flush White'라는 이름의 FF가 매우 비싼 가격에 판매되고 있는 것이 눈에 띄었다. 여기서 말하는 화이트는 백차를 의미하는 것이 아니라 싹 함유량이 많고 산화를 아주 약하게 시킨 것을 강조하는 마케팅 용어라고 보면 된다. 화이트가 붙지 않았다 하더라도 가격이 비싼 FF는 대개 산화를 아주 약하게 시켰다.

그렇지만 지난 몇 년간 산화만 약하게 시킨 퍼스트 플러시가 내 입맛에는 다소 밍밍하게만 느껴졌던 것도 사실이다. 하지만 2019년부터 다르질링 FF의 맛이 매우 안정적인 모습을 보이고 있다. 특히 2019년 현지에서 구입한 매우 고가의 FF는 그 밍밍함은 사라지고 말 그대로 "녹차에 꽃 향이 나는 듯"한 환상적인 맛과 향을 가지고 있었다. 바디감은 강하면서도 촉감은 아주 부드러워 입안에서 매끄럽게 굴러가는 것 같다. 여

...
2019년 봄 다르질링에서 직접 구입한 투르줌TURZUM 다원 FF. 이전과는 차원 다른 FF였다.

기에 약한 듯하면서도 은은한 꽃 향이 입안에 머금고 있을 때도 다 마신 잔에도 한참 동안 남아 있었다. 엽저 또한 우리나라 우전에 버금 갈 정도로 일창이기로만 이루어진 아주 작은 싹과 잎 세트였다. 불과 얼마 전까지만 해도 상상도 못할 정도의 채엽 수준이었다.

최근 다르질링 FF는 비록 비싸기는 하지만 정말 "돈이 말해준다Money Talks"라는 말이 맞게 느껴진다. 다원에서 구입한 것도, 현지 판매점에서 구입한 것도 가격과 품질이 거의 비례했다.

산화 정도를 아주 약하게 하는 새로운 추세 속에서 몇 년간의 시행착오를 겪고 이제 다르질링 FF가 비로소 제대로 맛을 내기 시작하지 않았나 하고 조심스레 추측해본다.

세컨드 플러시

보통 4월 중순까지 생산되는 퍼스트 플러시가 끝나고 몇 주 지난 뒤 세컨드 플러시가 시작된다. 세컨드 플러시를 위한 찻잎은 퍼스트 플러시의 부드러운 잎보다는 좀더 크고 강하며 성숙한 맛으로 채워져 있다.

퍼스트 플러시의 최근 등장 이전, 오랫동안 많은 사람으로부터 명성을 얻어온 것은 바로 다르질링 세컨드 플러시다. 홍차 음용자들은 세컨드 플러시의 약간 더 성숙한 특징을 선호해왔으며 여전히 세컨드 플러시를 다르질링 최고의 홍차로 꼽는다. 즉 퍼스트 플러시보다 긴 산화로 풋풋함은 덜하지만 익은 과일의 맛과 향을 내는데, 이 향이 머스캣 포도Muscat grapes의 향을 떠올린다고 하며, 다르질링 차를 널리 알린 대표적인 향으로 무스카텔Muscatel 향이라 불리게 되었다. 그래서 세컨드 플러시를 다르질링 무스카텔이라고도 부른다.

수색도 퍼스트 플러시의 금빛 호박색(약해진 산화로 최근에는 황록색 수준까지 옅어졌지만)과 달리 다소 맑은 적색을 띤다. 우린 잎도 퍼스트 플

다르질링 FF(아래)와 SF(위)의
마른찻잎, 엽저, 우린 수색 모습

러시와는 확연히 다른 짙은 갈색이다. 최근에는 세컨드 플러시 또한 산
화를 다소 약하게 하는 경향이 있어 수색은 호박색, 찻잎도 옅은 갈색
을 띠는 경우도 많다.

무스카텔 향이란

홍차를 알게 되면서 많은 애호가가 궁금해하는 것 하나가 아마 다르
질링 SF의 무스카텔 향일 것이다. 이 향의 정체에 관한 많은 주장과 오
해가 있다.

어쨌거나 이 향을 위에서 언급한 것처럼 머스캣 포도 향과 직접적
으로 연관시키는 것은 다소 무리가 있다. 전 세계적으로 유명한 수십
종의 청포도 품종 중 하나가 머스캣 품종으로 프랑스에서는 뮈스카

다양한 머스캣 포도
품종 중 하나

Muscat, 스페인에서는 모스카텔Moscatel이라 불린다. 이탈리아에서는 모스카토Moscato로 불리며, 특히 우리나라에서도 인기 있는 이탈리아 와인인 빌라 엠Villa M의 원료 품종이기도 하다. 머스캣 품종 자체도 다양하다는 뜻이다.

SF에서 무스카텔 향이 난다는 말의 출처에 대해 가장 신빙성 있는 주장은 다르질링 홍차를 특히 좋아하는 독일인들과 관련 있다. 독일 음용자들 사이에서 과거 언젠가 다르질링 SF에서 무스카텔 향이 난다는 주장이 공감을 얻었고 그때부터 다르질링 SF를 대표하는 향으로 오늘까지 내려왔다고 본다. 하지만 독일 음용자들이 말한 무스카텔 향의 출처조차도 머스캣 포도향, 머스캣 포도로 만든 와인 향, 머스캣 포도로 만든 건포도 향이라는 등 의견이 분분하다.

이 무스카텔 향을 묘사하는 서양인들의 표현 또한 아주 다양하다. "건초 같은 뒷맛을 가진 건조한 건포도" "리치의 뉘앙스를 가진 신선한 포도향" "태운 설탕, 달콤한 캐러멜, 젖은 잎사귀" "부드럽고 달콤한 꽃

향" 등.

더구나 이 무스카텔 향이 모든 다르질링 SF에서 나는 것이 아니라 5~6월 중의 어느 특정 시기에 일부다원들이 가공한 SF에서만 난다고 하는 주장까지 염두에 두면 제대로 된 무스카텔 향이 나는 SF를 접하기가 그렇게 쉽지도 않다.

특정 시기의 일부 다원에 소록엽선(영어명 Jassids)이라고 알려진 아주 작은 날벌레가 찾아와 싹과 어린 찻잎의 액즙을 빨아 먹게 되자 찻잎이 이를 퇴치할 목적으로 어떤 성분(테르펜Terpene)을 생성하고, 산화과정을 거치면서 이 성분이 무스카텔 향을 생성시킨다.

다르질링 SF와 동방미인

이 소록엽선은 타이완 우롱차인 동방미인의 독특한 맛과 향(보통 복숭아 향과 꿀 향의 조화라고 표현하는)을 발현시키는 데 있어서도 결정적 역할을 하는 것으로 알려져 있다. 그래서인지 일부 차 전문가들은 동방미인 향을 무스카텔 향이라고 부르기도 한다. 실제로 나도 다르질링 SF의 무스카텔 향과 동방미인 향에서 매우 유사점을 느낀다.

하지만 다르질링 SF의 무스카텔 향은 동방미인 향과는 그 구성과 느낌이 매우 다르다. 따라서 무스카텔 향의 강약으로만 다르질링 SF의 좋고 나쁨을 평가해서는 안 된다. 무스카텔 향은 강하지만 바디감도 없고 뒷맛after-taste이 너무 텅 빈 듯 느껴지는 다르질링 SF도 있다. 반면 어떤 SF는 무스카텔 향은 거의 나지 않지만 매우 매력적인 맛을 가지고 있기도 하다.

내가 좋아하는 다르질링 SF는 어떻게 보면 우이암차 느낌도 살짝 있고, 달콤한 카스테라 향도 있고 여기에 동방미인 향이 가미되어 있는 것이다.

무스카텔 향이 어떠어떠하다고 정확히 묘사하기 어려워 우롱차인 동방미인 향과 비교했다. 따라서 동방미인 향을 일단 익힌 후에 다르질링 SF에서 그 향을 찾아보는 것도 좋은 방법이 될 수 있다. 하지만 앞에서 언급한 것처럼 다르질링 SF의 무스카텔 향에 관해서는 많은 주장이 있듯이 내 주장도 내 선호가 반영된 의견에 불과하다.

독자들께서도 좋은 다르질링 SF를 많이 마셔보고 각자가 선호하는 무스카텔 향을 찾아보기를 바란다. 맛과 향에 있어서 정답은 없기 때문이다.

퍼스트 플러시와 세컨드 플러시의 차이

대부분의 유명 홍차 회사들은 '다르질링'이라는 제품명을 가진 홍차를 판매한다. 이 제품은 홍차 분류 관점에서 보면 '단일산지 홍차'다. 그리고 회사마다 블렌딩 레시피는 다 다를 것이다. FF 위주로 블렌딩하거나, SF 위주로 블렌딩하거나, 혹은 FF와 SF를 적당한 비율로 블렌딩할 수도 있다.

반면 대부분의 다르질링 '단일 다원차'는 FF 아니면 SF다. 다르질링 홍차를 잘 모르는 두 사람이 다른 곳에서 한 사람은 FF를 마시고, 다른 한 사람은 SF를 마신 뒤 만나 서로 다르질링 홍차를 마셨다면서 얘기한다면 두 사람이 경험한 맛과 향에서는 전혀 일치하는 것이 없을 것이다. 아마 서로가 자기가 옳다고 싸워야 할지도 모른다.

같은 다르질링 지역에서, 같은 다원에서 같은 티 매니저가 만들었음에도 불구하고 FF와 SF가 찻잎 색상도, 수색도, 엽저 색상도, 맛과 향도 이렇게 다른 이유가 무엇일까?

크게 두 가지 이유가 있다.

첫째는 채엽 시기다. FF는 봄인 3~4월, SF는 (초)여름인 5~6월에 만

든다. 채엽 시기가 달라지면 무엇이 달라지는가? 채엽되는 찻잎 속에 들어 있는 성분 혹은 성분의 구성비가 달라진다. 계절 변화가 찻잎 성분에 영향을 미치는 것이다. 찻잎 속 성분이 달라지면 그 찻잎을 우려낸 차의 맛과 향도 달라진다.

두 번째는 가공 방법 차이다.

FF는 위조를 강하게(길게) 하면서 산화를 매우 약하게 한다. 위조를 길게 하면 할수록 일반적으로는 향이 더 풍부해진다. SF는 FF보다는 짧은 위조(정통 홍차에 적정한 위조이지만 FF와 비교해서 짧다는 의미)에 산화를 충분히 시킨다. 가공법이 달라지면 역시 맛과 향도 달라진다.

FF/SF 각각의 가공법은 채엽되는 찻잎 특성을 살린 가공법이다. 즉 찻잎 조건과 가공법이 같이 가야 한다는 뜻이다.

정리하면 FF와 SF의 맛과 향의 차이는 채엽되는 시기 차이로 인한 찻잎 성분 차이와 이를 고려한 가공법 차이로 인한 것이다. 최근 경향은 둘 다 산화를 더 약하게 하는 방향으로 움직이고 있다.

몬순 플러시 Monsoon Flush

세컨드 플러시 시즌이 끝나는 6월 말부터 10월 초까지는 다르질링도 몬순 시즌에 접어든다. 이 기간에 생산되는 차는 몬순 플러시로 알려져 있는데, 더운 날씨와 많은 강수량 때문에 맛과 향에서 섬세함이 부족한 편이다.

이 기간에 생산된 차들은 퍼스트 플러시나 세컨드 플러시와 달리 다원을 언급하지 않고 다르질링 홍차로만 주로 판매된다. 다원별 맛과 향차이가 거의 없기 때문이다. 대부분 홍차 회사의 티백 다르질링 제품으로 판매되는 것의 원료나, 단순히 다르질링이란 명칭으로 판매되는 블렌딩 홍차에 주로 쓰인다.

···
왼쪽에서부터 퍼스트 플러시(바담탐),
세컨드 플러시(기엘레), 오텀널(로히니).
엽저와 수색을 한꺼번에 놓고 보면 차이를
분명히 느낄 수 있다. 하지만 이 사진의 수색이나
엽저가 절대적 기준은 아니며 대략의 차이를
인지하는 데 도움이 될 것이다.

산지産地를 찾아서

오텀 플러시 Autumn Flush 혹은 오텀널 Autumnal

몬순 시즌이 끝나고 10~11월 중순 사이에 생산되는 다르질링 오텀 플러시는 오랫동안 나에게 "맛없는 세컨드 플러시"라는 이미지를 갖고 있었다. 찻잎 외형이나 맛과 향이 실제로 그러했다. 그리고 유럽 차 회사들도 오텀 플러시는 그렇게 다양하게 판매하지도 않고 있다.

오텀 플러시라는 단어가 주는 매력 혹은 FF나 SF와는 어떻게 다를까 궁금해 하는 홍차 애호가들도 있겠지만 내 경험으로 아직은 굳이 관심을 가질 필요가 없다고 생각된다.

다만 2019년 현지 방문 시 테이스팅하고 구입한 렁봉Rungbong 지역 아봉그로브 다원에서 생산한 '아봉그로브 유포리아 오텀 플러시Avongrove Euphoria Autumn Flush'는 아주 특이했다. 이전 오텀 플러시와는 달리 '퍼스트 플러시'에 가까운 스타일이었다. 산화가 아주 약하게 되었다. 아무런 정보 없이 마시게 하면 대부분 퍼스트 플러시라고 답할 가능성이 높다. 꽃 향과 섬세함은 많이 부족하지만 그래도 품질 낮은 퍼스트 플러시보다는 나은, 꽤 수준 있는 맛과 향이다. 앞으로 변화될 오텀 플러시에 기대를 갖게 할 정도로 충분히 매력적이었다.

FF를 포함한 다르질링 홍차(다른 지역 다른 차들도 마찬가지지만)가 워낙 급격히 변화하고 있어 지난 기억만으로는 새로운 추세에 대응하기 어렵겠다는 생각이 들었다.

다르질링의 홍차 쇼핑:
골든 팁스, 나스물스, 마유크

다르질링 방문 시 홍차를 구입할 수 있는 곳으로는 거의 100년 가까이 된 골든 팁스Goldentips와 나스물스Nathmulls가 많이 알려져 있다.

다르질링 홍차가 유명해짐에 따라 이들 매장도 갈 때마다 점점 상업

다르질링 쿠르세옹 지역의 호텔 코치라네 플레이스.
외관이나 내부 모습이 옛날식이었으나 정작 지은 지는
10년이 채 되지 않았다. 내부는 아주 간결하고
단정했으며 곳곳에 차와 관련한 장식들이 있었다.

적 분위기가 짙어져 매력 없게 느껴졌다. 다르질링 타운 중심지인 초우라스트 광장에는 나스물스 매장까지 생겨 두 가게가 더 치열하게 경쟁하고 있었다(2016년에는 골든 팁스 매장만 있었다).

2019년에 방문했을 때 나는 새로운 매장을 발견했다. 마유크Mayukh라는 2013년경 생긴 다르질링 홍차 판매 전문점으로 규모는 앞의 두 곳보다 훨씬 작지만 조용해서 사고자 하는 차를 편하게 테이스팅할 수 있었다. 마음에 드는 게 있어 몇몇 종류를 구입하기도 했다.

현지에 가면 좋은 다르질링 홍차를 구입할 수 있다고 생각하지만 반드시 그렇지도 않다. 차분히 마셔보고 사는 것이 좋은데 다원에서도, 판매점에서도 대부분 그럴 분위기가 못된다. 게다가 우리는 방법이 달라서 판단이 쉽지 않을 때가 많다.

쿠르세웅 : 코치라네 플레이스와 마거릿 데크

다르질링 방문 시 최소 하루는 쿠르세웅 지역에서 묵기를 강력히 추천한다. 쿠르세웅 근처에는 마거릿 호프, 암부샤, 캐슬턴, 굼티, 정파나, 마카이바리 등 유명한 다원이 많다.

더 좋은 숙소도 있겠지만 나는 2013년과 2019년 방문 때 묵은 코치라네 플레이스Cochrane Place가 좋았다. 호텔 자체는 지은 지 오래 되지 않았지만 마치 100년은 된 것처럼 고풍스럽다. 게다가 리노베이션을 통해 6년 전보다 더 좋아졌다

2층 식당에 이어진 전면 로비에서 바라보면 탁 트인 전망이 시원하고, 2시 방향으로 마카이바리 다원과 티 팩토리가 보인다. 마카이바리 티 팩토리 근처에 최고급 호텔을 짓고 있는 것도 보였다. 아마 다음에 가면 숙박은 몰라도(너무 비싸서) 점심 정도는 할 수 있지 않을까 기대한다. 식당을 가로 질러 반대쪽으로 가면 암부샤 다원이 보인다. 걸어서 5분 거

리에 캐슬턴 다원 티 팩토리도 있다. 역시 5분 거리에 인도 티 보드가 운영하는 다르질링 티 리서치 센터Darjeeling Tea Research Centre도 있다.

마거릿 데크Margaret's Deck는 차도 구입할 수 있고 마실 수 있는 카페로 마거릿 호프 다원이 한눈에 내려다보이는 위치에 2016년 11월에 오픈했다. 이런 세련된 공간이 만들어지고 있다는 것이 다르질링 홍차가 그만큼 더 알려지고 있다는 증거이기도 하다.

차를 마시는 테라스 앞으로 펼쳐진 풍경은 그야말로 압권이었다. 운무에 싸여 아주 멀리까지 선명한 경치는 보기 어려웠음에도 충분히 감동적이었다. 이렇게 아름다운 다르질링 차밭 한가운데서 다르질링 홍차를 마시는 것이야말로 현지를 여행하는 가장 큰 즐거움이다.

3. 다르질링 홍차의 위기와 기회

다르질링 홍차의 기회

"다르질링 홍차는 자연환경과 기후, 영국 기술의 합작품이다"라는 말처럼, 다르질링 홍차의 다양한 맛과 향은 단지 자연환경과 기후에 따른 결과만은 아니다. 여기에 인간의 기술이 보태져 많은 변수를 낳았다. 이로 인해 해마다 그리고 다원마다 생산되는 홍차의 맛과 향에 다양성이 생겨나고, 열렬한 애호가들은 수확 시기 차이에 더해 다원 차이를 비교하면서 즐기는 것이다.

이에 부응하여 각 다원은 자신만의 차별화된 가공법으로 생산한 차를 단일 다원 홍차 이름으로 시즌마다 공급하고 또 유명 홍차 회사들은 이를 취사선택하여 자기들 판매 목록에 올리고 있다.

더구나 다르질링은 여느 차 생산지와는 달리 중국종과 아삼종이 동일 다원에서 같이 재배되는 경우가 많다. 여기에 더해 이 두 종을 기반으로 한 수많은 컬티바가 다원마다 다른 비율로 재배되므로 이들의 블렌딩에서도 수많은 맛과 향의 다양성이 생겨날 수 있다.

지금 차Tea계의 전 세계적인 추세인 생산지, 테루아에 대한 관심 증가 즉 고급화의 가장 큰 수혜자가 다르질링 홍차다. 이것은 유럽 차 회사에서 판매되는 가격만 봐도 알 수 있다.

다르질링 홍차의 위기

하지만 그에 못지않게 다르질링 홍차가 위기도 맞고 있다. 평균 8500톤 전후의 연간 생산량이 2017년에는 2500톤 수준으로 급감했다. 2017년 6월 초부터 9월 말까지 100여 일 동안 다르질링 다원 노동자들의 파업으로 다르질링 지역 전체 차 생산이 전면 중단되었기 때문이다.

산악 지역인 다르질링은 개척 초기 인구가 부족했다. 따라서 다원 개척에 필요한 노동자들을 인접한 네팔로부터 데려왔다. 이들이 현재 다원 노동자들을 포함한 다르질링 지역 인구 대부분을 구성하고 있는 네팔 고르카족Gorkhas이다. 이들이 서벵갈 주로부터 분리해 고르카족만의 독립 주를 원하고 있다(인도로 부터의 독립이 아니고 서뱅갈 주로부터의 독립이다).

이 정치적 문제에 다원 노동자들이 대거 참가한 것이다. 이들 또한 지난 150년 동안 이어온 열악한 환경과 처우에 불만이 누적되어 있었기 때문이다. 이런 정치 문제, 노동 문제에다 지구 온난화로 인한 피할 수 없는 불규칙한 기후 문제까지 더해져 다르질링 홍차 생산량 감소를 가져오고 품질에도 위협이 되고 있다.

이들과 경우가 다르긴 하지만 유기농과 고급화도 생산량을 떨어뜨리는 원인이 되고 있다. 고급화는 일단 싹과 어린잎 위주로 채엽한다는 뜻이다. 이런 채엽 방법으로는 생산량이 줄어든다. 고급화의 일환인 유기농도 마찬가지다. 다르질링 지역 다원별 유기농 전환 비율이 2017년 71퍼센트를 넘어섰고 현재는 이미 100퍼센트에 이르렀다. 다르질링 홍차의 주요 시장인 유럽이 유기농 홍차에 대한 선호도가 높기 때문이다. 유기농 전환의 가장 큰 부작용은 생산량 감소다. 평균적으로 25퍼센트 정도 감소한다고 한다.

네팔의 등장

다르질링 홍차에 대한 수요는 증가하는데, 위에서 언급한 여러 요인으로 생산량은 줄어들고 있다. 더구나 원산지 표시인증PGI을 받게 되어 유럽에서 판매되는 다르질링 홍차는 100퍼센트 다르질링 홍차여야만 한다. 결국엔 가격이 오를 수밖에 없고 그동안 다르질링 홍차를 취급했던 유럽의 큰 손들 역시 인상된 가격에 부담을 느끼게 되었다.

다르질링 홍차의 실제 생산량에 비해 시장에서 판매되는 물량은 4배 정도라고 앞에서 말했다. 이들 가짜 다르질링은 주로 이웃한 네팔, 테라이, 두어스(테라이는 다르질링 서남쪽, 두어스는 다르질링과 아삼 사이에 위치하는 지역으로 이 두 지역에서 생산되는 홍차가 인도 전체 생산량의 30퍼센트를

···
로네펠트에서 판매하는
준 치아바리 다원 홍차

산지産地를 찾아서

차지한다. 자세한 내용은 『홍차 수업2』 참조) 지역에서 생산되는 홍차였다.

이중에서도 다르질링과 인접한 네팔 동쪽 지역은 다르질링과 자연환경이나 기후가 매우 유사하고 이 지역에서 생산되는 홍차 품질 또한 다르질링 못지않다. 그 동안은 국가 이미지와 네팔 홍차의 세계적 인지도가 낮아 다르질링으로 판매되었으나 다르질링 원산지 표시제로 인해 더이상 이것이 불가능해지자 드디어 네팔 홍차임을 드러내게 되었다.

유럽의 다르질링 홍차 판매사들도 다르질링 홍차의 늘어나는 수요에 비해 생산량은 한정되어 가격이 오르자 품질에서 크게 차이 나지 않는 네팔 홍차를 적극적으로 홍보·판매하기 시작했다.

뿐만 아니라 자본 또한 본격적으로 투자되기 시작해 새로운 다원 설립, 차나무 품종 교체, 생산시설 현대화, 가공기술 개선 등이 진행되고 있다.

전통적으로 유명한 일람Ilam 지역뿐만 아니라 새롭게 뜨고 있는 단쿠타Dhankuta 지역이 특히 기억할 만하다. 이 지역의 준 치아바리Jun Chiyabari, 구란세Guranse 다원차는 아주 훌륭하다.

전부는 아니겠지만 '히말라야'라는 단어가 들어간 홍차면 네팔 홍차일 가능성이 아주 높다. 아마 앞으로는 네팔 홍차를 접할 기회가 아주 많을 것이기에 기대하고 있다.(네팔 홍차에 관해서 『홍차 수업2』에 자세히 설명되어 있다.)

칸첸중가

칸첸중가를 보고 나면 다르질링이 히말라야 산 기슭에 있는 곳이라는 것을 확실하게 알게 된다. 칸첸중가는 세계에서 세 번째로 높은 산이며 '눈雪의 다섯 개 보물'이라는 뜻이다. 이는 칸첸중가에 다섯 봉우리가 있다는 데서 유래된 듯하다.

유명하다고 하는 칸첸중가의 일출을 보기 위해 2134미터의 고도에 위치한 다르질링 타운의 호텔에서 이른 새벽에 일어나 지프로 약 한 시간 거리에 있는 고도 2800미터의 타이거 힐이라는 곳으로 갔다.

칸첸중가의 일출은 떠오르는 해가 아니라 떠오르는 해가 비추는 칸첸중가 다섯 봉우리의 시시각각 변화하는 모습이 아름다운 것으로 유명하다. 한겨울 파카를 입고 한 시간쯤 덜덜 떨고 기다리니, 저 멀리 짙은 코발트색 하늘을 배경으로 어둠 속에 길게 늘어서 있던 흐릿한 칸첸중가가 조금씩 밝아지더니 눈에 덮인 산봉우리들이 윤곽을 드러내기 시작했다. 이때 봉우리 중 하나에 연한 금빛이 비치더니 곧 다른 봉우리로 퍼져나갔다. 이 시점에도 우리에게 해는 여전히 보이지 않았다.

10분 남짓의 짧은 시간 동안 칸첸중가 다섯 봉우리를 배경으로 금빛

칸첸중가의 일출. 그야말로
장엄한 광경이었다.

산지産地를 찾아서

레이저 쇼가 펼쳐지는 듯했다. 아직도 우리 눈에는 보이지 않는 해가 시시각각 금빛 칸첸중가의 모습을 변화시키고 있었다. 곧이어 해가 어두운 구름 속에서 올라왔다. 그러자 이내 칸첸중가의 금빛은 사라지고 약간 푸른 기가 도는 하얀 설산으로 변했다.

날씨가 도와야 하기에 칸첸중가 일출을 항상 볼 수 있는 것은 아니다. 나도 한 번은 실패했다. 그렇지만 칸첸중가산 자체는 항상 그 자리에 있다.

다르질링 타운이나 다르질링 차밭 사진 중에는 칸체중가를 배경으로 한 것이 많다. 하지만 그동안 다르질링을 방문했을 때 낮 시간에 칸첸중가를 직접 본 적은 없었다. 고산지대의 안개와 구름으로 거의 대부분 가려져 있기 때문이다. 2019년 4월에 방문했을 때 나는 한낮의 칸첸중가를 보았다.

칸첸중가의 위엄

호텔에서 푸타봉(투크바) 다원으로 가는 길에 동승한 가이드가 갑자기 소리치면서 저기 산이 보인다고 손으로 가리켰다. 처음에는 산을 찾을 수 없었다. 그냥 다르질링 주위의 평범한 산들이 보였고 그 산들 위에 구름이 있을 뿐이었다.

세상에, 칸첸중가는 작은 산들과 그 위에 걸쳐 있는 구름 위로 솟아 있었다. 차원이 달랐다. 그것도 봉우리만 보이는 것이 아니라 사람으로 치면 어깨 부분 이상이 가로로 쭉 늘어서 있었다. 땅에서 솟은 산이 아니라 그냥 하늘, 허공에 떠 있는 설산이었다. 오래전 말레이시아에서 키나발루산을 볼 때도 그런 느낌이었다. 구름 위 하늘에 떠 있는.

하지만 키나발루산은 4101미터이고 보통 산이었지만, 칸첸중가는 8586미터 높이에 하얀 설산이었다. 하얀색 구름 위로 하늘에 떠 있는 하얀색 설산. 장엄하고 신비로웠다. 먼저 간 일행들에게 알리려 차로 쫓았지만, 푸타봉 다원에 도착했을 때는 이미 산은 신기루처럼 사라졌다.

🫖 *Tea Time* ... 다르질링 퍼스트 플러시는 홍차인가?

6대 다류는 산화 여부나 산화의 정도로 구분한다고 앞서 말했다. 하지만 이 기준으로 보면 경계선이 모호할 때가 많다. 농산물의 일종인 찻잎을 사람이 가공해서 만드는 것이므로 경계선을 명확히 구분짓지 못하는 것은 당연하다.

따라서 이렇게 분류된 차 사이에 많고 적음의 차이는 있지만 서로 간에 교집합이 있다고 보는 것이 훨씬 논리적이다. 딱히 하나의 분류에 포함시키기 애매한 것이나 여러 분류의 특징을 지닌 경계선에 있는 차들

***
최근 들어 다르질링 FF의
산화를 점점 더 약하게 해서
수색이나 맛과 향도
더 가벼워지고 있다.

도 있을 수 있다.

이런 맥락에서 홍차 공부를 막 시작했던 때에 의문을 품었던 것이 다르질링 퍼스트 플러시였다. 다르질링 퍼스트 플러시는 산화를 상당히 낮은 수준으로 한다. 보통 30% 전후이지만 최근에는 10~20퍼센트 수준으로 낮게 하는 경우도 많다.(여기서 제시되는 숫자는 이해를 돕기 위한 것이지 숫자 자체는 큰 의미가 없다.)

홍차는 완전산화차인데, 10~30퍼센트 산화시킨 다르질링 퍼스트 플러시를 홍차라고 해야 하나? 또 부분산화차인 우롱차는 산화 정도가 10~80퍼센트 정도인데, 30퍼센트 산화시킨 우롱차와 30퍼센트 산화시킨 다르질링 퍼스트 플러시는 어떤 차이가 있기에 다른 차로 분류되는가. 이것이 초기에 품은 의문이었다.

내가 내놓을 수 있는 답은 홍차 가공법으로 만든 것은 홍차이며, 우롱차 가공법으로 만든 것은 우롱차라는 것이다. 그리고 이 가공법에 있어 핵심은 '살청'이다.

살 청 유 무

녹차는 채엽한 뒤 바로 살청을 하고, 우롱차는 위조와 주청 등을 통해 어느 정도 산화가 진행된 뒤 살청을 한다. 반면 홍차에는 살청 과정이 없다. 다시 말해 다르질링 퍼스트 플러시에는 살청 과정이 없고, 어느 정도 산화가 진행된 뒤 바로 건조 과정에 들어간다.

이 차이가 산화 정도를 떠나 다르질링 퍼스트 플러시를 홍차 카테고리에 넣는 이유다. 살청이 있느냐 없느냐가 같은 정도로 산화시킨 우롱차와 다르질링 퍼스트 플러시의 맛이나 향에 어떤 영향을 미치는지는 정확히 알 수 없음에도 불구하고 말이다.

다시 말하지만 이렇게 분류하는 것은 차를 음용하면서 제 나름으로 논리적으로 정리하고자 하는 이들에게 의미가 있을 뿐 차를 즐기기만 하는 이들에게는 별로 중요하지 않다. 그리고 이 다르질링 퍼스트 플러시뿐만 아니라 위에서 말했듯이 예외적인 것이 많으므로 이런 점들을 항상 염두에 두어야 한다.

포트넘앤메이슨

다르질링 브로큰 오렌지 페코Darjeeling Broken Orange Pekoe

거의 모든 홍차 회사는 '다르질링'이라는 이름의 홍차 브랜드를 갖고 있다. 트와이닝도 해러즈도 딜마도 마찬가지다. 그러나 이 수많은 이름의 다르질링 중 똑같은 맛을 내는 '다르질링'은 없을 것이다. 어떤 브랜드는 퍼스트 플러시를 중심으로, 어떤 브랜드는 세컨드 플러시를 중심으로, 어떤 브랜드는 홀리프 크기로, 어떤 브랜드는 브로큰 등급으로, 그야말로 수없이 많은 버전이 있다. 뿐만 아니라 연간 8500톤 정도 생산되는 다르질링 물량에 비해 시장에 나와 있는 다르질링 물량은 항상 3~4배 이상 된다고 하니 PGI 지정 이전에는 일부만 진짜 다르질링을 넣고 나머지는 주위에서 생산한 것을 넣었을 수도 있다.

게다가 이렇게 블렌딩된 다르질링은 다르질링 홍차의 고유한 특성을 발현하지 못하는 몬순 플러시를 이용한 것도 많다고 한다. 이러니 각 홍차 회사가 판매하는 다르질링의 맛과 품질이 천차만별일 수밖에 없다. 하지만 이것이 소비자 입장에서는 크게 중요하지 않고 블렌딩 기술을 잘 발휘하여 얼마나 좋은 차를 공급하느냐가 관건일 것이다.

포트넘의 다르질링 브로큰 오렌지 페코는 외형만 봐서는 밝은 녹색의 찻잎이 많아 퍼스트 플러시가 상당량 포함된 것 같다. 나머지 찻잎도 주로 밝은 갈색이 많다.

유리 티포트에 우릴 때 푸른 기가 많은 브로큰 등급의 작은 찻잎이 반짝반짝 빛나는 듯 점핑되는 모습이 참 예쁘다.

수색은 거의 FF(퍼스트 플러시)의 호박색이지만 단일 다원 FF의 수색만큼 깔끔하지는 않다. 아마 블렌딩의 영향일 것이다. 향도 거의 FF의 향이며 블라인딩 테스트^{blinding test}로 향만 맡는다면 FF라고 답할 것 같다.

엽저 또한 오히려 갈색보다는 녹색의 찻잎이 더 많아 이 포트넘의 다르질링은 FF 중심으로 블렌딩된 듯하다.

한편 맛에서는 FF의 풋풋함도 있지만 SF(세컨드 플러시)의 성숙함이 더 분명하다. 그리고 조금씩 식어가면서 FF보다는 SF가 더 많이 느껴진다. 어떻게 보면 FF의 향에 SF의 맛을 절묘하게 블렌딩한 것이 이 차의 특징인지도 모른다. 어쨌든 아주 맛있게 블렌딩된 다르질링임은 분명하다.

홍차를 마실 때 다원을 구별해서 마시는 사람은 아마 음용자의 1퍼센트도 되지 않을 것이다. 비록 홍차가 필수품인 영국에서이긴 하지만 티백 비율이 95퍼센트를 웃돈다. 즉 잎차를 마시는 것만으로 이미 5퍼센트 안에 드는 것이다.

물론 홍차의 음용 인구가 많지 않고 또 홍차를 즐겨 마신다는 것이 조금은 유별난 기호나 취미에 속하는 우리나라는 이와 비교할 수가

···
점핑

···
엽저

없다. 우리나라에서 홍차를 마시는 사람들은 전문 용어로 이미 관여도가 상당히 높기 때문에 잎차 음용 비율이 굉장히 높다.

그렇다 하더라도 홍차를 수십 종류씩 구비해놓고 음용하는 이들은 극소수일 것이다.

홍차에 대한 자신의 관심 정도에 따라 하나만 구입한다면 다르질링, 스리랑카, 아삼 혹은 중국 홍차 중에서 하나를 고를 수도 있고, 다르질링, 스리랑카, 아삼 등 적어도 하나씩은 구비하고 싶을 때는 지역별로 블렌딩된 홍차 중에 가장 선호되는 것을 선택하면 된다. 그다음으로 개별 다원의 단계로 넘어가는 것이 자연스런 순서다.

🫖 *Tea Time...* 다르질링 일곱 개 소지역의 다원들

동다르질링Darjeeling East · 14곳

아리야Arya, 총통Chongtong(시리시Sirisi), 두테리아Dooteriah, 칼레이 밸리Kalej Valley, 린기아Lingia, 리자 힐Liza Hill, 메리봉Marybong, 밈Mim, 오렌지 밸리Orange Valley(블룸필드Bloomfield), 푸심빙Pussimbing(민주Minzoo), 리시하트Risheehat, 렁무크Rungmook(세다르Cedars), 툼송Tumsong, 푸벙Poobung

서다르질링Darjeeling West · 16곳

알루바리Alubari, 바담탐Badamtam, 반녹번Bannockburn, 바네스베그Barnesbeg, 깅Ging, 해피 밸리Happy Valley, 칸찬 뷰Kanchan View, 북 투크바North Tukvar, 판담Pandam, 풉세링Phoobsering, 란가룬Rangaroon, 숨Soom, 싱톰Singtom, 스테인살Steinthal, 푸타봉Puttabong(투크바Tukvar), 바 투크바Vah Tukvar(스레 두아리카Sree Dwarika)

북쿠르세옹Kurseong North · 10곳

암부샤Ambootia, 발라선Balasun, 딜라람Dilaram, 에덴 발레]Eden Vale, 마거릿 호프Margaret's Hope, 문다코테Moondakotee, 오크Oaks, 링통Ringtong, 스프링 사이드Spring side, 싱겔Singell

남쿠르세옹Kurseong South · 18곳

캐슬턴Castleton, 기다파하르Giddapahar, 굼티Goomtee, 조그마야Jogmaya, 정파나Jungpana, 롱뷰Longview(하일랜드Highland), 마할데람Mahalderam, 마카이바리Makaibari, 모한 마주아Mohan Majua, 나르마다 마주아Narmada Majua, 몽테비옷Monteviot, 물루타르Mullootar, 너봉Nurbong, 로히니Rohini, 시비타르Sivitar, 셀림 힐Selim Hill, 시포이드후라Seepoydhura(참링Chamling), 틴드하리야Tindharia

미리크 밸리Mirik Valley · 7곳

가야바리 앤 밀릭통Ghayabaree and Millikthong, 오카이티Okayti, 푸구리Phuguri, 시욕Seeyok, 싱불리Singbulli, 소우레니Soureni, 터보Thurbo

렁봉 밸리Rungbong Valley · 9곳

아봉그로브Avongrove, 차몽Chamong, 드하레아Dhajea, 고팔다라Gopaldhara, 나그리Nagri, 나그리 팜Nagri Farm, 셀림봉Selimbong, 숭마Sungma, 투르줌Turzum

티에스타 밸리Teesta Valley · 13곳

힐턴Hilton(암비오크Ambiok), 기엘레Gielle, 글렌번Glenburn, 쿠마이

다르질링

Kumai(스노뷰Snowview), 롭추Lopchu, 미션 힐Mission Hill, 남링 앤 어퍼 남링Namring and Upper Namring, 페스호크Peshok, 렁글리 렁글리오트Runglee Rungliot, 사마비옹Samabeong(롱봉Rongbong), 티에스타 밸리Teesta Valley, 투크다Tukdah, 어퍼 파구Upper Fagu

참고
1. 자료에 따라서 다원이 소속된 지역이 일부 다른 것도 있음
2. 렁봉 지역을 미리크 밸리에 포함시켜 6개 지역으로 분류하기도 함

7장
닐기리
Nilgiri

역삼각형으로 생긴 인도의 남쪽 끝은 오른쪽을 넓은 타밀나두 주가, 왼쪽은 해안을 따라 위치한 좁고 긴 케랄라 주가 차지하고 있다. 케랄라 주의 항구도시 코지코드(옛 이름은 캘리컷)에서 오른쪽 내륙으로 조금만

1. 닐기리, 남인도의 푸른 산

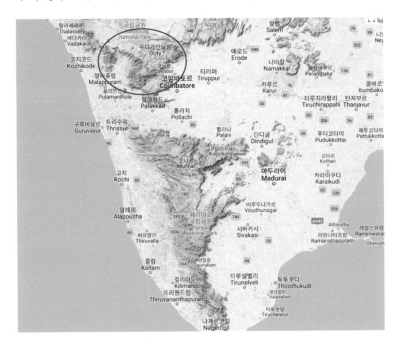

붉은 원이 닐기리 지역

들어가면 타밀나두 주와의 경계가 나오는데 이 경계에서 타밀나두 쪽이 닐기리다. 즉 타밀나두 주에 속하면서 케랄라 주와 접하고 있다.

인도 서쪽 해안선을 따라 약 1600킬로미터 정도 뻗어 내려오는 서고트Western Ghats 산맥이 있다. 닐기리는 이 산맥이 거의 끝나가는 곳에 위치하며 고도가 1000미터에서 2200미터에 이르는 열대 고원지대다. 닐기리 차밭은 이 지역에 위치하며 차밭의 평균 고도가 1700미터에 이른다.

이 지역에는 닐라쿠린지Neelakurinji 혹은 쿠린지라고도 불리는 푸른색 꽃이 피는데 30~60센티미터 높이의 작은 관목이다. 특이한 것은 이 꽃이 12년마다 한 번씩 피며 필 때는 온 산을 푸르게 덮어버린다고 한다. 여기에서 유래한 것이 블루 마운틴 즉 푸른 산이라는 뜻을 가진 닐기리 지명이다.

이 지역은 무성한 숲, 열대 정글, 안개 낀 계곡, 햇빛이 내리쬐는 고원, 부드러운 초원, 수많은 강과 작은 냇물들로 인해 차나무가 번성할 수 있는 완벽한 기후와 지형을 갖추고 있다. 또한 인도에서 경치가 가장 좋은 차 생산 지역이기도 하다. 이 인도 남부 지역을 아삼이나 다르질링

닐기리의 그늘막이 나무는 아삼만큼 조밀하게
심어져 있지는 않았다. 바람에 나부끼면서
은색으로 빛나는 나뭇잎의 모습은 아름답다.

과 비교하면 확실히 차이가 난다.

아삼은 평지에 다원이 넓게 펼쳐져 있는 반면 다르질링은 고지대 작은 산들의 경사면마다 차 밭이 있다. 반면 닐기리는 같은 고지대지만 덩치 큰 산의 완만한 등성이를 차나무들이 덮고 있다. 닐기리 지역도 1835년경에 중국종 차나무를 가지고 한 시험 재배의 역사가 있지만 첫 다원이 형성된 때는 1850년대 중반 이후다. 북쪽의 아삼 및 다르질링과 진행 속도는 비슷했던 듯하다.

생 산 지 역 구 분

인도 남부 차 산지는 크게 보면 닐기리와 그 외 지역으로 나눌 수 있다. 타밀나두 주에 위치한 닐기리의 핵심 지역은 쿠누르Coonoor, 구달루어Gudalur, 코타기리Kothagiri, 쿤다Kundah, 판살루어Panthalur, 우다가만달람Udagamandalam(우티ooty라고도 함) 이렇게 6곳으로 세분할 수 있다.

나머지는 남쪽으로 좀 떨어진 역시 고원지대로 무나르Munnar, 아나말라시스Anamallais, 트라반코어Travancore, 와야나드Wayanad 지역들이다.

인도 남부 지역 생산량은 약 24만 톤 수준으로 인도 전체 생산량의 약 18퍼센트를 차지한다. 오랫동안 25퍼센트 수준을 차지했으나 근래 들어 북인도 아삼과 테라이, 두어스 지역 생산량이 증가하면서 비중이 줄어들었다. 24만 톤 중 약 16만 톤이 닐기리 지역에서 생산된다.

대부분 CTC 형태로 생산되며, 생산량 대비 수출 비중이 높은 편이다. 주로 러시아와 파키스탄으로 수출된다.

한편 인도에는 여섯 개의 티 옥션센터(실제로는 8개지만 의미 있는 곳은 6개다. 옥션에 관한 자세한 내용은 『홍차 수업2』 10장 참조)가 있는데 아삼 지역의 구와하티, 다르질링 지역의 실리구리 그리고 콜카타에 하나씩 있다. 그리고 나머지 3개가 모두 인도 남부 지역에 집중되어 있

다. 즉 코임바토르Coimbatore, 쿠누르Coonoor는 닐기리 지역에, 코친Cochin
은 뒤에서 언급할 무나르 지역에 있다. 이것만 봐도 이 지역에서 생산되
었던 물량을 짐작할 수 있다.

닐기리 홍차의 특징

닐기리 지역의 열대 기후는 약간 남쪽에 위치한 스리랑카 기후와 비
슷하며, 생산되는 홍차의 맛과 향도 북쪽의 다르질링과 아삼보다는 스
리랑카 홍차에 더 가깝다.

북쪽의 다르질링, 아삼과는 달리 차 생산은 1년 내내 가능하지만 품
질이 가장 좋은 때는 12월에서 3월까지다. 상대적으로 서늘한 날씨로
인해 가공 과정에서 시들리기와 산화가 천천히 진행되어 맛과 향이 좀
더 풍부해지는 듯하다. 이 시기에 생산된 차를 서리 차Frost Tea 혹은 윈
터 플러시Winter Flush라고 부른다.

닐기리 홍차의 가장 큰 매력은 아이스티로 만들었을 때 맛있다는 것
이다. 백탁 현상creaming down도 나타나지 않아 수색도 맛도 깔끔한 것이
장점이다.

백탁 현상은 우려놓은 차가 식으면서 뿌옇게 되는 걸 말한다. 특히 아
이스티를 급냉으로 만들 때 자주 나타난다. 강하게 우린 뜨거운 홍차를
얼음이 가득 들어 있는 유리잔에 부으면 급격히 온도가 내려가면서 뿌
옇게 흐려지는 현상이다. 원인은 차 속에 있는 폴리페놀과 카페인의 결
합으로 알려져 있다. 대부분의 홍차에 나타나며 특히 아삼 홍차에서 강
하게 나타난다.

뿌옇게 탁해 보이는 수색은 아이스티로 매력이 없다. 닐기리 홍차는
이 현상이 거의 나타나지 않는다. 그리고 예쁜 수색만큼이나 입속에 와

닐기리의 차밭이 산등성이
가득 펼쳐져 있다.

닿는 느낌 또한 청량해 닐기리는 아이스티로 만들었을 때 가장 진가를 발휘한다.

닐기리 홍차 맛을 표현할 때 담백함을 가진 미묘한 거친 맛, 떫은맛이 없다는 등의 표현을 사용하는 경우도 있는데, 솔직히 말하면 딱히 매력이 없다는 뜻이다. 전체적으로 말해서 그렇다는 뜻이고 가끔씩 단일 다원 홍차일 경우 정말 탁월한 맛과 향을 내는 경우도 있다.

남쪽의 다르질링

내가 잊지 못하는 하부칼Havukal 다원 홍차는 신선하고 푸른 느낌에 과일 향, 꽃 향이 뚜렷했는데, 이런 맛과 향 때문에 닐기리가 "남쪽의 다르질링"이라고 불리기도 한다. 내 느낌으로는 다르질링 FF보다 전체적으로 훨씬 더 윤곽이 강하고 맛과 향이 선명했다. 하부칼 다원 차를 처음 마셨을 때 바람에 일렁이는 청보리밭 한가운데 서 있는 느낌이 들었다.

이런 감동적인 경험에도 불구하고 아직까지 닐기리 홍차가 안정적이고 보편적인 맛과 향을 확보하지 못했다고 판단된다. 내가 경험한 닐기리의 여러 다원차가 맛과 향에 있어서 편차가 매우 심한 편이기 때문이다.

닐기리 지역에서 정통 홍차를 생산하고 있는 다원으로 널리 알려진 것은 크라이그모어Craigmore 다원, 카이르베타Kairbetta 다원, 코라쿤다 Korakundah 다원, 논서치Nonsuch 다원, 파크사이드Parkside 다원, 글렌달레 Glendale 다원, 하부칼Havukal 다원, 타솔라Thiashola 다원 등이다. 타솔라 다원은 1859년에 만들어진 최초 다원으로 그 역사가 가장 길다.

닐기리 지역은 앞에서 언급한 대로 대부분 CTC를 생산한다. 아삼을 다룰 때 설명한 것처럼 CTC 홍차는 품질 차이가 뚜렷하지 않다. 게다가 주로 원료의 생산처가 표시되지 않는 티백이나 아이스티용으로 쓰이는 인스턴트 차를 위한 벌크 제품에 사용되다보니 가격 경쟁이 치열하

무나르 지역 차밭 풍경(왼쪽)
무나르 지역에서 본 티팩토리. 스리랑카와 매우 유사한 모습이다.(오른쪽)

멀리 보이는 성당이 영화에 나왔던 곳이다.(왼쪽)
다원 속에 위치한 호텔에서 묵었다.(오른쪽)

Main mode of transport in High Ranges - Horse (1

다. 기존의 케냐 외에도 베트남, 아르헨티나 등 신흥 공급처가 등장함으로써 가격 경쟁에서는 더 불리해지고 있다.

따라서 아삼 지역 생산자들과 마찬가지로 닐기리 지역 생산자들도 고품질의 정통 홍차 생산에 점점 더 관심을 두고 있다.

이런 노력이 쌓이면 앞으로는 안정적인 맛과 향을 가진 닐기리 다원 홍차가 나올 것으로 기대한다. 우선은 하부칼 다원과 글렌달레 다원을 추천한다.

무나르 Munnar

케랄라 주의 항구도시 코친cochin(코치라고도 한다)에서 내륙으로 몇 시간을 달려 밀림 같은 숲속에 난 도로를 따라 한참 올라가면 대규모 다원 지역인 무나르가 나온다. 닐기리 남쪽에 위치한(앞에서 설명한 닐기리 외 지역에 속한다) 대표적인 차 생산지다.

영화 「라이프 오브 파이Life of Pie」에서 주인공이 어릴 적 잠시 방문한 적이 있다면서 차밭 장면이 나오는데 바로 이곳에서 촬영했다고 한다.

···
무나르에 있는 차 박물관.
차를 테이스팅하는 과정을
정리해놓은 표도 있고,
찻잎이 가공되는 단계에
관해 박물관 가이드가 현지
방문객에게 설명해주는
모습도 보였다. 찻잎만
보고는 이해하기가 어렵다.

산지産地를 찾아서

영화 속 장면과 똑같이 아름다운 곳이다. 어린 주인공이 찾는 성당은 내가 머물렀던 호텔에서 멀리 보였다. 대부분은 실사가 맞지만 성당 옆의 아름다운 개울은 컴퓨터 그래픽 작업인 듯하다. 다원 한가운데에 위치한 내가 묵었던 호텔은 정말 아름다운 곳이라 다시 한번 가고 싶다.

무나르에서 생산되는 홍차의 90퍼센트 이상은 타타TATA 그룹이 맡고 있다. 이 그룹은 자동차 계열사인 타타 모터스가 대우자동차(대우쌍용차)를 인수하여 우리나라에도 많이 알려져 있는 인도 최대의 기업 집단이다. 타타 그룹은 1983년에 차tea 사업에 뛰어들었으며, 2000년에는 영국 최대의 차 회사인 테틀리Tetley tea를 인수했다.

영국과 캐나다에서는 1위이며 미국에서는 2위를 차지하고 있는 테틀리를 인수한 타타 그룹의 계열사인 타타 글로벌 베버리지TaTa Global Beverages는 유니레버에 이어 세계에서 두 번째로 큰 차 생산 회사이자 유통 회사다.

2000년 당시 인수 금액이 4억3200만 달러로 인도에서 역대로 규모가 가장 큰 외국 회사 인수였다고 보도되기도 했다. 1837년에 설립되어

···
아이들의 모습은 어디에서나
밝고 귀여웠다. 이렇게
바퀴가 셋 달린 차를 타고
통학하는 듯했는데, 결국
우리도 사진 속의 모습처럼
이 삼륜차를 탔다.

1953년 영국에 처음으로 티백을 도입한 테틀리가 인도인에게 매각된 것은 인도와 영국의 오랜 홍차 역사에 비추어 볼 때 매우 인상적인 사건일 수도 있다는 생각이 든다.

남인도에 대한 단상

널기리에서 서쪽, 아라비아 해 쪽으로 나오면 항구도시인 코지코드가 있다. 코지코드는 바스쿠 다가마가 아프리카 희망봉을 돌아 처음으로 도착한 인도 땅 캘리컷의 현재 이름이다. 당시 유럽인이 인도에 오고자 한 가장 큰 목적 중 하나가 향신료를 찾는 것이었으며, 실제로 이곳 남인도 케랄라 주에서는 온갖 향신료가 풍부하게 난다.

바스쿠 다가마가 가장 먼저 도착한 곳이 캘리컷이긴 하지만 포르투갈을 위한 상업적 거점으로는 해안선을 따라 더 남쪽에 있는 무나르에 가까운 코친을 선택했다. 바스쿠 다가마도 코친에서 죽어 현지의 교회에 안치되었다가 나중에 리스본으로 옮겨졌다.

인도를 떠나던 날 저녁 무렵, 바스쿠 다가마가 안치되었던 성 프란시스 교회가 있는 코친의 마탄체리 지구를 방문했다. 이 지역은 관광객들이 많이 오는지 기념품 가게가 곳곳에 들어선 다소 번잡한 지역이었다. 베이지색 외관에 군데군데 시커먼 흔적이 있는 역사의 무게를 간직한 교회였다.

교회 정면은 바다를 향하고 있고, 100미터만 가면 아라비아 해였다. 해가 지고 있는 바닷가에는 가족이나 연인들로 보이는 사람이 많았다. 다들 즐거운 모습이었다. 그리고 남인도를 이야기할 때마다 자주 언급되는 특이하게 생긴 고기잡이 어망들이 해안가를 따라 죽 늘어서 있었다.

점점 더 어두워지는 아라비아 해를 바라보면서 갖은 생각이 떠올랐다. 500년 전 저 바다를 건너온 포르투갈인들 그리고 유럽과 아시아는

노을이 지는 아라비아 해에서 즐거운 한때를 보내고 있는 가족

연결되기 시작했고, 그 뒤 인도를 포함한 아시아는 격동의 500년을 보내게 된다. 오랜 여행에 지쳐서 좀 감상적이 되었는지도 몰랐다. 그리고 몇 시간 뒤면 돌아가는 비행기에 있을 거라는 생각에 떠나는 아쉬움보다는 딸이 있는 집으로 간다는 기쁨이 앞섰다.

2. 닐기리 홍차

전반적인 평가

내가 평가한 닐기리 홍차는 카이르베타 다원, 코라쿤다 다원, 논서치 다원, 글렌달레 다원, 하부칼 다원, 타솔라 다원 등의 단일 다원차와 한 홍차 회사에서 생산한 '닐기리'라는 상품명으로 되어 있는 블렌딩 차다.(닐기리 단일 지역 홍차로만 된 블렌딩 제품이 흔치 않아 한 회사의 제품만 구입할 수 있었는데, 회사 이름은 밝히지 않겠다.)

전체적으로 보면 하부칼 다원과 글렌달레 다원, 카이르베타 다원의 제품은 맛과 향이 상당히 훌륭했다. 특히 하부칼과 글렌달레 다원의 닐기리는 최상급이다. 두 제품은 따로 품평을 했다.

그 외 코라쿤다, 논서치, 타솔라 다원, 그리고 블렌딩 제품은 매우 실망스러웠다. 건조한 찻잎은 카이르베타 다원의 브로큰 등급만 제외하면 전부 홀리프 수준이었지만, 닐기리 홍차의 외형과 이에 따른 등급만 가지고 맛과 향을 판단하기에는 기존의 상식과 맞지 않는 것이 많았다.

그럼에도 뭔가 나름 공통적인 특징들은 있다. 어쨌든 현재 가지고 있는 차가 기대에 못 미친다고 이들 다원을 낮게 평가해서는 안 될 것이다.

코라쿤다, 논서치, 타솔라 다원의 싱글 이스테이트 홍차는 오랫동안 좋은 평가를 받아왔고, 유명 홍차 회사에서도 꾸준히 판매하고 있다. 그리고 단일 다원 차의 장점이자 단점은 이렇게 맛의 편차가 있다는 것이다. 물론 그 편차를 좋은 방향으로 꾸준히 줄여가는 것이 다원의 실력이긴 하지만.

하부칼 다원이나 글렌달레 다원에서도 전혀 만족스럽지 못한 차가 나올 수 있다. 위에서 언급한 것처럼 닐기리 지역은 현재 CTC에서 정통 홍차로 전환하는 과정에 있기 때문에 품질에서 안정적이지 않을 수 있다. 그러니 어떤 훌륭한 닐기리 홍차가 나올지 기대를 품고 기다려보는 것도 좋을 것이다.

단 일 다 원 홍 차

포트넘앤메이슨

하부칼 다원 SFTGFOP1

닐기리의 단일 다원 홍차는 구하기가 쉽지 않아 2013년 8월 런던과 파리를 방문했을 때 눈에 띄는 대로 사서 다섯 가지 단일 다원 차를 구입했다. 닐기리는 아삼이나 다르질링과 달리 그렇게 열심히 등급 표시를 하지 않는데 아주 드물게 포트넘앤메이슨에서 판매하고 있는 하부칼 다원의 닐기리에 'SFTGFOP 1'이라고 표시되어 있었다.

자세히 보면 사진의 앞부분과 뒷부분의 찻잎 색깔이
다르다. 앞부분은 이미 채엽한 것이고 뒷부분은 아직
새로운 잎이 그대로 있다.

이렇게 멋지게 올라온 다섯 개의 찻잎 중 고급 찻잎
따기fine plucking는 윗부분의 세 장만 따는 것이고 다섯
장을 다 따는 것은 코스 플러킹coarse plucking이라고
한다.

찻잎이 채엽된 줄기의 모습

꺾인 줄기 옆으로 새로운 싹이 돋는다.

그 싹이 자라 새로운 찻잎이 된다.

귀국하자마자 트렁크를 열어 한가득 있는 홍차 중에서 가장 먼저 꺼내 우려낼 준비를 한 것이 닐기리 하부칼이었다. 건조한 찻잎은 그렇게 진하지 않은 갈색에 푸른 잎이 섞여 있었다. 푸른 기만 없다면 원난 홍차와 비슷한 외형이었다. 등급에 어울리지 않게 단아한 기품이 없고 골든 팁도 잘 보이지 않아 기껏해야 FOP급 정도로 보였다. 하지만 건조한 찻잎에서 나는 신선하고도 달콤한 향은 예사롭지 않아 흥분을 억누른 채 뜨거운 물을 부었다.

정말 "심봤다"라는 말이 입에서 나올 뻔했다. 뜨거운 엽저에서 올라오는 그 닐기리 특유의 담백한 향에 달콤함이 꽉 차 있었다. 수색 또한 황금 호박색을 띠며 엽저에서 올라오는 그 향 그대로가 맛으로 변해 입안 전체를 채웠다. 이때 떠오른 첫 느낌은 이런 맛은 결코 인공적으로는 만들지 못하리라는 것이었다.

엽저는 균일하지 않지만 유념을 강하게 하지 않았는지 상당히 큰 찻잎이 포함되어 있고 유달리 줄기가 많다. 또한 건조한 잎에서 그런 것처럼 엽저에도 푸른 기가 많은 것으로 보아 산화 또한 길게 하지 않은 듯하다.

포트넘의 홈페이지를 찾아보니 가장 귀하고 좋은 닐기리 중 하나이며, CR-6017이라는 향이 풍부한 복제종 차나무의 찻잎으로, 닐기리 홍차가 맛과 향이 가장 뛰어난 12월에서 2월 사이에 생산한 것이라고 설명되어 있었다.(매장에서와 달리 홈페이지에는 제품명이 'Nilgiri Havukal special Muscatel'이라고 되어 있다.)

판매처의 자체 상품 평이 항상 정확한 것은 아니지만, 적어도 이 닐기리 하부칼 다원의 SFTGFOP1만큼은 과장이 아닌 듯싶었다. 내가 홍차를 즐기게 된 것이 다시 한번 행운으로 느껴지는 밤이었다.

8장

스리랑카

1. 스리랑카, 화려한 홍차의 세계

스리랑카 홍차의 역사

"홍차의 이면裏面을 보면 슬프다"라는 문장을 어딘가에서 읽은 기억이 난다. 이 문장은 이렇게 맛과 향이 훌륭한 홍차를 생산하는 이면에 있는 다원 노동자들의 애달픈 이야기를 암시하지만, 사실 홍차를 생산하는 나라들 또한 슬픔의 역사를 안고 있다. 인도, 중국, 케냐, 인도네시아, 스리랑카를 모두 포함해.

스리랑카는 1500년경부터 450년간 거의 150년씩 포르투갈, 네덜란드, 영국의 지배를 받아오다가 1948년 완전히 독립했다. 1505년 포르투갈의 침략을 시작으로 1658년 네덜란드에 넘겨졌으며, 1796년 부분적인 영국 통치가 이뤄졌으며, 최종적으로는 1815년부터 1948년까지 영국식민 통치 아래 있었다. 독립한 뒤에도 식민 통치 시절 뿌려놓은 분란의 씨앗으로 1983년부터 2009년까지 26년간 내전이 지속된 불행한 역사를 안고 있다.

홍차를 알게 되면서 가장 새롭고도 크게 다가온 나라가 스리랑카다. 1972년 실론에서 스리랑카로 나라 이름을 바꿨지만 홍차는 여전히 실론의 흔적을 지니고 있다. 과거의 스리랑카는 나에게 존재감 없는 나라

•••
박물관에 있는 스리랑카의 옛 지도. 아래쪽 가운데에 검게 테두리된 부분이 차 재배 지역이다. 현재의 저지대인 라트나푸라와 갈레 지역은 표시되어 있지 않다.

였다. 관심을 끌 만한 무엇도 없는 평범한 하나의 국가일 따름이었다. 그러고 보니 아주 오래전부터 '홍차의 꿈 실론티'라는 음료 광고를 통해 실론과 홍차를 어렴풋이 연관시킨 것도 같다.

작지만 큰 홍차 강국

하지만 홍차 세계에 들어오면 스리랑카는 아주 중요하고도 큰 나라가 된다. 지난 150여 년간 인도와 함께 홍차 세계를 이끌어온 커다란 나라다. 인도 남쪽 끝 바다 건너 오른쪽에 위치한 길이 430킬로미터, 폭 220킬로미터로 남한보다도 작은 섬나라이지만, "인도의 눈물"이라는 말에 "인도양의 진주"라고 맞받아치는 멋진 나라이기도 하다.

이 작은 나라가 홍차 생산은 인도, 케냐에 이어 세계 3위(최근 중국의 홍차 생산량이 급격히 늘어 스리랑카 수준이다), 수출은 케냐에 이어 2위를 차지한다. 케냐가 대부분 CTC 홍차를 생산·수출하는 반면 스리랑카는 정통 홍차 생산과 수출에서는 여전히 세계 1위를 유지하고 있다.

스리랑카 홍차 역사는 커피나무의 비극과 함께 시작되었다. 커피 재배는 네덜란드 식민 통치 시절부터 시작되었지만, 영국 지배 아래에서 비로소 상업적 농작물로서의 가능성이 분명해졌다. 1830년경부터 시작해 영국은 빠른 속도로 밀림을 개척해 커피 농장을 만들어나갔다. 이 당시 커피 농장을 위해 새로 개척한 곳이 오늘날 최고 홍차 생산 지역인 딤불라, 캔디, 누와라엘리야 등이다.

영국은 커피 산업을 통해 많은 돈을 벌었다. 그러나 1869년 시작된 커피나무 병은 곧바로 섬 전체를 전염시켜 커피 농장 대부분을 초토화시켰다. 불행 중 다행인 것은 실론 섬에서도 미약하나마 홍차 역사가 시작되고 있었다는 점이다.

차 씨앗이 1824년 중국으로부터, 1839년 아삼으로부터 수입되어 테스트 차원에서 캔디에 있는 페라데니야 식물원과 누와라엘리야에서 재배되었던 적도 있다.

제임스 테일러

그러나 스리랑카 홍차의 아버지라 불리는 스코틀랜드인 제임스 테일러가 1867년 캔디 근처에 첫 번째 상업용 다원인 룰레콘데라Looleconderа를 만들면서 스리랑카 홍차 역사는 본격적으로 시작되었다. 이를 기념해 2017년에는 스리랑카 홍차 재배 150주년 행사를 성대히 치르기도 했다.

1875년 커피나무 병의 마지막 강타가 몰아쳐 남아 있는 농장을 휩쓸었으며, 커피나무는 모조리 땅에서 베어졌다. 그 자리에 차나무가 심어지면서 다원이 자리잡기 시작했다. 이렇게 간단히 글로 정리되지만 커피 산업이 무너지고 새로운 차 산업이 궤도에 오를 때까지 스리랑카는 경제적으로 크나큰 고통을 겪었다. 숱한 커피 농장이 방치되어 싼값에 팔렸

••••
룰레콘데라 다원으로
가는 길목에 있는
제임스 테일러 동상

산지産地를 찾아서

다. 토머스 립턴이 실론 섬에 나타나 값싼 다원을 인수하고 영리한 사업적 수완으로 홍차 왕으로 등극한 것이 이 시점이다(토머스 립턴 이야기는 뒤쪽 '우바'에서 자세히 다룬다).

스리랑카 홍차의 독특한 테루아

1년 내내 차 생산이 가능한 스리랑카는 차나무가 동면하는 겨울을 지나 새싹이 올라오는 봄이 있는 다르질링이나 중국과는 달리 계절에 따른 맛과 향의 구분은 큰 의미가 없다. 대신 대부분의 차 생산지가 산지에 위치하므로 차나무가 재배되는 고도에 따른 맛과 향의 구분이 훨씬 더 의미 있다.

이런 고도 차이는 차나무가 재배되는 토양에 다양성을 가져오고, 여기에 햇빛과 비와 바람의 양과 방향 등 변화 많은 기후가 작용하여 실론 티의 맛과 향에 선명히 구별되는 화려한 다양함을 선사한다. 물론 같은 고도에 있는 지역이라도 특별히 좋은 품질을 산출하는 시기가 따로 있는데, 이때 생산된 차를 시즈널 퀄리티Seasonal Quality라고 한다. 시즈널 퀄리티는 그 시기 그 지역만의 독특한 온도, 습도, 바람과 같은 기후의 영향을 받는다. 이는 차나무가 재배되는 지역의 지형적 특징으로 인한 것이다.

아래가 넓은 타원형, 즉 떨어지는 물방울처럼 생긴 실론 섬을 가로 세로로 네 등분으로 나누어보면 서남 사분면에 차 재배 지역이 집중되어 있다. 이 서남 사분면 동쪽에 높은 산들이 모여 있고 이 산들이 섬을 동서로 나누며, 산 양쪽 경사면을 따라 다원들이 펼쳐져 있다고 보면 된다.

이 산들을 중심으로 건기와 우기가 뚜렷이 구분된다. 12월에서 3월까지는 서쪽 면이 건조기로서 대체로 품질 좋은 차는 이때 수확된다. 이

스리랑카 또한 다원이 온 산을 덮고 있었다.
딤불라 지역의 다원

기간 섬의 동쪽은 몬순 시기로 비가 많이 온다. 반대로 5월부터 9월까지는 동쪽 면이 건조기로 품질 좋은 차를 수확하는 반면 서쪽은 몬순 시기다. 이런 식으로 지형과 기후가 미세하게 조합되어 차에 다양한 영향을 미치는 신비로운 테루아의 나라가 스리랑카다.

차 재배 지역은 고도와 위치에 따라 일곱 지역으로 구분되며, 이 각각에서 생산되는 홍차는 나름의 독특한 특징을 지니고 있다.

7개 생산 지역

1200미터 이상 고지대(하이 그론high-grown)의 누와라엘리야, 우바, 우다 파셀라와, 딤불라, 600~1200미터 중지대(미드 그론mid-grown)의 캔

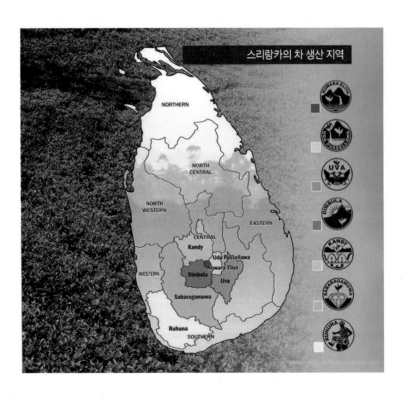

...
스리랑카의 7개
차 생산 지역

누와라엘리야
우다 파셀라와
우바
딤불라
캔디
루후나
사바라가무와

산지産地를 찾아서

디, 600미터 이하 저지대(로 그론low-grown)의 루후나, 사바라가무와로
구분된다.

대체로 고지대인 누와라 엘리야, 우바, 딤불라 지역 홍차가 오랫동안
고품질로 여겨져왔지만(우다 파셀라와는 존재감이 없다), 최근에는 저지대
홍차가 새롭게 평가받고 있다. 이런 이유에서인지 저지대 전체를 루후나
로 지칭하면서 6개 지역으로 구분하다가 2015년 전후로 사바라가무와
지역을 분리해 이제는 7개 지역으로 구분한다. 각 지역들이 고도에 따
라 정확히 구분되는 것은 아니다. 우바 지역과 딤불라 지역은 중지대에
서 고지대에 걸쳐 있기도 하다.

홍차의 맛과 향

홍차의 맛과 향을 표현하는 것은 어렵기도 하고 매우 조심스럽다. 음
용자 각자가 맛과 향을 모두 다르게 받아들일 수 있기 때문이다. 맛이
라는 것은 혀의 미뢰에서 느껴지는 물질 분자일 수도 있지만 뇌가 판단
할 때는 과거의 기억과 경험을 포괄하기 때문이다. 한 잔의 홍차를 두고
다르게 표현하기도 하고, 심지어 과거의 기억 때문에 선호 자체가 달리
표현될 수도 있다. 나도 같은 홍차를 마실 때조차 맛과 향이 항상 똑같
이 느껴지는 것은 아니다. 동일한 절차에 따라 우렸다 하더라도 마시는
내 마음과 몸의 상태에 따라 맛과 향이 다를 수 있기 때문이다. 또한 맛
과 향을 감지하는 능력은 저마다 조금씩 다르게 타고나기도 한다.

가끔씩 이 차에서는 이런 맛과 향이 나야만 한다는 고정관념에 빠져
강박감을 가지고 특정 차에서 특정한 맛과 향을 찾으려는 사람도 보았
는데, 공장에서 만드는 제품도 아닌 차가 어떻게 항상 똑같은 맛을 낼
수 있겠는가?

따라서 맛과 향은 많은 사람에 의해 공통적으로 말해지는 것과 나도

느낄 수 있는 한계에서만 제한적으로 표현하고자 한다. 독자들도 이 책에서 표현되는 맛과 향에 구속받지 말고 자기가 느끼는 그것이 바로 홍차의 맛과 향이라고 생각하면 될 것이다.

이런 전제 아래 외국 홍차 전문가들은 스리랑카 홍차는 과일 맛과 향을, 다르질링은 꽃 맛과 향을, 아삼은 떫고 강한 맛을 준다며 넓은 범주로 나누기도 한다. 이런 분류는 세밀하게 들어가면 결코 다 적용될 수는 없다. 그러나 말한 대로 아주 크게 보면 그렇게 분류할 수도 있다는 뜻이다.

다른 생산국들과 구별되는 스리랑카 홍차 전체로서의 특징도 있지만 이미 언급한 것처럼 스리랑카 홍차 안에서도 고도 차이로부터 오는 맛과 향의 특징들이 있다.

2. 고도에 따른 맛과 향의 차이

누와라 엘리야, 우바, 딤불라 지역이 속하는 고지대 홍차 생산지는 1200미터에서 2000미터 사이 고도에 위치한다. 오랫동안 이 지역에서 생산되는 차들이 실론의 가장 좋은 차로 여겨져 왔다. 높은 고도의 상대적으로 낮은 온도로 인해 차나무가 천천히 자라면서 찻잎에 맛과 향을 농축하기 때문일 것이다.

1) 누아라 엘리야

누아라 엘리야Nuwara Eliya는 고도 2000미터에 위치한 스리랑카 휴양 도시다. 누아라 엘리야는 스리랑카 말로 빛의 도시라는 뜻이다. '누아라'가 분지형 도시라는 뜻이 있는데, 스리랑카 사람들은 캔디를 '누아라'라고 부른다. 캔디가 분지에 있는 도시이기 때문이다. '엘리야'는 빛이라는 뜻으로 아마 영국 식민지 시절 이곳에 신도시를 만들면서 당시의 제1도시인 캔디의 '누아라'를 가져와 '빛의 누아라' 즉 누아라 엘리야로 부른 것 같다.

원래 도시의 목적이 영국인들을 위한 여름 휴양지였기 때문이겠지만 영국식 건물과 크리켓 경기장 등 영국풍 유산이 많아 작은 영국이라고 도 불린다. 평지처럼 넓은 도시다. 만든 사람의 이름을 딴 그레고리 호 수라는 인공호수까지 있어 고도 2000미터에 있는 도시라는 느낌은 전 혀 들지 않는다. 다만 시원한 날씨와 밤이 되면 추위를 느낄 정도로 기 온이 떨어지는 것에서 고지대임을 알 수 있다.

싱글 트리 힐과 러버스 리프 폭포

이 누아라 엘리야를 전체적으로 조망할 수 있는 곳 중 하나가 싱글 트리 힐Single Tree Hill이다. 걸어서 천천히 왕복하면 1시간 30분 정도 걸리 는 작은 산인데, 위에서 보는 누아라 엘리야 풍경이 아름답다. 뿐만 아 니라 오르내리는 작은 산 전체가 다원이다. 즉 다원 사이로 오르내린다 는 뜻이다. 산 위에서는 멀리 그레고리 호수도 보인다.

다른 한 곳은 러버스 리프 폭포다. 러버스 리프는 연인들이 몸을 던 졌다Lover's Leap는 뜻으로 스리랑카 판 로미오와 줄리엣이 이루지 못하는 사랑을 비관해 함께 자결한 폭포다. 이곳이 유명한 것은 누아라 엘리야 의 대표 다원인 페드로가 폭포 이름에 얽힌 아름다운 스토리(?)를 이용 해 페드로 다원 홍차를 러버스 리프라는 이름으로 판매하여 전 세계에 알렸기 때문이다.

폭포는 그냥 폭포일 뿐이지만 이곳 역시 오르내리는 주위가 모두 아 름다운 다원이다. 하기야 누아라 엘리야라는 도시가 큰 다원 안에 있다 고 봐도 된다. 폭포를 오가는 길에 있는 직선으로 쭉쭉 뻗어 하늘로 치 솟은 유칼립투스 나무로 꽉 찬 아름다운 숲이 인상적이었다. 이곳 역시

러버스 리프 폭포, 누아라 엘리야

위치가 높은 곳으로 싱글 트리 힐과는 다른 각도에서 누아라 엘리야의 아름다운 모습을 조망할 수 있다.

누아라 엘리야의 아름다운 호텔들

우리나라 홍차 애호가들 사이에서는 누아라 엘리야 대표 호텔로 그랜드 호텔이 많이 알려져 있다. 사실이긴 하다. 1893년에 지은 호텔은 아름다운 정원과 이국적인 건물로도 유명하다. 하지만 지난 몇 년 사이에 누아라 엘리야에 많은 호텔이 새로 지어졌다. 2009년 내전이 끝난 뒤 관광객이 늘어났기 때문이다. 2018년 세 번째 방문 때는 그랜드 호텔에서 하루, 바로 옆에 새로 지은 아랄리아 그린 힐스Araliya Green Hills(아랄리아는 스리랑카에서 흔한 예쁜 꽃 이름) 호텔에서 하루 숙박했다. 그랜드 호텔의 장중함과 우아함은 여전했지만, 다소 쇠락하는 느낌은 어쩔 수 없었다. 아랄리아 호텔이 훨씬 더 좋았다. 내 생각으로는 잠은 아랄리아 호텔에서 자고 그랜드 호텔에 있는 '딜마 숍'에서 차나 한 잔 마시면서 호텔을 구경하는 것이 좋을 듯하다. 두 호텔은 바로 붙어 있다.

누와라엘리야 인근의 호텔을 하나 더 추천하면 헤리턴스 티 팩토리 Heritance Tea Factory다. 다원 한가운데 있는 호텔로 이전의 티 팩토리를 호

···
그랜드 호텔(왼쪽)과
아랄리아 그린 힐스 호텔

텔로 개조한 5층 건물이다. 호텔 주위는 온통 차밭이다. 규모는 크지 않
았지만 고급스럽고 우아했다. 호텔 건물 내부에 있는 고객용 엘리베이
터는 옛 시절을 배경으로 한 영화에서 볼 수 있는, 철망으로 된 두 개의
문을 닫아야 움직이며, 위아래로 오르내릴 때 호텔 내부가 층층이 다
보이는 골동품이었다. 지하에서는 이 엘리베이터를 움직이는, 어른 키보
다 훨씬 큰 지름을 가진 검은 쇠바퀴도 볼 수 있었다.

객실 수도 많지 않았고, 모두 조용조용하게 분위기를 만끽하는 듯 보
였다. 마치 귀족이 되어 대접받는 느낌이었다. 사방이 차밭으로 둘러싸
인 호텔 앞 잔디밭에서 낙조를 바라보며 마시는 홍차 맛은…… 상상해
보시길.

페드로 다원

2018년에 세 번째 방문한 페드로 다원은 마케팅 지향적으로 많이 변
해 있었다. 이곳이 관광객들을 위해 공개된 다원이기는 하지만 3년 전
과는 달리 뭔가 '홍보'하고 있다는 것이 눈에 띄었다.

차를 마시고 판매하는 작은 부티크 건물 벽에 러버스 리프 샴페인
Lover's leaf Champagne, 킹 오브 드링크King of Drinks, 드링크 오브 킹Drink of

Kings이라는 문구가 적혀 있었다. 전에는 없던 것이다.

게다가 일본 기린의 '오후의 홍차'가 페드로 다원 차로 만든다는 입간
판도 있었다. 더욱더 인상적인 것은 '고산 홍차' '고산 암차'라는 제목에
(한자와 영어로) "우이산 스타일로 가공한"이란 문구가 들어가 있는 입간
판도 있었다.

중국인들이 유럽식 홍차 즉 인도, 스리랑카 스타일의 홍차를 마시기
시작한 것은 몇 년 전부터의 새로운 트렌드다. 이 책『홍차 수업』의 초판
이 나왔을 때 중국어로 곧바로 번역출판된 것도 그런 경향 덕분이다.

하지만 누아라 엘리야 페드로 다원에서(스리랑카 다른 홍차 산지도 마찬
가지였다) 이 같은 중국어 입간판을 보게 되니 뜻밖이었다. 입간판에 '우
이산 스타일로 가공한'이란 문구가 들어간 것은 고급 홍차 수요증대와
함께 생산지의 테루아가 중요해지면서 우이산 차가 유명해진 영향도 있
는 것 같다.

누아라 엘리야 홍차의 특징

누아라 엘리야 홍차는 일반적으로 스리랑카 최고의 홍차로 평가 받으
면서 '살짝 떫은 듯하면서도 달콤함을 가진 꽃 향기' '가벼운 바디감' '깔

끔한 황금빛 수색 '실론 홍차의 샴페인' '실론의 다르질링'이라고 표현된다. 하지만 이런 표현에 딱 맞는 좋은 누아라 엘리야 홍차를 구하기는 쉽지 않다.

2016년과 2017년 연속해서 포트넘앤메이슨에서 러버스 리프(페드로 다원) 다원차를 21파운드라는 고가에 구입한 이유도 좋은 누아라 엘리야 홍차에 대한 갈망 때문이었다. 하지만 여전히 기대한 맛과 향에서는 많이 부족했다. 2018년 해러즈 러버스 리프 다원차도 마찬가지였다.

그래서 2018년 방문 때는 다원에서 생산한 것을 직접 구입해보려고 작정했다. 작정까지 한 이유는 스리랑카는 생산된 홍차 대부분(약 97퍼센트)를 옥션을 통해 판매함으로써 다원에서 생산한 차를 다원에서 직접 구입하는 것이 인도만큼 쉽지는 않기 때문이다. 페드로 다원에서도 방문객들에게 차를 판매하지만 인쇄된 종이 케이스에 들어 있는 것은 시중에서도 판매하는 기성제품이다.

물론 결론적으로는 페드로 다원의 알려진 최고 등급인 FBOP 등급 제품을 직접 구입할 수 있었다. 하지만 2퍼센트 부족한 것은 마찬가지였다.

'살짝 떫은 듯하면서도 달콤함을 가진 꽃 향기' '가벼운 바디감' '깔끔한 황금빛 수색' '실론의 다르질링'과 같은 표현에서 알 수 있지만 페드로 다원의 FBOP 등급은 산화를 아주 약하게 시켜 엽저에는 연푸른 기운이 많이 남아 있다.(이런 맛과 향이 나오는 가공 방법에 관해서는 『철학이 있는 홍차 구매가이드』 '러버스 리프' 편에 아주 자세히 설명되어 있으니 참조.)

누아라 엘리야 홍차의 두 가지 맛과 향

하지만 누아라 엘리야 홍차의 맛과 향의 특징으로 널리 알려진 위 묘사가 모든 누아라 엘리야 홍차에 적용되는 것은 아니다.

마리아주 프레르의 '러버스 리프 페코', 딜마의 '누아라 엘리야 페코', 포트넘앤메이슨의 '러버스 리프 FBOP', 해러즈의 '러버스 리프' 등은 앞에서 설명한 널리 알려진 누아라 엘리야 홍차의 특징을 가지고 있다. 그리고 표시된 등급에 관계없이 찻잎의 실제 외형은 대부분 브로컨 등급이다.

반면에 로네펠트의 '인버니스Inverness estate 다원FBOPF Ex Special 1', 마리아주 프레르의 '누아라 엘리야', 팔레 드 테의 '삼 보디Sam Bodhi FOP', 세노크Senok의 '러버스 리프' 등은 전혀 다른 특징을 보여준다. 같은 누아라 엘리야에서 생산되었지만 산화도 충분히 시켰고 찻잎 또한 거의 홀리프 수준이다.

마리아주 프레르에서 판매하는 '러버스 리프 페코'와 '누아라 엘리야'는 전혀 다른 특징을 갖고 있다. 같은 회사에서도 두 가지 스타일의 누아라 엘리야를 판매한다는 뜻이다. 뿐만 아니라 마리아주 프레르의 '러버스 리프 페코'와 포트넘앤메이슨의 '러버스 리프 FBOP'는 기존에 알려진 스타일이고 세노크의 '러버스 리프'는 홀리프에 산화를 많이 시킨 스타일인 것으로 보아 같은 다원에서도 두 가지 스타일로 생산하는 것을 알 수 있다

내 판단으로는 누아라 엘리야에서 생산되는 홍차는 산화 정도와 찻잎 등급 기준(혹은 실제 찻잎 크기)으로 두 가지 스타일이 있는 것 같다.

유럽 혹은 국내에서 일반적으로 누아라 엘리야 홍차의 특징으로 널리 알려진 것은 '약한 산화, 브로컨 등급' 스타일이다. 내가 볼 때도 이 스타일이 매력적인 것은 분명하다. 하지만 로네펠트의 '인버니스 다원 FBOPF Ex Special 1'로 대표되는 '강한 산화, 홀리프 등급' 스타일도 또 다른 매력이 있는 것도 사실이다. 동일 산지에서 다른 스타일의 홍차를 생산하는 건 특별한 일은 아니다. 캔디 지역도 전혀 다른 스타일의 홍차를 생산하고 있다(뒤 캔디 부분에서 설명).

여전히 궁금한 것은 '러버스 리프'처럼 한 다원에서 두 가지 스타일을 생산한다면 어떤 기준으로 생산하느냐는 것이다. 찻잎 상태인지 혹은 계절별인지 아니면 또 다른 이유가 있는지. 다음 스리랑카 방문 때는 이 해답을 꼭 찾아보겠다. 기억할 것은 누아라 엘리야에서 생산되는 모든 홍차가 '약한 산화, 브로컨 등급' 스타일은 아니라는 것이다.

인버니스 다원 FBOPF Ex Special 1 시음기

찻잎이 들어 있는 봉지를 열면 한약재에 꽃 향이 섞인 듯한 묘하고 고급스런 독특한 향이 올라온다. 흑회색 혹은 흑갈색 찻잎은 아주 균일하고 잔 부스러기가 거의 없다. 단단히 말려 있어 유념이 잘 된 것 같다. 금빛과 은빛 사이 색상을 지난 싹들도 일부 보인다. 짙은 적색 수색이다. 맑지만 농도가 있어 찻물이 무거워 보인다. 마른 찻잎에서 나는 향이 그대로 우린 차와 뜨거운 엽저에서 올라온다. 상당한 바디감 때문인

캔디의 실론차 박물관에 있는 립턴에 관한 자료들

지 입안에서 느껴지는 맛과 향이 매우 안정감이 있다. 마실 때도 마시고 난 후에도 마른 찻잎에서 난 향이 그대로 느껴진다. 아주 좋은 차다.

또 다른 맛과 향의 누아라 엘리야를 경험하고픈 분들에게 강력 추천한다.

2) 우바 홍차

하푸탈레Haputale 지역의 담바텐네Dambatenne 다원은 토머스 립턴이 스리랑카에서 처음 구입한 것으로 알려진 다원이다.

스리랑카 커피 농장이 병으로 폐허가 된 후 홍차 다원으로 전환해가는 시기인 1890년경 토머스 립턴은 홍차 구입과 홍차 현황을 알아볼 목적으로 스리랑카에 온다. 홍차의 미래를 본 그는 이곳 하푸탈레를 중심으로 15개 남짓의 다원을 헐값에 구입하고는 "다원에서 직접 티포트로 Direct from the Tea Garden to the Teapot"라는 슬로건을 만들어가면서 영국과 전 세계에 홍차를 판매하여 엄청난 부자가 되었고 '홍차 왕'이라는 명성을 얻게 된다.

다원 근처에는 당시 립턴이 묶었다는 멋진 방갈로가 있다. 현대식으로 새 단장했지만 건물에서는 연륜이 느껴졌다. 여기에서 내려다보는 전망이 멋있다. 하지만 정말 아름다운 풍경은 다른 곳에 있었다.

Key Point

FBOPF Ex Special은 매우 드문 등급이고 뒤에서 설명할 스리랑카 저지대를 대표하는 뉴 비싸나칸데 다원의 대표 제품도 이 등급을 사용한다. 마지막 F가 패닝Fanning을 뜻하지만 두 제품 모두 찻잎은 전혀 패닝 수준이아니다. 찻잎 외형으로 봐서는 인버니스가 뉴 비싸나칸데보다는 덜 날렵하고 싹도 적게 포함되어 있다. 하지만 어떻게 보면 외형이나 맛과 향이 먼 친척이라는 느낌도 살짝 든다.

산지産地를 찾아서

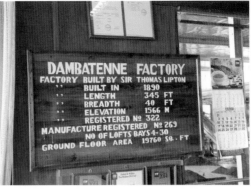

립턴 시트

담바텐네 다원에서 2000미터 높이에 있는 립턴 시트^{Lipton Seat}로 올라가는 길은 굉장히 가파르고 위험했다. 하지만 가는 도중에 펼쳐진 차밭 풍경은 무척 아름다웠다. 구름이 끼고 약간 빗방울이 흩날려서인지 찻잎은 더욱더 푸르고 깔끔했다. 산의 경사면 위아래로 펼쳐진 차밭 풍경은 정말 환상적이었다.

걸어서 올라오는 서양인 연인들을 보았는데, 이곳을 제대로 감상하려면 걷는 것이 옳다는 생각이 들었다. 조금 더 여유 있게 스리랑카를 오게 되면 나도 꼭 한번 걸어보고 싶었다.

정상에는 립턴 시트라는 팻말과 립턴 조각상이 있었다. 정상이 꽤 넓었기 때문에 사방으로 다 볼 수 있는 곳이었다. 립턴이 이곳에 자주 올라와 앉아 휴식을 취한 곳이라 립턴 시트라는 이름이 붙었다.

빗방울이 살짝 섞인 바람은 강하고 차가웠지만 너무나 기분이 좋았다. 날씨가 맑은 날은 이곳에서 스리랑카 남해가 보인다고 한다. 우리나라로 치면 대구 정도에서 남해가 보이는 셈이다. 실제로 하푸탈레 지역은 스리랑카 고지대의 남쪽 끝에 위치한다.

립턴 시트 올라가는 길
주변의 다원과 정상에 있는
립턴 동상

날씨가 흐려 아주 멀리까지는 보이지 않았지만 그래도 2000미터 높이에서 굽어보는 풍경은 인상적이었다. CNN이 아시아에서 가장 전망이 좋은 곳 중 하나로 선정했다고 하는 것이 이해가 되었다.

마케팅 재능이 상당히 뛰어난 립턴은 영국에서 온 손님들을 이 높은 곳으로 데려와 끝이 안 보이는 아래를 내려다보게 하면서 직접적으로 말하지는 않으면서도 발 아래 펼쳐진 모든 것이 마치 자신의 다원인 것처럼 보이게 연출했다는 이야기가 전해진다.

우바 홍차의 특징

우바 지역은 스리랑카 서남 사분면을 동서로 나누는 산악 지역 동쪽에 위치하여 이스턴 하일랜드Eastern Highland라고 불린다.

900~1500미터 고도에 위치하며 건조기인 7~9월 사이에 생산되는 차의 맛과 향이 가장 뛰어나다. 이 시기에 북쪽에서 카찬Cachan이라 불리는 덥고 건조한 바람이 불어온다. 이 바람 영향으로 형성되는 농축된

맛과 향, 부드럽고 우아한 특유의 민트 향이 우바 홍차의 특징이다. 스리랑카 홍차 중에서는 가장 강도가 있는 편이다. 그래서인지 독일과 일본에서 고급스런 강한 맛을 위해서는 아삼 대신 우바를 블렌딩하기도 한다. 뿐만 아니라 요즘 우리나라에서 유행하는 로열 밀크티를 만들 때 우바 홍차를 사용하면 색다른 느낌이다. 아삼과는 다른 우아한 맛이 있다. 나는 우바로 만든 밀크티를 좋아한다.

스리랑카 전체 생산량의 약 10퍼센트 정도를 차지하며 유명한 다원으로는 우바 하일랜드Uva Highland, 세인트 제임스st. James 등이 있다.

3) 딤불라 홍차

스리랑카 홍차 산지 여행은 보통 서쪽에서 시작한다. 콜롬보도, 공항도 서쪽에 있기 때문이다. 누아라 엘리야로 가기 위해서는 보통 딤불라 지역을 지나간다. 스리랑카 홍차 산지의 가장 전형적인 모습을 볼 수 있는 곳이 딤불라 지역이다.

멀리 넓은 다원 한가운데에 티 팩토리가 있다.
스리랑카의 다원 지역에는 곳곳에 티 팩토리가 있다.

거의 모든 다원이 산에 있다. 낮은 산 전부가 차나무로 덮여 있고, 계곡을 따라갈 때는 계곡 건너편에 있는 산등성이 전부가 다원이었다. 이런 다원에 심어진 차나무 사이 군데군데 야생 민트와 유칼립투스, 사이프러스 나무가 그늘막이 역할로 심어져 있다. 아삼 지역과 비교하면 굉장히 듬성듬성 서 있는 편이기는 하다.

그렇게 펼쳐진 차밭 사이 곳곳에 은색으로 빛나는 4층(혹은 5층)으로 된 티 팩토리가 있다. 티 팩토리마다 비슷한 형태의 외형을 하고 있는데, 내부 구조가 동일하기 때문에 외형이 비슷한 것은 당연하다. 그리고 숫자가 많았다. 거의 모든 다원이 자신들의 티 팩토리를 소유하고 있는 듯 보였다. 딤불라 어느 지역에서는 한 자리에서 티 팩토리 세 곳을 동시에 볼 수도 있었다.

캔디에서 출발해 누아라 엘리야로 가는 길에 블루 필드 티 팩토리Blue field tea facotry라는 일종의 홍차 쇼핑센터가 있다. 차도 마실 수 있고 쉴 수 있는 공간도 있다. 조금 더 가면 담로 티Damro Tea 라운지가 나온다.

산지産地를 찾아서

역할은 블루 필드 티 팩토리와 비슷하다. 2012년에 갔을 때는 맥우즈 라부켈리 티 센터Mackwoods/Labookellie Tea Center였는데 몇 년새 이름이 바뀌었다. 스리랑카 홍차 세계도 변하고 있다는 것을 곳곳에서 느낄 수 있었다.

티 캐슬 세인트 클래어

딤불라 지역에 스리랑카 홍차 브랜드인 믈레즈나Mlesna가 운영하는 티 캐슬 세인트 클레어Tea Castel St. Clair가 있다. 차와 다구를 파는 매장이었는데, 단순한 매장이라기보다는 믈레즈나 브랜드 홍보 역할을 담당하는 곳 같았다. 차는 물론이고 예쁜 티포트를 포함한 다구가 많이 갖춰져 있었다. 계곡 건너편으로는 폭포가 있어 전망이 더할 수 없이 좋았으며 건물은 최근에 지어진 듯했다. 건물 바깥에는 커다란 사모바르가 있고, 1층 입구에 제임스 테일러의 멋진 흉상이 보였다. 스리랑카 차 세계에서 제임스 테일러의 위상을 말해준다. 티 캐슬 매장으로 가는 길 주위의 차밭 풍경도 아름다워 가능하면 방문해보기를 추천한다.

...
믈레즈나 티 캐슬 쇼핑센터와
맞은편에 있는 폭포

딤불라 홍차의 특징

딤불라는 스리랑카 홍차 산지 중에서는 가장 깊은 역사와 대외적으로도 많이 알려진 지역이다. 우바와는 반대쪽에 위치하며 웨스턴 하일랜드Western Highland로 불린다. 1000~1700미터 사이 고도에 위치한다. 서쪽이므로 가장 품질이 좋은 퀄리티 시즌은 1~3월 사이다.

딤불라 홍차는 화려하진 않지만 입 안 가득 느껴지는, 풍부하고 적당한 강도가 장점이다. 바디감과 복합미가 있다. 깨끗하고 맑은 수색에 기분 좋은 뒷맛도 탁월하다.

...
스리랑카의 온 산과 계곡
구석구석에 펼쳐져 있는
차밭들.
플러커들이 찻잎을 따고 있다.

유명한 다원으로는 케닐워스Kenilworth, 키코스왈드Kirkoswald, 서머싯 Somerset 등이 있다. 마리아주 프레르의 '케닐월스 OP1'이 표준적인 딤불라 홍차의 맛과 향을 가지고 있다.

4) 아름다운 도시, 캔디

캔디Kandy는 스리랑카 내륙에 있는 도시다. 스리랑카 마지막 왕조인 캔디 왕국의 수도이기도 하다. 비교적 덜 덥고 숲이 많은 아름다운 도시다. 불교 왕국답게 스리랑카에서 가장 유명한 관광지 중 하나인 불치사佛齒寺도 있다. 이곳은 명칭에서 나타나듯이 부처님의 이가 안치되어 있는 곳이다. 바로 옆에 있는 인공호수와 어우러져 아주 이국적이고 고즈넉한 분위기가 인상적이다.

캔디에 있는 페라데니아Peradeniya 식물원도 가볼 만한 곳으로 굳이 홍차와 연결시키자면 1830년대 시험용 차나무가 이곳에서 재배되었고 이후 제임스 테일러도 이곳에서 차나무를 얻어갔다고 한다. 열대 식물원 그 자체를 즐기는 재미도 있다.

역시 캔디에 있는 실론 티 박물관(제임스 테일러 박물관)도 홍차 애호

불치사(왼쪽)
페르다니야 식물원(오른쪽)

캔디에 있는 실론차
박물관과 내부 모습.

가들에게는 필수적인 방문 코스다. 2002년 시내에서 조금 떨어진 한타네Hantane라는 곳에 티 팩토리를 개조하여 개관했다. 다원 지역에서 많이 봤던 건물과 똑같은 은색 외형을 하고 있다. 다만 이 건물은 5층이었다.

과거의 공장 시스템을 그대로 복원해놓고 당시 사용했던 다양한 기계를 전시해놓아 유익한 공간이다. 특히 제임스 테일러 자료나 다원 개척 초창기 관련 기록물을 갖춰 박물관 역할을 톡톡히 한다.

룰레콘데라 다원

제임스 테일러가 1867년 스리랑카 첫 번째 다원인 룰레콘데라Loolecondera를 만든 곳이 캔디 근처인 헤와헤타Hewaheta 지역이다. 그런 역사성 말고는 룰레콘데라 다원은 딱히 의미를 갖지 못한다. 다른 다원들과는 달리 아직 민영화되지 않아 관리도 제대로 되지 않고 있다.

캔디에서 2시간 정도 거리이나 지역 또한 산악 지대이므로 길이 매우 험했다. 어쨌거나 제임스 테일러를 기념하는 동상도 보고 매우 빈약하나 사후 100주년을 기념하면서 1992년에 지어진 박물관도 보았다. 제

임스 테일러 방갈로가 있다는 말에 그걸 찾아 다원이 양 옆으로 펼쳐진 계곡 깊숙이 들어갔다. 토머스 립턴의 방갈로 비슷한 것을 상상했는지도 모른다. 하지만 방갈로는 이미 없어진 지 오래였고, 있었던 자리에 돌로 된 표식만이 남아 있었다.

하지만 나는 룰레콘데라 다원이 좋았다. 매우 아름다운 다원이었다. 높은 산의 높은 경사면을 따라 길이 나 있고 길 위쪽 경사면과 아래쪽 경사면을 따라서 너무나 아름다운 다원이 펼쳐져 있었다. 높은 지역이고 하늘엔 밝은 회색 비구름이 있었지만, 기분 좋은 습기를 머금은 바람은 시원하고 상쾌하게 불었다. 이 모든 것이 조화되어 다원의 아름다움이 더욱 빛났겠지만, 몸과 마음, 눈과 영혼이 힐링 된다는 생각이 들었다. 차나무 아래쪽 짙은 찻잎을 배경으로 새롭게 돋아 올라온 옅고 밝은 연두색 어린잎이 조화된 찻잎들 물결 속으로 몸을 던져넣어 헤엄치고 싶다는 생각이 절로 들었다. 많은 다원을 다녀봤지만 오래 기억에

···
룰레콘데라 다원

산지産地를 찾아서

남는 곳이다.

캔디 홍차의 특징

중지대로 분류되는 캔디 지역은 누아라 엘리야 북쪽에 위치한 고원지대로 650~1300미터 고도에 위치한다. 서남 몬순 영향으로 비가 많은 지역이다. '담백하며 깔끔한 맛과 향'이란 표현에서 알 수 있듯 캔디 홍차는 딱히 특징이 없다고 할 수 있다. 그래서인지 '캔디'라는 단일 산지 홍차를 판매하는 회사는 드문 편이다. 내가 알기로는 스티븐 스미스 티 메이커의 'No.23 캔디Kandy', 딜마의 '프린스 오브 캔디Prince of Kandy', 블레즈나의 '캔디Kandy' 정도가 있다. 캔디 홍차는 주로 블렌딩용으로 많이 쓰인다. 아이스티로 만들어도 닐기리 못지않은 색다른 매력이 있다. 캔디 홍차 역시 뚜렷이 구별되는 두 가지 스타일이 있다. 딜마에서 판매하는 '프린스 오프 캔디'는 산화가 약하게 되고 입자가 아주 작은 브로컨 등급이다. 역시 딜마에서 판매하는 단일 다원 홍차인 '돔바가스탈라와 Dombagastalawa Single Estate FBOP'는 FBOP 등급이지만 찻잎은 꽤 큰 편이고 산화 또한 많이 되었다. 깔끔하지만 무게감은 있어 어떻게 보면 이어서 설명할 저지대 홍차 분위기를 살짝 풍긴다.

저지대는 스리랑카 홍차 생산량의 절반 이상을 차지하면서도 오랫동안 제대로 평가받지 못했다.

상대적으로 비옥한 토지에 따뜻하고 습기 많은 기후로 인해서 섬세함, 깔끔함 같은 고지대 특유의 맛이 없다. 대신 적당한 강도와 무게감으로 거친 듯하면서도 입 안 가득 바디감을 주는 것이 매력이다. 강한 차를 선호하는 중동 지역이 주된 수요처였다.

3. 저지대 홍차의 변화

하지만 저지대가 제대로 평가받지 못한 것은 고지대와 다른 테루아 외에도 고지대 다원과는 다른 생산과정 때문이기도 하다. 최근에 지속적인 품질 개선을 통해 점점 더 관심 받는 지역으로 떠오르고 있다.

스몰 티 그로워와 보트 리프 팩토리

"다원은 경계를 가진 일정한 면적을 가지고 다원 내부에 차나무를 재배하는 곳과 티 팩토리가 있으며 사람들을 고용해서 홍차를 생산하는 곳이다. 즉 다원에서 재배된 찻잎 중심으로 다원 소유 공장에서 홍차를 생산한다. 이 시스템은 인도와 스리랑카에서 19세기 중후반 영국인들이 구축한 것이다." 이것이 다원의 정의다. 스리랑카뿐만 아니라 인도나 케냐 등에 있는 다원Tea Estate들도 대체로 이렇게 구성되어 있다. 그리고 과거에는 다원들이 대부분의 홍차를 생산해왔다. 하지만 현재의 기준으로 볼 때 홍차가 꼭 다원에서만 생산되는 것은 아니다.

언젠가부터 개인이 다원 근처에 있는 (자신의) 땅에서 차나무를 재배하고 찻잎을 채엽해 가공하지 않은 생 찻잎을 이웃에 있는 다원에 판매하게 되었다. 이런 사람들이 늘어나니 또 어떤 재력 있는 사람들은(혹은 정부가) 티 팩토리를 설립해 근처에서 차나무를 재배하는 개인들로부터 찻잎을 구입해 홍차를 생산하게 되었다.

차나무를 재배해서 직접 가공하지 않고 생 찻잎을 판매하는 사람들을 스몰 티 그로워Small Tea Grower(STG 스몰홀딩Smallholding이라는 표현도 사용한다)라고 한다. 딱히 번역하자면 소규모 찻잎 생산자가 맞을 것 같다.

이들로부터 생 찻잎을 구입해(자신들 소유 차나무를 재배할 수도 있지만 주로는 구입해) 완성된 홍차로 가공하는 공장을 보트 리프 팩토리Bought Leaf Factory(BLF)라고 한다. 찻잎 구매 차 가공 공장, 좀 길긴 하지만 뜻을

산지産地를 찾아서

제대로는 담고 있는 것 같다.

저지대 홍차의 품질 문제

독립 후 스리랑카 정부는 먹고 살 방도가 없는 가난한 농민들에게 차나무 재배를 권유했고, 이들로부터 찻잎을 구매할 티 팩토리 설립도 지원했다. 이것이 주로 저지대 위주로 확산되었다. 고지대는 이미 기존 다원들이 자리 잡고 있었기 때문이다.

STG가 생산한 찻잎으로 BLF에서 생산한 차의 치명적인 단점은 품질이 좋지 않은 경우가 많은 것이다. 각각의 STG가 어떤 상황에서 어떻게 차나무를 재배하고 어떤 상태 찻잎을 채엽해서 제공하는지 BLF가 일일이 확인하기 어렵기 때문이다. 이에 반해 다원은 일관성 있고 체계적으로 차나무를 관리하고 채엽되는 찻잎의 품질도 통제할 수 있다. 스리랑카 저지대 홍차가 품질 면에서 고지대에 비해 제대로 평가 받지 못한 것은 이런 이유가 더 클지도 모른다.

이 내용을 아는 것이 중요한 것은 스리랑카 전체 생산량 중 이런 STG/BLF 시스템으로 생산하는 비중이 2017년 기준으로 약 76퍼센트다. 즉 스리랑카 홍차 생산량의 3/4이 이 시스템으로 생산되고 있다. 비중이 다를 뿐 케냐와 인도의 경우도 비슷하다.

고·중지대 생산량은 정체된 반면 지속적인 정부 지원으로 지난 20년간 저지대 생산량은 거의 2배나 증가하고 되었고 이 가운데 괄목할 만한 품질 개선이 일어나게 되었다.

저지대 홍차의 특징

2017년 기준으로 스리랑카 전체 생산량 31만 톤 중 저지대가 20만 톤으로 약 65퍼센트를 차지한다. 이렇게 많은 물량과 품질 개선 영향으

찻잎을 채엽하고 선별하며 현장에서 무게를 다는 장면.
이 팀은 전부 남자들로만 구성되어 있었다.

로 그동안 루후나로 통칭되는 저지대를 2015년 전후로는 스리랑카에서 공식적으로 북쪽의 사바라가무와Sabaragamuwa(중심 도시가 라트나푸라), 남쪽의 루후나Ruhuna(중심 도시가 갈레)로 구분하여 이제는 7개 생산지가 되었다. 저지대에 대한 관심이 증가하고 있다는 증거다. 사바라가무와 지역이 루후나보다는 재배 지역 고도가 조금 높은 편이다.

스리랑카 고지대 홍차는 높은 등급이 드물다. 즉 싹과 어린잎 위주로 채엽하지 않는 편이다. 반면에 저지대는 싹을 중시하고 홀리프 스타일 위주로 생산한다.

특이한 것은 이렇게 생산량이 많음에도 고지대와 달리 저지대 지역을 이동할 때 차밭을 보기가 매우 어려웠다. 아마도 평지에 STG의 차밭들이 흩어져 있기 때문일 것이다. 저지대 다원 중 가장 주목 받고 있는 것은 뉴 비싸나칸데New Vithanakande로 보통 다원이라고 말하지만 정확히 말하면 뉴 비싸나칸데 티 팩토리로 다원이 아니라 BLF다.

뉴 비싸나칸데 FBOPF1 Extra Special

뉴 비싸나칸데 다원 최고 등급인 FBOPF1 Extra Special의 외형은 마치 기문 하오야 같이 가늘고 건조한 듯한 찻잎에 뉴 비싸나칸데의 특징으로 유명한 금·은색 팁이 기분 좋게 섞여 있다. 아주 단정하다.

보통 홍차의 팁은 금색인데 뉴 비싸나칸데는 가공 과정에서 팁에 가능한 한 상처를 적게 주도록 유념기를 연속으로 연결시키는 방법을 사용한다.

즉 4대의 연속 유념기를 지나면서 싹은 한 번만 유념되고 찻잎이 클수록 여러 번 유념되게 하는 방법이다. 첫 번째 유념기에서 상처를 입은 싹은 금색으로, 입지 않은 싹은 은색으로 변하게 된다(이 가공방법 및 STG/BLF에 관련해서는 『홍차 수업2』에 자세히 설명되어 있다).

바디감과 무게감이 있고 연한 코코아 혹은 캐러멜 향에 달콤한 꿀 향이 조화된 듯한 맛과 향이 매우 매력적인 홍차다. 입 안에서 느껴지는 풍성함이 편안함을 느끼게 한다. 내가 가장 사랑하는 홍차 중 하나다(자세한 시음기는 『철학이 있는 홍차 구매가이드』 참조).

뉴 비싸나칸데 이외에도 딜마의 '갈레 디스트릭트 OP1', 마리아주

...
뉴 비싸나칸데 최고 등급인 FBOPF EX SPECIAL(아래) 포트넘앤메이슨에서 판매한 FBOPF1 EX SPECIAL(위). 등급 알파벳에 붙는 숫자 1은 같은 등급 중 품질이 더 좋은 것이라는 의미다.

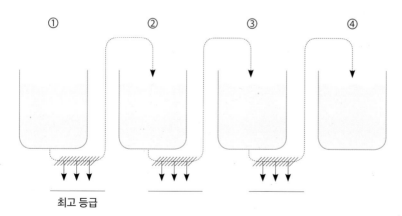

① ② ③ ④

최고 등급

프레르의 '라트나푸라 OP' 등이 저지대 홍차 특유의 맛과 향을 잘 보여 준다.

스리랑카 방문기

2012년, 2015년, 2018년 세 번 스리랑카 차 여행을 다녀왔다. 2020년 3월에도 계획되어 있었으나 코로나로 취소되었다. 2022년은 어려울 것이고 빠르면 2023년 정도에나 갈 수 있을 것 같다. 누아라 엘리야 지역처럼 세 번 모두 방문한 곳도 있지만 저지대 사바라가무와 지역처럼 한 번만 간 곳도 있다. 갈 때마다 새로운 스리랑카 모습을 보는 것이 즐겁다. 아마 100번을 간다 해도 여전히 새로운 모습이 있을 것이다. 홍차 관련해서도 마찬가지였다. 한 번 다녀올 때마다 지식은 더 늘어나지만 그만큼 궁금한 것도 더 늘어난다. 홍차에 대해 모든 것을 아는 것은 불가능하다. 하지만 마치 화두처럼 궁금한 점을 가지고 있으면 알려고 노력하게 되고 그 동안의 경험으로는 결국은 알게 된다.

아래는 첫 번째 방문 이후에 쓴 여행기의 한 부분이다. 그때의 그 느낌, 여전히 변함이 없다

떠나오는 마지막 날 밤에는 콜롬보 해안가에 있는 식당에서 파도 소리를 들으며 저녁을 먹었다. 첫날 숙박한 네곰보에 있는 호텔과 마지막 날 묵은 벤토타에 있는 호텔도 해안가에 위치해 있었다.

눈에 들어온 바다는 스리랑카 서해이며 아라비아해를 마주하는 인도양이었다. 내가 머물 때 유독 그러했는지 모르겠지만 우리나라 바다와는 달리 파도가 거칠었다. 중간에 장애물 하나 없이 인도양을 직접 대면하고 있는 스리랑카 바다는 항상 이렇게 거칠지도 모른다는 생각이 들었다.

그리고 그 바다를 통해 들어온 서양 세력에 의해 지난 500년 동안 그 파
도처럼 거친 역사를 강요당했는지도 모른다.

9장

오늘날의
중국 홍차

2019년 중국 차 생산량은 약 280만 톤으로 전 세계 생산량인 585만 톤의 약 48퍼센트다.

6대 다류 생산 비율은 2019년 기준으로 녹차 64퍼센트, 흑차 14퍼센트, 홍차 11퍼센트, 우롱차 10퍼센트, 백차 1.3퍼센트, 황차 0.3퍼센트 정도다(이들 수치는 참고자료에 따라 조금씩 다르다).

중국 차 생산량은 중국 경제 성장과 함께 엄청난 속도로 증가하고 있다. 2008년 126만 톤에서 10년 만에 2배 이상 증가했다. 6대 다류 사이의 성장 비율은 조금씩 달라 녹차와 우롱차는 현상 유지 혹은 감소 추세이고 흑차류, 홍차, 백차 등이 성장률이 높은 편이다. 특히 홍차 생산량 증가가 빠르다. 수출 목적보다는 최근 들어 중국 젊은이들의 홍차 음용 증가가 중요한 역할을 하고 있다. 해외여행을 통해 친숙해진 아이스티, 밀크티 음용이 늘어나면서, 이에 적합한 홍차를 스리랑카, 인도, 케냐 등으로부터 수입하기도 한다. 중국인들이 차를 많이 마신다고 알려져 있지만 일인당 음용량으로 보면 세계 10위권 전후다. 이것도 위에서 본 것처럼 급격한 생산량 증대가 대부분 국내에서 소비된 결과로 나타난 최근 수치다. 차를 정기적으로 마시는 인구 비율도 35퍼센트에 불과하다. 앞으로 소비량이 더 늘어날 여지가 많다는 뜻이기도 하다.

참고로 차 생산량은 1위 중국, 2위 인도, 3위 케냐, 4위 스리랑카이지만, 이들 네 나라의 국내 소비와 수출 성향은 명확히 구분된다. 즉 중국과 인도는 90퍼센트 전후를 국내에서 소비하고 10퍼센트 정도만 수출한다. 반면 케냐와 스리랑카는 일부만 국내에서 소비하고 대부분 수출한다.

중국 홍차의 변화

서양에서 녹차와 구별되는 차로서 홍차 역사를 300년 정도로 본다면 '중국 홍차'라는 용어를 쓴 것은 160년 정도밖에 안 된다. 왜냐하면 인도에서 홍차가 생산된 지 160년 정도밖에 되지 않았고 그전에는 홍차 하면 모두 중국 홍차이니 따로 '중국 홍차'라고 부를 필요가 없었기 때문이다. 하지만 이제는 '중국 홍차'라고 부르고 있듯이 중국 홍차는 홍차 주류에서 약간 벗어나 있지만, 그럼에도 여전히 특별한 하나의 홍차로 취급되며 그만큼 인도나 스리랑카 홍차와는 구분되는 뚜렷한 특징이 있다.

중국 홍차(어쩌면 현대 중국 홍차라고 하는 것이 더 정확할 것이다)의 가장 큰 특징은, 인도·스리랑카 홍차와 비교해서 말하자면 떫지 않고 부드러우며 달콤한 맛과 향이다. 서양인들은 중국 홍차를 우유와 설탕 없이도 감미롭고 달콤한 맛을 내는 차라고도 말한다.

이러한 현대 중국 홍차 특징은 과거와는 달라진 가공 방법에서의 변화에 따른 것이다. 첫째는 과거보다 싹을 많이 사용하고, 둘째는 유념도 부드럽게 하고, 셋째는 산화를 충분히 시키는 방향으로 변화했다.

골든 팁이 많은 전형적인
중국 홍차 외형

현대 중국 홍차 특징

싹에는 당분과 아미노산 등 맛과 향에 가장 이상적인 차 성분이 포함되어 있다. 아주 최근에 와서야 인도, 스리랑카에서 생산되는 고급 홍차에 싹을 꽤 포함시키기도 하지만 전통적으로는 싹을 잘 포함하지 않았다. 반면에 현재 판매되는 중국 홍차는 대부분 싹을 많이 포함하고 있다.

중국 홍차가 인도나 스리랑카 홍차보다 비교적 크고 온전한 잎 형태를 가지는 것은 유념을 다소 부드럽게 하여 가능하면 원래의 찻잎 형태를 유지하려 하기 때문이다. 이런 부드러운 유념이 찻잎에 상처를 적게 내 차즙이 잎 표면에 천천히 퍼지게 하고 이것이 산화를 천천히 하게 하는 역할을 한다.

산화 과정 중 찻잎 속에 들어 있는 카데킨 성분이 테아플라빈·테아루비긴 성분으로 전환된다. 테아플라빈은 황금색 수색을 띠고 다소 거친 맛의 속성이다. 테아루비긴은 적색의 수색에 감미롭고 부드러운 속

케냐의 엠록 다원(EMROK)
홍차. 케냐 홍차의 수준을
바꾼 놀라운 홍차다.

성이다. 산화를 천천히 충분히 시키면 테아루비긴 양이 많아지고 맛은 부드럽고 감미로워진다(이 내용과 관련해서는 15장 '홍차의 성분과 건강'에 자세히 설명되어 있다).

일반적으로 중국 홍차는 인도나 스리랑카 홍차보다 긴 산화 시간으로 인해 부드럽고 달콤한 성질을 띤다. 앞에서 현대 중국 홍차 특징으로 말한 "과거보다 싹을 많이 사용하고, 유념을 부드럽게 하고 산화를 충분히 시킨다"는 것은 사실은 연결된 말이기도 하다. 싹을 많이 포함하면 싹을 보호하기 위해 유념을 부드럽게 해야 하고, 유념을 부드럽게 하면 자연히 산화 속도는 늦어질 수밖에 없다. 그리고 이 똑같은 패턴이 최근에 다르질링이나 아삼, 케냐에서 고급 홍차를 생산하면서 동일하게 일어나고 있다.

아삼 시대의 영향

중국 홍차의 부드럽고 감미로운 이런 특징은 19세기 말 인도 홍차의 등장으로 일어난 홍차 세계의 격변으로 인한 영향도 있다. 1859년만 하더라도 영국은 수입한 차 3만2000톤 전량을 중국에서 가져왔다. 40년이 지난 1899년 인도에서의 생산량은 10만 톤 수준에 이르고 중국에서 수입한 양은 7100톤으로 급감한다.

영국이 아삼에서 홍차 생산을 본격화하자 중국은 영국이 개발한 홍차 가공법을 알아보기 위해 인도로 기술자를 파견하는 등 상황을 파악하려고 노력을 기울인다. 하지만 강한 유념을 통해 획일적으로 생산하는 인도식과는 달리 중국의 장점을 살리는 쪽으로 방향을 정했고 그것이 현대 중국 홍차 특징이 되었다.

가장 대표적인 중국 홍차인 기문(치먼), 윈난, 골든 멍키와 최근 유행하고 있는 금준미에 대해 알아보자.

1. 안후이성의 기문

중국 홍차의 대표가 기문 홍차다. 기문 홍차는 홍차로는 유일하게 중국 10대 명차에 자주 포함된다. 또 흔히 다르질링, 우바와 함께 세계 3대 홍차라고 부른다. 물론 이 세 홍차가 훌륭한 것은 분명하지만 세계 3대 홍차라는 말의 출처가 어디인지 혹은 그 기준이 무엇인지는 알 수 없다. 서열 매기기를 좋아하는 일본인이 한 것이 아닌가 추측해본다.

안후이성 기문祁門(현지 발음은 치먼)에서 1875년경부터 생산된 것으로 1915년 파나마 태평양 만국박람회에서 금상을 받아 세계적인 명성을 얻었다. 제대로만 우리면 그야말로 떫은맛은 전혀 없고 투명하고 맑은 적색 계열 수색을 가지는 우아한 홍차다.

훈연향이 나지 않는다

기문 홍차에 훈연향이 난다는 것이 가장 잘못 알려진 홍차 지식 중 하나다. 기문 특유의 약간 중국스러운 향이 훈연향이라고 잘못 알려져 있다. 훈연燻煙은 인공적으로 연기를 쐰 것으로 전통적으로 이렇게 가공하는 것은 앞에서 설명한 정산소종·랍상소우총 뿐이다. 기문 홍차 가공에는 연기를 쐬는 과정이 없다. 따라서 정통 기문 홍차에서는 결코 훈연향이 나지 않는다. 만일 기문 홍차에 뚜렷이 훈연향이 난다면 그것은 인공적으로 첨가한 것이다. 좋은 기문의 깨끗하고 깔끔한, 과일 향 같으면서도 뭔가 아련한 것이 더해진 듯한 느낌이 고급스럽다. 서양인들은 이 기문의 맛과 향을 건조한 카카오 매스 향에 난꽃 향이 더해졌다거나 혹은 코코아나 초콜릿 맛, 달지 않지만 쓴맛도 없는 매혹적인 성질이라고 말하기도 한다. 워낙 독특한 향이다보니 기문향Qimen Fragrance이라는 말을 만들어내기도 했다.

이런 독특한 향은 기문 홍차를 만드는 차나무 품종에 비교적 아미노산 성분이 많고 또 이 품종에만 있다는 미르세날myrcenal이라는 성분 때

문이라는 주장도 있다. 이 성분은 산화 과정을 거쳐야만 발현된다고 한
다. 따라서 같은 품종이지만 녹차로 만들었을 때는 평범한 차가 되었지
만 홍차로 만들면서 탁월한 차로 변한 것이다.

　또 하나는 안후이성 남쪽 끝 황산과 양쯔강 사이에 위치한 낮은 지
역이라는 산지의 자연환경 영향도 있다. 이런 지형 영향으로 비가 많이
와서 습도는 높지만 기온은 상대적으로 낮다고 한다. 이런 다양한 요
소가 합해져서 세상에 둘도 없는 독특한 맛과 향을 가진 홍차가 생산
되고 있다.

기문 마오펑 vs. 기문 하오야

　유럽 차 회사들은 기문 마오펑Keemun Maofeng과 기문 하오야Keemun Hao
Ya로 분류해서 판매하기도 한다.

　기문 하오야 찻잎은 직선의 가늘고 작고 까만 모양이며, 마오펑은 조
금 튼실하고 약간 굽은 모양이고 무엇보다도 골든 팁이 많다. 이것은 마
오펑이 하오야보다 조금 빠른 시기에 채엽될 뿐만 아니라 싹도 포함 된
데서 오는 차이다. 마오펑은 이 골든 팁으로 인해 미묘함과 달콤함이 있

왼쪽이 포트넘앤메이슨의 '기문 마오핑' 찻잎이며 오른쪽은 티펠리스의 '기문 하오야'다. 한눈에 두 찻잎의 특징을 알 수 있다.

는 우아하고 가벼우며 세련된 맛을 준다. 조금 늦게 채엽되는 하오야는 그만큼 성숙한 맛이 있고 싹이 거의 포함되지 않다보니 달콤함보다는 힘 있는 맛이 특징이다. 우리가 비교적 쉽게 볼 수 있는 기문은 하오야 스타일이다.(마오핑 중에서도 최고급 등급으로 홍향라紅香螺라는 홍차도 있다)

하지만 최근 들어 유럽 홍차 회사들이 이런 분류법보다는 인도, 스리랑카 홍차처럼 싹이 많은 마오핑 류는 SFTGFOP, 싹이 상대적으로 적거나 없는 것은 FOP 같은 등급 시스템을 적용하기도 한다.

기문은 또한 고급 가향차를 위한 베이스 차로도 많이 쓰이며(포트넘앤메이슨의 유명한 가향차인 로즈포우총이 기문 마오핑에 장미향을 블렌딩한 것이다), 미국 홍차 회사인 하니앤손스의 잉글리시 브렉퍼스트는 특이하게도 기문으로만 되어 있다.

2. 윈난성의 전홍

차나무가 기원한 곳으로도 유명하고, 보이차 생산지로도 유명한 윈난성에서 생산되는 홍차가 전홍이다. 滇이란 글자가 윈난성을 의미하므로 전홍滇紅은 윈난 홍차라는 뜻이다. 기문 홍차와 함께 중국을 대표하는

홍차다. 하지만 윈난에서 홍차를 생산하기 시작한 것은 그리 오래되지 않았다.

　1937년 일본이 중국 침략을 본격화 하면서 중국 동남 해안의 수출항이 점령되어 저장성, 후난성, 푸젠성 등 기존 차 생산지에서 생산된 차들의 수출이 막히게 된다. 국민당 정부는 차를 팔아 전쟁 비용으로 충당할 목적으로 당시 이웃한 버마(미얀마)를 통해 차를 수출할 수 있었던 윈난 지역에서 홍차 생산을 검토하게 된다.

　린창시 펑칭鳳慶에서 1939년부터 전홍을 생산하기 시작했으며 홍콩을 통해 영국으로 수출하여 반응이 좋아 고가에 판매되었다고 한다. 이후 전홍은 기문 홍차와 함께 중국 홍차를 대표하게 되었으며 1986년 쿤밍을 방문한 엘리자베스 여왕이 전홍을 선물 받은 것이 이슈가 되기도 하여 점점 더 유명해졌다.

　현재 전홍은 윈난 전 지역에서 생산되지만 특히 처음 생산된 곳인 펑칭鳳慶 지역(이웃한 윈현까지 포함)이 생산량도 가장 많고 품질도 가장 좋은 것으로 알려져 있다.

*** 골든 팁으로로만 이루어진
전홍금아

윈난성은 남한의 약 네 배 넓이로 연간 40만 톤(2017년 기준) 정도 차를 생산하여 푸젠성과 중국 내 생산량 1, 2위를 다툰다. 중국 전체에서도 홍차 생산량이 급격히 증가하고 있지만 윈난성에서도 대규모 CTC 생산 공장까지 설립되어 트와이닝 등 세계적인 차 회사에 전홍을 공급하고 있다.

전홍 중에서 100퍼센트 싹으로만 이뤄진 것을 금아金芽라고 부른다. 전홍은 대엽종으로 만드는 것이 다른 중국 홍차와의 큰 차이점이다(전홍에 대해 더 깊게 알고 싶은 독자는 『홍차 수업2』의 '중국의 홍차 생산 시스템: 윈난성을 중심으로' 참조).

3. 푸젠성의 골든 멍키

유럽 차 회사에서 판매하는 중국 홍차 가운데 골든 멍키Golden Monkey라는 차가 있다. 절반 정도가 골든 팁으로 이뤄진, 파마머리를 잘라놓은 듯 고불고불한 외형을 하고 있는 차다. 푸젠성 북쪽 해안의 푸안福安이라는 도시 근처에서 생산되는 것으로 탄양궁푸坦洋工夫(탄양은 지명이며,

*** 홍콩의 명차明茶에서
판매하는 탄양공부차

공부는 노력과 시간을 들여 만든 차라는 뜻이다. 한자로 工夫 혹은 功夫 둘 다 사용한다)라는 중국 홍차의 한 종류다.

1850년경 중국 홍차 수출항이 광저우에서 푸젠성 푸저우로 옮겨오면서 푸젠성 홍차 수출량이 급격히 증가할 무렵 처음 생산되었다.

전홍금아와 맛과 향이 비슷하면서도 찻잎이 주는 적절한 강도로 인해 금아보다는 좀더 힘이 있다는 느낌을 준다. 싹과 잎의 적절한 균형으로 안정감 있는 골든 멍키의 조화로움이 좋다.

중국 차의 새로운 트렌드

근래 중국 차의 새로운 트렌드 중 하나는 중국 내 다른 지역에서 생산되는 차와 생산과정에 관심을 두고 이를 적용 혹은 활용하는 것이다. 중국은 각 지역마다 특화된 차와 생산방법으로 오랫동안 "어느 지역(성)에는 어느 차"라는 식으로 전문화되어 있었다.

근래 들어 이런 경계가 서서히 없어지고 있다. 예를 들면 긴압시키는 방법은 보이차(혹은 흑차)에 매우 특화된 것이었으나 지금은 일반적으로 사용하며 푸젠성에서 생산하는 백호은침과 수미 같은 백차에도 사용한다.

전홍금아 중에서 전홍금라 혹은 금라홍金螺紅(Golden Snail)이라고 불리는 차는 독특한 형태로 유명한 장쑤성 녹차인 벽라춘碧螺春을 본 따 만든 것이다.

윈난성에서 만드는 백차인 월광백은 푸젠성 백차인 백모단 스타일을 모방했다.

이런 영향이겠지만 유럽 차 회사에서 판매하는 골든 멍키 킹Golden Monkey King, 윈난 멍키 킹Yunnan Monkey King이라는 홍차가 있다. 골든 멍키와 이름도 비슷하고 싹이 많이 포함된 것도 비슷하지만 푸젠성이 아니라 윈난성에서 만들어진다.

4. 너무 비싼 홍차, 금준미

경제 발전으로 부유해진 중국인들이 고급 차에 본격적으로 관심을 갖게 된 시기를 2006년 전후로 보는 견해가 있다. 이 무렵 처음 만들어진 홍차로 매우 비싼 가격으로 유명해진 것이 금준미金駿眉다. 홍차 탄생지로 알려져 있고 훈연향이 나는 홍차인 정산소종으로 유명한 우이산 통무촌에서 개발되었다.

싹으로만 만들어져 이름처럼 금색의 멋진 외향을 가진 금준미는 부드럽고 깔끔하고 고급스런 맛과 향을 가지고 있지만, 다소 무거운 듯한 느낌도 있다. 같은 계열로 가격이 낮은 은준미銀駿眉도 있다. 정산소종과는 달리 훈연은 하지 않았다.

좋은 홍차임은 맞지만 가격이 너무 비싸다. 처음 개발한 곳으로 알려진 정산당에서 판매하는 금준미는 100그램에 40만 원 정도로 매우 고가다.

이런 유명세와 고급 이미지로 인해 통무촌 외 중국의 다양한 지역과

···
정산당 금준미(왼쪽)와
금준미의 일반적인 외형

산지産地를 찾아서

인도네시아 등을 포함한 다른 홍차생산국에서도 금준미가 생산된다. 마케팅 요소가 너무 강하게 작용하는 듯한 느낌이 들어 나는 그다지 좋아하지 않는 편이다.

🫖 *Tea Time* ⋯ 인도·스리랑카 홍차와 중국 홍차의 유통상 특징 및 그 배경

인도나 스리랑카의 최고 등급 홍차는 대체로 유럽을 포함한 선진국 차 회사들을 통해 구입할 수 있다. 인도나 스리랑카에 직접 간다고 해서 더 좋은 홍차를 구입한다는 보장이 없다. 국내 소비력이 낮아 고급 홍차 즉 비싼 홍차는 대부분 유럽을 포함한 홍차 선진국으로 수출되기 때문이다. 다만 인도 다르질링 같은 차 산지를 직접 방문해서 다원에서 구입하는 경우는 가끔씩은 좋은 차를 접할 수 있다. 일단은 신선하기 때문이다.

2019년 4월 다르질링 방문 때는 다르질링 타운에 있는 차 판매점에서 비록 고가이지만 상당히 훌륭한 퍼스트 플러시를 구입하기도 했다. 하지만 이것은 차 생산지로서는 특이하게 외국 관광객이 많이 오는 다르질링이라는 매우 특수한 곳에 한정된 특징이라고 볼 수 있다.

이런 경우가 아니라면 인도나 스리랑카에 여행가는 차를 모르는 지인에게 좋은 차를 사오라고 부탁해서는 원하는 품질의 차를 얻을 가능성이 매우 낮다.

그리고 인도, 스리랑카에서 생산되는 홍차 가격이 그렇게 비싸지 않다. 기본적으로 대량 생산 시스템이기 때문에 생산비도 낮고 따라서 판매가도 낮다. 따라서 서양인들은 홍차라는 음료 가격이 그렇게 비싼 것이라고 생각하지 않는다. 아주 최근 들어 어떻게 보면 특수를 누린다고 볼 수 있는 다르질링 홍차, 그중에서도 퍼스트 플러시 가격이 지나치게 높아지는 현상은 매우 예외적인 경우다.

반면 중국 홍차는(모든 중국 차가 그렇지만) 오래전부터 여러 경로를 통해 중국에서 직접 수입되는 물량이 많다. 그리고 이렇게 수입된 홍차 중에서는 유럽 홍차 회사에서는 구입하기 어려운 매우 탁월한 맛과 향의 홍차가 가끔씩 있다. 물론 가격도 유럽의 판매가보다 훨씬 비싸다.

왜 인도, 스리랑카 홍차와는 상황이 다를까?

중국에서는 매우 다양한 품질과 가격대의 홍차(모든 중국 차가 그렇겠지만)가 생산되고 있다. 중요한 것은 높은 가격대의 홍차를 구입하는 중국 국내 소비자들이 있다는 것이다. 중국 경제가 급성장하면서 소득이 늘어나자 고급 차에 많은 돈을 지불할 의사가 있는 소비자층이 생겨났기 때문이다.

반면에 이렇게 높은 가격대의 홍차는 유럽에서는 판매되기 어렵다. 유럽 소비자들이 일반적으로 받아들이는 홍차 가격대보다 훨씬 높기 때문이다. 따라서 어떻게 보면 아주 고급의 비싼 중국 홍차는 유럽으로는 수출될 수도 없고 수출되지도 않는다. 따라서 유럽 등에서 판매하는 중국 홍차는 유럽 소비자들이 받아들일 수 있는 적당한 가격에 적당한 품질이어야만 한다. 물론 우리가 알고 있는 것 말고 아주 극소수를 위한 그들만의 유통망이 따로 있을 수 있다. 이것은 우리로서는 알 수 없다.

중국 현지에서 전문가의 도움을 받아서 직접 구입하거나 국내 판매처를 통해서 구입할 경우는 아주 좋은 홍차를, 비록 비싸도 구입할 수 있다. 하지만 차를 잘 아는 전문가의 도움을 받기도 어렵고, 국내에서도 어떤 경로를 통해 좋은 홍차를 구입할 수 있는지가 잘 알려져 있지 않

산지産地를 찾아서

다. 나 역시 잘 모른다.

내가 (유럽에서 판매되는) 홍차를 좋아하는 이유 중 하나가 공개된 가격에 공개된 유통망을 통해 누구나 필요할 때 구입할 수 있기 때문이다. 이런 이유로 나는 중국 홍차도 유럽 차 회사에서 판매하는 다양한 가격대의 제품을 애용하는 편이다. 물론 좋은 중국 홍차를 선물 받거나, 현지 방문을 통해 좋은 홍차를 구입하는 행운도 있긴 하지만 지속적일 수는 없다.

중국 홍차의 또 다른 어려움은 종류가 너무 많다는 것이다. 일반적으로 알려진 중국 홍차는 기문 홍차, 윈난 홍차, 윈난 금아, 정산소종, 랍상소우총, 쓰촨 홍차, 이싱宜興 홍차, 골든 멍키, 금준미 정도다. 또 이 정도 종류를 유럽 등의 홍차 회사에서 판매한다. 그런데 중국에서 국내로 수입되는 홍차는 이런 종류를 기반으로 하지만 새로운 이름들이 많고 자꾸만 그 종류도 늘어나고 있다. 반면에 맛과 향에서는 그 차이가 뚜렷하지 않다.

따라서 내가 아카데미 수업에서 사용하는 중국 홍차는 유럽에서 판매되고 있는 어느 정도 검증된 것 위주다. 쓰촨 홍차만 하더라도 최근에야 유럽 차 회사에서 판매하기 시작했다.

홍차의 역사를 쓴
브랜드들

런던과 파리 홍차 여행을 하고 돌아온 뒤, 여행 뒤풀이를 할 겸 일행이 서울에서 다시 모였다. 그중 한 명이 나에게 "반장님이 런던에서 '포트넘앤메이슨에 오면 삶에 무언가 변화가 있을 줄 알았는데 아무것도 일어나지 않아 허무하다'고 말한 게 기억난다"고 했다.(나는 홍차를 좋아하는 사람들이 모여서 공부하는 모임의 반장이다. 런던과 파리에도 이들과 함께 갔었다.)

정말 그랬는지도 모른다. 홍차를 처음 알게 되고 공부하면서 내가 가장 선호한 홍차 브랜드가 영국의 포트넘앤메이슨이다. 어쩌면 포트넘앤메이슨 홍차는 내가 홍차를 판단하는 기준점이었는지도 모른다. 물론 이건 나의 개인적인 선호이며 그 이상도 이하도 아니다. 이외에도 좋은 홍차 브랜드가 많다. 이 홍차가 시작된 런던의 포트넘앤메이슨에 가보면 내 삶에 어떤 계시가 있을지도 모른다는 막연한 상상을 했는지도 모른다. 어쩌면 그런 기대가 있었기에 정말 많은 시간을 홍차 공부에 투자하고 스리랑카, 인도, 타이완 등 다양한 산지를 방문한 뒤 이제 '그곳'에 가보자는 심정이었던 것 같다. 런던의 바쁜 일정 속에서도 유일하게 두 번 방문한 곳, 그리고 런던을 떠나기 전에 마지막으로 간 곳도 포트넘앤메

포트넘앤메이슨 매장

이슨 매장이었다.

물론 내 인생에서 눈에 보이는 무언가는 일어나지 않았다. 하지만 '그곳'에 '가보기' 위해 내가 보낸 그 시간들은 여전히 내 기억 속에 있고, '가서 본 것'도 여전히 내 기억 속에 있으므로 분명히 어떤 변화는 있을 것이다.

역사

1707년 대여업을 하는 휴 메이슨Hugh Mason과 궁전에서 근무하던 윌리엄 포트넘William Fortnum이 함께 식료품과 차를 취급하는 사업을 시작하면서 포트넘앤메이슨이 탄생했다. 특히 차는 이들의 사업에서 중요한 아이템이었는데, 포트넘의 친척 중 한 명이 당시 차를 독점 수입하던 영국 동인도회사에 근무한 것이 많은 도움이 되었다고 한다.

1700년대 전반만 하더라도 영국에서의 홍차는 지금으로서는 상상도 할 수 없을 만큼 귀하고 비싼 기호품이었다. 기록에 따르면 1756년경에도 여전히 상류층인 귀족들만이 마시는 음료였다. 이는 중국에서 영국까지 12~15개월 걸려 가져오는 데 소요되는 비용과 당시 차에 부과된 높은 세금 때문이었다.

상황이 이렇다보니 위조 차와 밀수 차가 범람했다. 포트넘앤메이슨은 이런 환경에서도 정식 수입된 고품질 차를 공급했다. 그러니 이런 차를 원했던 고객들이 품질로나 법적으로나 신뢰할 수 있는 차를 구하기 위해 포트넘앤메이슨을 방문했고, 이런 신용을 바탕으로 꾸준히 성장했다. 이런 신뢰에서인지 그 후 포트넘앤메이슨은 오랫동안 영국 왕실과의 거래를 유지했다.

1867년 9월 빅토리아 여왕의 장남이자 이후 에드워드 7세가 되는 앨버트 왕자에게 식료품과 차를 납품하도록 지명되는 것을 시작으로 많

홍차의 역사를 쓴 브랜드들

포트넘앤메이슨 매장의 내부

포트넘앤메이슨 매장 내부

은 왕실 인증을 받았다. 현재도 여전히 여왕과 찰스 황태자를 위해 차를 포함한 식료품을 공급하고 있다고 한다. 이런 인언 때문인지 로열 블렌드, 퀸 앤, 주빌리 블렌드, 웨딩 브렉퍼스트, 스모키 얼그레이 등 왕실과 관련된 많은 홍차 블렌딩 제품이 있다.

피카딜리 광장에서 리츠 호텔과 그린 파크로 이어지는 길을 따라 가다보면 붉은 벽돌 건물에 하얀색 창들이 유난히 많은 고풍스런 7층 건물이 보인다. 3층에는 그 유명한 시계가 달려 있고, 1층은 포트넘의 상징인 민트색으로 도색되어 있다. 출입문 바로 위에는 왕과 왕비King and Queen라는 닉네임이 붙은 철로 만든 남녀 조각상이 놓여 있다. 이 부분은 몇 년에 한 번씩 디자인을 변경한다. 이 조각상 이전에는 티 포트, 찻잔, 소서, 밀크 저그 등이 커다랗게 입체로 디자인되어 있었다.

원래는 식료품 전문 매장이었지만 지금은 홍차, 커피, 잼, 와인 같은 것 말고도 많은 가정용품을 취급하고 있다. 문을 열고 들어가면 그라운드 층(우리나라의 1층을 그라운드 층이라고 하고 우리나라의 2층을 1층이라고 함)이고 이곳에 홍차와 커피 등의 매대가 있다. 포트넘앤메이슨이 홍차를 매우 중요시한다는 것은 이것만 봐도 알 수 있다. 아주 고급스러운 매장이었다. 또한 공간을 여유 있게 활용해 우아함을 더했다. 내가 그토록 와보고 싶어하던 바로 그곳에 '드디어 왔다'는 생각에 숱한 상념이 떠올랐다. 최근에 홍차 틴의 디자인이 전면적으로 교체되어 주로 새로운 디자인 중심으로 진열되어 있었다. 고전적인 디자인에서 좀더 밝고 화려한 방향으로 바뀌었다.

벽면으로는 소분 판매용 잎차가 담긴 커다란 통이 있었고, 정장을 입은 남자 직원들이 친절하게 질문에 답하면서 판매하고 있었다.

스테디셀러, 베스트셀러 제품은 대부분 갖고 있기 때문에 그 코너에서 다원차를 구입했다. 이번에 구입한 것 중 기문 홍차와 닐기리 하부칼 다원 그리고 스리랑카 저지대 홍차인 뉴 비싸네칸데가 탁월한 선택이었다.

변화

포트넘앤메이슨은 대중 판매보다는 홍차 마니아를 위한 전통적인 고급 홍차를 취급하는 전략을 취한다.

매장 수와 판매 제품 종류를 봐도 최근 홍차 트렌드와 다소 동떨어진 느낌이 드는 것도 사실이다. 설립이후 300여 년 동안 매장 수가 런던에 단 1개였다. 다행히 최근 들어 변화가 있다. 2013년 11월에 유로스타 런던 출발역인 세인트 판크라스에 두 번째 매장을 냈다(차를 구입하고 마실 수도 있다). 2014년 12월에는 런던 히드로 공항에 판매 매장과 간단한 샴페인 바 스타일의 매장을, 2018년 11월에는 런던의 유서 깊은 건물인 로열 익스체인지에 새 매장을 출점했다. 이곳에는 식사도 하고 애프터눈 티도 즐길 수 있는 바 앤 레스토랑도 함께 있다.

···
로열익스체인지매장(아래)과
출점 기념으로 출시한
로열익스체인지(위).
이 홍차는 로열익스체인지
매장에서만 판매한다.

홍차의 역사를 쓴 브랜드들

포트넘앤메이슨은 국내뿐만 아니라 해외에서도 직접 우려 판매하는 매장은 좀처럼 출점하지 않았는데 2019년 11월 홍콩에 애프터눈 티를 마실 수 있는 매장을 냈다(2014년 오픈한 두바이 매장은 철수했다).

포트넘앤메이슨의 이런 변화는 아마도 홍차 고급화의 영향인 것 같다. 통계에 따르면 영국 음용자 95퍼센트가 값싼 티백을 강하게 우려 설탕과 우유를 넣어 마신다고 한다. 하지만 이런 음용 방식이 몇 년 전부터 영국 젊은이들을 중심으로 고급 잎차에 대한 수요로 바뀌고 있다.

그리고 이 고급화 추세와 관련이 있겠지만 호주 브랜드인 T2 매장을 위시하여 2018년에는 마리아주 프레르가 차를 구입하고 마실 수도 있는 첫 번째 매장Tea Emporium and Restaurant을 내고 싱가포르의 TWG가 아주 화려한 매장 2곳을 런던에 출점한 것 등도 영향을 미친 듯하다.

판매 제품 목록 변화

최근 들어서는 판매하는 제품에도 많은 변화가 있다. 그동안은 주로 고전적인 블렌딩 홍차 혹은 일부 단일 산지 홍차 그리고 역시 클래식한

가향차 위주였다면 이제는 고급스런 나무박스로 포장한 다양한 다원 홍차를 비롯하여 타이완 우롱차인 동방미인, 중국 녹차인 벽라춘까지 판매하면서 범위를 넓히고 있다.

그동안 판매한 티백은 사각형 종이 필터에 아주 작은 입자의 찻잎을 넣은 것이었다. 틴에 들어 있는 로열 블렌드와 티백 형태 로열 블렌드는 이름은 같지만 사실은 전혀 다른 맛과 향이었다. 같은 홍차라도 찻잎 크기가 다르면 그건 다른 홍차라고 보면 된다.

최근에는 삼각 티백에 큰 찻잎을 넣은 고급 티백 제품도 출시했다. 100퍼센트는 아닐 수 있지만 이 경우는 틴에 든 로열 블렌드와 삼각티백에 든 로열 블렌드는 같은 홍차라고 보면 된다.

가장 큰 변화는 가향차에서다. 앞의 가향차에서도 언급했지만 최근에 오디 티Oddi Teas라는, 기존 가향차와는 파격적으로 다른 맛과 향을 내는 가향차 시리즈 제품을 출시했다. 포트넘앤메이슨도 느리기는 하지만 홍차 세계의 변화를 수용하고 있는 듯하다.

친親 왕실 전략

포트넘앤메이슨은 최고급 작은 백화점이라 보면 된다. 위층에는 홍차 관련 다구들도 판매하고 있는데 고급스럽기는 이루 말할 수 없지만 가격이 워낙 비싸고 또 한국까지 안전하게 가져올 수 있을지 의문이 들어 여러 점 사지는 못했다.

엘리자베스 여왕과 케이트 미들턴이 2012년에 방문했을 때 관심을 보였다는 야외용 홍차 도구 세트도 있었는데, 햄퍼Hampers라고 불리는 큰 대나무 바구니에 잔과 소서, 쟁반, 버터나이프, 포크 등 야외에서 애프터눈 티 파티를 해도 될 정도로 다양한 다구가 들어 있었다. 실용성을 떠나 하나쯤 갖고 싶은 아이템이다.

포트넘앤메이슨의 또 하나의 특징은 매우 왕실 지향적이라는 점이다. 2012년 엘리자베스 여왕 즉위 60주년 축하 행사인 다이아몬드 주빌리를 기념해서 4층에 다이아몬드 주빌리 티 살롱The Diamond Jubilee Tea Salon을 만들었다. 창립 250주년 기념으로 1957년에 만든 세인트 제임스 레스토랑 명칭을 변경해 새로 오픈한 것이다. 여왕의 건강을 고려할 때 2022년 즉위 70주년 행사인 플래티늄 주빌리Platinum Juilee도 개최될 것이 거의 확실하다. 국가적으로도 대단한 행사가 되겠지만 포트넘을 포함한 수많은 홍차 회사가 어떤 마케팅을 보여줄지도 기대된다.

내 아카데미 수업을 들은 어느 선생님의 따님이 포트넘앤메이슨 매장을 들렀을 때는 커피를 사러온 찰스 황태자를 직접 보았다고 한다. 이런 친왕실적인 전략은 뒤에 소개할 해러즈와는 전혀 다르기 때문에 흥미롭기도 하다.

영국 홍차 역사와 차 판매점인 포트넘앤메이슨 역사는 아주 밀접한 관련을 맺어왔다. 최고 품질 홍차를 구입하기 위해 그리고 포트넘앤메이슨 역사 자체를 향유하기 위해 오랫동안 많은 사람이 방문해왔고, 지

포트넘앤메이슨에서 출시한
플래티늄 주빌리 기념 홍차.

이 두 제품은 맛을 제외하고라도 찻잎의 크기와 형태가 어떻게 엽저에 그대로 나타나며, 또 수색에도 반영되는지를 표준적으로 보여주고 있다. 사진 왼쪽이 퀸 앤이고, 오른쪽이 로열 블렌드다.

금도 여전히 그러하다. 내가 바로 그 증거이기도 하다.

건조한 찻잎은 골든 팁이 간간이 보이는 짙은 갈색의 다소 큰 브로큰 등급 수준이다. 로열 블렌드Royal Blend를 마실 때면 나는 항상 '내가 홍차를 마시고 있구나' 하는 생각이 든다. 어쩌면 로열 블렌드가 내 머리와 감각기관에 있는 홍차의 표준인지도 모르겠다. 수색은 짙은 적색으로 전형적인 홍차 색이다. 맛과 향은 특별히 묘사할 수는 없지만 홍차의 맛과 향이 바로 이런 것이 아닐까 하는 느낌을 자아낸다. 실제 찻잎 구성을 보면 아삼과 저지대 실론으로 블렌딩되어 있다. 둘 다 내가 선호하는 지역의 홍차다. 틴에는 다소 강한 홍차로 우유와 함께 마실 것을 권유하는 문구가 적혀 있지만, 강한 바디감과 적절한 강도의 수렴성이 안정적이어서 스트레이트로 마셔야 더 좋을 듯한 흠잡을 데 없는 100점짜리 홍차다.

　로열 블렌드는 영국 왕 에드워드 7세를 위해 1902년에 만들어진 블렌딩으로 처음에는 킹스 블렌드King's Blend로 불렸다. 120년 가까이 되는 긴 시간 동안 포트넘앤메이슨의 스테디셀러 역할을 하고 있다.(에드워드 7세는 빅토리아 여왕의 장남으로 1901년부터 1910년까지 왕위에 있었다.)

외형은 홀리프 등급에 짙은 갈색으로 골든 팁이 간간이 보인다. 로열 블렌드보다는 찻잎이 좀더 크다.

　수색은 적색이지만 로열 블렌드보다는 더 밝고 깔끔하다.

　퀸 앤은 포트넘앤메이슨 창립 200주년을 기념해서 1907년 발매된 것으로 설립 당시 왕이었던 앤 여왕을 기념하면서 퀸 앤이라고 명명했다.

이 또한 100년 넘게 포트넘앤메이슨의 스테디셀러 지위를 점하고 있다.

TGFOP 등급의 아삼 홍차와 FBOP 등급 딤불라를 블렌딩했다. 로열 블렌드와 마찬가지로 아삼과 실론으로 이뤄져 있는데, 로열 블렌드보다는 맛과 향이 더 산뜻하며 적당한 바디감에 차분한 꽃향도 나는 듯하다. 블렌딩된 아삼 홍차 등급이 높고 스리랑카 홍차 역시 고지대인 딤불라인 것이 이런 차이를 가져온다고 판단된다. 또 하나의 100점짜리 홍차로 평가하고 싶다. 무엇보다도 참 맛있다는 생각이 드는 홍차이기 때문이다. 홍차를 잘 모르는 누구에게라도 자신 있게 대접할 수 있는 최고의 블렌딩 홍차다.

로열 블렌드와 퀸 앤은 20세기 초에 발매되어 100년 넘게 지속되어온 블렌딩 홍차의 클래식이다. 블렌딩 홍차도 섬세한 뉘앙스의 차이를 낼 수 있으며, 또 그것이 소비자들로부터 인정받을 수 있다는 것을 증명함으로써 세상의 수많은 블렌딩 홍차의 모델이 되지 않았나 생각한다.

🫖 Tea Time... 홍차의 나라 영국에서도 홍차가 생산된다?

영국 최남단인 콘월 지역에 실제로 다원이 있다. 이 지역의 보스카웬Boscawen이라는 유서 깊은 가문은 대대로 이국적이고 특이한 식물에 관심을 가져온 것으로 알려졌고, 실제로 장식용 차나무는 200년 정도 재배되었다고 한다. 이 지역이 영국의 다른 지역보다 기후가 따뜻한 것도 영향을 미쳤다.

이런 전통 때문인지 1997년에 이 지역의 트레고스난 다원Tregothnan Estate에 전 세계의 다양한 지역에서 온 차나무 묘목이 본격적으로 심어졌고, 2005년 5월에 처음으로 판매용으로 수확되었다. 포트넘앤메이슨

홍차의 역사를 쓴 브랜드들

에서 트레고스난 코니시 티Tregothnan Cornish Tea라는 이름으로 판매되고 있는데, 100그램에 27만 원이라는 엄청난 가격이었다.

새로운 맛과 향에 관심이 많은 나에게 전통적인 다르질링 홍차를 떠올린다는 제품 설명은 유혹으로 다가왔지만 모험을 하기에는 지나치게 비싼 가격이었다. (선물 받아 마셔봤지만 구입하지 않은 것을 후회하지 않았다.) 하지만 수백 년을 수입에만 의존해온 영국 국민들에게 상징적인 의미는 있을 듯하다.

최근에는 훨씬 북쪽인 스코틀랜드에도 소규모이긴 하지만 상업용 다원이 만들어져 이곳에서 생산된 차가 포트넘앤메이슨과 마리아주 프레르에서 판매되고 있다. 차의 세계에도 우리의 상상을 뛰어넘는 많이 일이 생기고 있는 중이다.

...
트레고스난 브랜드로
판매되고 있는 홍차
(포트넘앤메이슨 아님)

11장

해러즈

Harrods

내가 처음 맛본 해러즈의 홍차는 14번 잉글리시 브렉퍼스트 티백 제품이었다. 2010년부터 그동안 관심만 가졌던 홍차에 관한 책도 읽고 국내에서 살 수 있는 제품들을 구해서 마시고 있을 무렵, 마침 일본으로 출장 간 친구에게 문자로 부탁해서 받은 것이다. 그러나 그때만 하더라도 홍차를 우리는 방법을 잘 몰라 좌충우돌하고 있었다. 지금 생각하면

해러즈 백화점 전경

홍차의 역사를 쓴 브랜드들

좀 엉터리로 우렸지만 해러즈 홍차와의 만남은 그렇게 시작되었다.

영국에서 직접 구매하는 방법을 알게 되어 국내에 수입되지 않는 포트넘앤메이슨, 해러즈, 티팰리스 등의 홍차를 마음껏 들여오면서 해러즈 홍차도 본격적으로 알아갔다. 지금은 홍차의 맛과 향에 대한 취향이 다양해졌지만 나도 처음에는 이런 유명 브랜드의 대표 상품들부터 마시기 시작했다. 이때 구입한 해러즈 제품들은 14번 잉글리시 브렉퍼스트, 16번 실론, 18번 조지언 레스토런트 블렌드Georgian Restaurant Blend(조지언 블렌드로 상품명이 변경됐다), 26번 다르질링(지난 몇 년간 판매되지 않았던 26번 다르질링 대신 2019년에 25번 다르질링이 새로 나왔다), 30번 아삼, 블렌드 49번 등이었다. 당시 읽은 책이나 인터넷 서핑 그리고 이곳저곳에서 주워들은 정보를 통해 선택한 것인데 그때나 지금이나 하나같이 블렌딩 홍차로서는 명품 반열에 있는 것들이다.

해러즈 홍차는 영국 최고의 백화점으로 꼽히는 해러즈 백화점에서 판매하는 것이다. 그러나 해러즈 홍차가 해러즈 백화점의 명성과 후광 아래 판매하는 피비PB 제품(백화점, 할인매장 등 대형소매상이 유통파워를 이용해 독자적으로 개발한 브랜드)은 아니다. 1849년 오픈한 해러즈 백화점의 전신인 해러즈 스토어Harrod's Stores 시절부터 차는 주요한 품목이었고, 설립자인 찰스 헨리 해러즈 자신이 차 상인이었다. 이런 이유로 해러즈 홍차는 해러즈 백화점에서도 특별한 의미를 지니며, 1901년 현재의 해러즈 백화점을 새로 건축할 때도 홍차를 판매하는 식품관을 가장 근사하게 지었고 그 전통은 오늘날까지 이어진다.

이런 역사적 배경과 함께 오랜 명성을 유지해온 블렌딩 홍차 외에도 해러즈 백화점의 차 전문가들은 전 세계의 다원들로부터 매해 훌륭한 다원차를 공급받고 있다. 다르질링 타운 바로 아래에 위치한 해피 밸리 다원을 방문했을 때 정문에 있는 입간판에는 눈에 덮인 다르질링 사진과 함께 해러즈를 위해 독점적으로 차를 생산한다는 문구(handcrafted Darjeeling Organic Teas, produced exclusively for Harrods from the snowfields of Happy Valley)가 적혀 있었다. 다원들도 해러즈 같은 세계적인 차 회사에 차를 공급하는 것을 자랑스럽게 여겼다.

나에게 해러즈 백화점은 오랫동안 꼭 한번 가보고 싶은 로망이었다. 이런 소망은 물론 해러즈 홍차를 알면서부터 품게 되었지만 구체화된 것은 2012년 5월이었다.

상상 속의 해러즈 매장

지금은 스리랑카로 가는 대한항공 직항에 관한 텔레비전 광고가 연일 나오고 있지만 2012년 5월 스리랑카로 가기 위해서는 비행기를 두번 갈아타야 했다. 홍콩에서는 다른 비행기로 환승했고, 싱가포르에서는 일부 승객이 내리고 타면서 객실 청소를 하는 1시간 반 동안 자유시간이 주어졌다. 무심코 면세점을 둘러보다가 눈에 번쩍 띈 것이 해러즈 매장이었다. 위에서 말한 것처럼 당시는 해러즈 홍차를 구매 대행으로 열심히 모으고 있을 때였다.

이미 구입한 제품 외에도 처음 본 다양한 다원차에 흥분해서 바구니에 막 집어 담던 내 모습이 생생히 기억난다.

　살다보면 잊히지 않는 공포나 기쁨 혹은 감동의 순간이 있다. 최근의 가장 짜릿한 감동의 순간은 아마 런던 올림픽 때 일본과의 3~4위전에서 박주영이 골을 넣던 때였을 것이다. 몇 년 전, 이제는 열 살이 된 딸아이가 신데렐라 만화영화를 보다가(아마 처음인 듯했다) 구박받고 파티에 참석하지 못해 울고 있던 신데렐라를 위해 요정 할머니가 호박을 마차로 만들어주던 장면을 보고 "할머니 짱이다"라고 외치면서 감동받던 그 천진무구한 모습을 보고 나는 정말 짜릿함을 느꼈다.

　이런 감동이 당시 창이 공항에서 해러즈 매장을 발견했을 때 내 심정이었다. 이해하지 못하는 이들도 있겠지만 당시 나는 나이에 어울리지 않게 홍차에 미쳐 있었다. 그러니 인터넷으로만 보던 해러즈의 다양한 홍차가 매장 가득 진열된 것을 실제로 접하자 흥분할 수밖에 없었다. 그때의 그 설렘을 안고 마치 성지를 방문하듯 런던 해러즈 백화점의 홍차 매장을 방문했던 것이다.

　하지만 나의 해러즈 백화점 방문 소감은 그렇게 멋지지만은 않다. 화려하고 고풍스런 외형에도 불구하고, 백화점 자체가 크고 지은 지 오래되어서인지 매장 구조가 적어도 처음 간 방문자에게는 아주 불편하게 되어 있었다. 홍차는 예의 그 유명하다는 식품관에서 팔고 있었는데, 내가 아는 온갖 종류의 해러즈 홍차가 있을 거라는 기대와는 달리 갖추지 못한 것이 많았다. 주로 유명해서 잘 팔리는 제품만 산더미처럼 반복해서 쌓아놓고 있었다. 게다가 커피 및 다른 가공식품류가 한 매장 안에 같이 있어 사람들로 붐볐다. 홍차 다구들을 포함한 관련 상품들은 다른 층 매장에 있었다. 두 군데를 갔다 왔다 하면서 시간을 낭비했다는 생각이 들었다. 조용히 성지 방문의 기쁨을 만끽하기에는 조건이 여의치 않았다.

독자들도 아마 그런 경험이 있을 것이다. 몹시 가보고 싶었던 곳을 머릿속에서 오랫동안 상상하다가 정작 가본 뒤 그곳을 다시 생각할 때는 직접 보고 온 모습이 아니라 여전히 가기 전에 상상했던 그 모습을 떠올리는……

창이 공항에서 우연히 만난 해러즈 매장이 준 그 짜릿함의 연장선상에서 해러즈 백화점은 여전히 내 상상 속에 머물고 있다.

왕실과의 악연

해러즈는 포트넘앤메이슨과는 달리 왕실과 가깝지 않다는 말을 앞에서 했다. 포트넘앤메이슨은 로열Royal이나 퀸Queen 같은 혹은 이런 이름이 들어 있지 않더라도 왕실과 관련되거나 왕실 행사를 기념하기 위해 만들어진 제품이 많다.

반면에 현재 판매되고 있는 해러즈 제품에는 이런 게 거의 없다(사실은 하나도 없다가 맞다).

여기에는 사연이 있다. 1997년, 이혼한 다이애나 영국 왕세자비가 파리에서 교통사고로 사망한다. 동승하고 있다가 같이 사망한 연인이 있었는데 바로 1985년 해러즈를 인수한 이집트 재벌 모하메드 알 파예드의 아들인 도디 알 파예드였다. 이 자동차 사고가 단순한 사고가 아니라 왕실이 개입했다는 '음모론'은 아직도 호사가들의 입에 오르내리고 있다.

분노한 모하메드는 백화점에 두 사람을 추모하는 기념관을 만들고, 동상도 만들어 전시하기도 했다. 2010년에 백화점을 카타르 투자회사에 팔면서 기념관과 동상은 없어졌지만, 여전히 해러즈는 왕실과는 거리를 두고 있다. 물론 이것이 해러즈에 왕실과 관련된 홍차가 없는 100퍼센트의 이유인지는 알 수 없지만 해러즈를 제외한 다른 대부분의 홍차 회사

가 왕실을 홍차 마케팅에 활용하는 걸로 봐서는 어느 정도 타당성은 있
다고 본다.

최 근 현 황

최근에는 판매 제품 목록에 약간 변화도 있다. 해러즈 제품 중에서
금색 원형의 통에 상감무늬가 들어 있는 패키지 디자인을 가진 시리즈
가 있었다. 주로 단일 다원 홍차를 판매했었는데, 가격 대비 품질이 아
주 좋았다. 이 제품들이 2017년 중반부터 서서히 없어지더니 현재는 판
매하고 있지 않다. 개인적으로 매우 아쉽다.

2019년에 들어와서는 14번, 16번, 49번 등 대표 제품의 패키지 디자인에 변화가 있다. 백화점을 스케치한 정사각형 기존 디자인 제품에 더하여 옅은 구리색을 띤 원통형 제품이 출시되었다. 이 글을 쓰고 있는 2022년 4월 현재도 14번, 16번, 49번 등은 사각형과 원통형 두 종류 패키지로 판매되고 있다. 사각형에서 원통형으로 교체하고 있는 중이 아닌지 짐작된다. 2019년에 (다시) 출시된 25번 다르질링은 세컨드 플러시인데 아주 훌륭하다. 가격까지 고려하면 최고라고 할 수 있다. 강력 추천한다.

뿐만 아니라 해러즈는 백화점답게 자사 제품 말고도 T2, P&T 같은 다양한 브랜드의 홍차를 판매하고 있다. TWG는 2008년 처음 출시했을 때부터 해러즈 사이트에서 판매하면서 인지도를 올린 성공적인 케이스이기도 하다.

잉글리시
브렉퍼스트 14번

찻잎의 외형은 전형적인 블렌딩 홍차다. 홀리프 크기에서 시작해 브로큰 등급까지 아주 다양한 크기의 잎들이 섞여 있다. 색상은 전체적으로 검은색에 가까운 갈색이지만 이 또한 찻잎의 크기만큼이나 다양한 색상들의 조합이다. 이 차의 설명서대로 고지대의 다르질링, 몰티한 아삼, 풀바디의 실론, 밝은 색상의 케냐 차를 블렌딩한 것이라면 찻잎의 크기나 색상이 다양한 것은 지극히 정상이다. 내가 우리기 위해 준비한 2그램 남짓의 찻잎에는 이처럼 다양한 지역의 특징이 실려와 있었다.

수색은 지나치게 진하지 않은 알맞은 적색을 띠며, 향은 엽저에서는 다소 맑은 꽃향이 나지만 우린 차에서는 특정한 향이 없고 굉장히 차분한 느낌이 난다. 입안을 꽉 채우는 바디감이 있으면서도 거친 느낌은 전혀 들지 않고 부드럽다. 강하면서도 부드러운, 머리에 마치 두꺼운 금속

홍차의 역사를 쓴 브랜드들

으로 만들어진 부드러운 용수철이 떠오른다. 하지만 단순하지는 않은 몇 개의 선이 맛에 조화되어 있다. 오로지 그것뿐 다른 잡미는 없다. 아주 매끄러우면서 뒷맛에는 기분 좋은 수렴성이 남는다. 출시된 지 50년 이상 되는 역사와 전통을 자랑하는 명품 블렌딩 홍차로 아침을 깨우는 wake me up, 말 그대로 잉글리시 브렉퍼스트, 최고의 홍차다.

블렌드 49번

외형은 브로큰 등급도 보이지만 전체적으로 홀리프에 가까운 크기다. 다양한 색상과 크기의 찻잎이 조화되어 있는 블렌딩 홍차의 특징을 띤다.

수색은 투명한 옅은 적색이다. 일반적으로도 엽저에서 나는 향보다 우린 차에서 나는 향이 약하기는 하지만 블렌딩 제품은 그 정도가 좀 더 심한 것 같다. 엽저에서는 복합적이고 싱그러운 향이 있는 데 반해 우린 차에서는 가볍다는 것 말고는 특징이 없다. 엽저에는 의외로 밝은 색의 찻잎이 꽤 보인다.

위의 잉글리시 브렉퍼스트와 견줄 때 모든 점에서 확실히 다르다. 잉글리시 브렉퍼스트가 가을 남자라면 49번은 봄 처녀 같다. 바디감이나 수렴성도 적당하며 차가 식어가면서 그 부드러움이 더해진다. 하루 중 언제 마셔도 좋은 차다. 49번은 해러즈 150주년을 기념하고자 만들어진 제품으로(1849에 150을 더하면 1999년?) 인도차로만 구성되어 있다. 실론차로만 블렌딩된 16번과 대비된다. 우리가 잘 알고 있는 인도의 세 생산지, 다르질링, 아삼, 닐기리에 다르질링 북쪽의 시킴과 예외적으로 인도 서북부 지역에 있는 산지인 캉그라까지 포함하여 다섯 지역 제품이 블렌딩되었다. 내 느낌으로는 이중 다르질링이 주 베이스인 것 같다.

런던 스트랜드 거리에 있는 트와이닝 매장 겸 박물관은 아주 작았다. 한 면이 기다란 직사각형의 공간인데, 짧은 면이 거리와 면해 있어 입구는 더더욱 좁아 보였다.

좁은 입구를 따라 들어가면 양옆으로 눈에 익은 트와이닝 제품들이 진열되어 있고, 좀더 안으로 들어가면 큰 틴에 넣은 잎차를 소분해서 판매하는 공간이 있었다. 규모는 작지만 아담하고 고급스러웠다. 시음도 할 수 있었고, 직원이 차를 우려주며 판매도 하고 있었다. 해러즈와는 당연히 견줄 수 없고 포트넘하고도 비교가 되지 않는 작은 규모였다.

트와이닝은 1964년 어소시에이티드 브리티시 푸드ABF^Associated British Food plc라는 영국의 매우 큰 다국적 식품회사의 자회사가 되었다. 그리고 해러즈나 포트넘앤메이슨의 고급화 전략과는 달리 슈퍼마켓 판매 위주로 방향을 바꿨다.

따라서 이 공간은 2008년 지금 모습으로 새롭게 단장되었는데, 판매 목적보다는 영국 홍차 역사에 있어서 트와이닝의 존재를 남기기 위해 그리고 그 역사를 사랑해서 나처럼 찾아오는 사람들을 위한 서비스 공간 같았다. 박물관이라고 하기에는 초라했지만 안쪽 벽면에는 토머스

트와이닝 내부에서 시음하는 장면(오른쪽 아래).
박물관을 겸하고 있어 소규모로 역사 자료들이
전시되어 있다. 그 외의 내부 모습

...
트와이닝의 외부 전경

트와이닝으로부터 시작하는 트와이닝의 가계도를 그린 액자라든지 오랜 역사의 흔적을 간직한 소품들이 진열되어 있었다.

런던 차 상인의 판매원이었던 젊은 토머스 트와이닝은 1706년 '톰의 커피하우스Tom's Coffee House'를 오픈해 차도 팔기 시작했으며, 11년 뒤인 1717년 차를 전문으로 판매하는 소매점인 골든 라이언Golden Lion을 열었다. 골든 라이언은 처음으로 여성들이 직접 와서 차도 마시고 구입할 수 있는 고급스러운 장소라는 데 큰 의의가 있었다. 당시는 커피하우스에 여성들은 출입할 수 없었고, 필요하면 남편이나 하인을 통해 차를 구했다.

토머스 트와이닝의 골든 라이언이 아니더라도 누군가는 그런 매장을 열었겠지만(에디슨이 축음기를 발명하지 않았더라도 누군가는 발명했을 것이 분명하듯), 어쨌든 여성들이 직접 와서 자신이 마실 차를 구입할 수 있게 된 것은 영국 홍차 발전사에서 중요한 의미를 지닌다.

영국은 여느 유럽 국가와는 달리 홍차를 늦게 알게 되었음에도, 그리고 커피가 먼저 유행하고 있었음에도 결국 홍차의 나라가 되었다. 이렇게 된 중요한 두 가지 이유 중 하나가 바로 여성들이 가정에서 홍차를 마셨다는 사실이다. 그렇기 때문에 주 고객인 상류층 여성들이 직접 와서 맛도 보고 차를 구입할 수 있게 되었다는 것은 홍차 음용의 확산에 큰 공헌을 하는 사건이었다.

커피하우스에 여성들이 출입할 수 없었다는 데에서 알 수 있겠지만 브랜디와 커피는 사회생활을 하는 남자를 위한 것이었다. 대신 차는 가정에서 여성들이 소비하는 음료로 자리매김하게 되었다.

가정에선 티 Tea를

가정에서의 소비를 위해서는 준비가 간단해야 하는데 다행이 차는 뜨거운 물만 있으면 그만이었다. 반면 커피는 볶고 분쇄하는 것이 어려웠고, 추출하기도 쉽지 않았다. 맛있는 커피를 집에서 만드는 것은 당시 영국의 기술 수준을 넘어서는 것이었다.

이 점은 오늘날에도 어느 정도 마찬가지다. 커피를 추출하는 머신의 발전은 매년 눈부시다. 하지만 원두로 만들어지는 커피와 찻잎으로 만들어지는 홍차의 태생적인 차이 때문에 여전히 집에서 만드는 커피와 홍차는 품질 차이가 많이 난다. 내 생각에 아무리 좋은 카페나 차 전문점에 가더라도 집에서 자신이 정성 들여 준비한 홍차보다 더 맛있기는 쉽지 않지만, 커피는 집에서 아무리 정성 들여 만든다 하더라도 훌륭한 장비와 신선한 원두가 있는 커피전문점에 가서 마시는 것이 더 낫지 않을까 싶다.

설사 집에서 직접 추출하는 커피가 더 맛있다 하더라도 준비와 뒤처리까지 소요되는 시간이 무척 길다. 하루에 몇 번을 마시기에는 보통 사람들에게 무리한 과정이다.

이런 배경에서 여성들이 자신이 마실 홍차를 직접 와서 맛보고 자기 취향에 맞게 블렌딩해서 구입할 수 있었다는 것은 엄청난 진보였다.

영국은 왜 홍차의 나라가 되었나

여성들의 음용이 홍차 확산에 큰 공헌을 한 것은 맞지만 영국이 홍차의 나라가 된 데는 보다 큰 정치적인 이유가 있었다. 16세기부터 시작된 유럽 열강들의 대항해시대의 결과로 200여 년이 지난 18세기 들어서면서 유럽 각국이 우세를 점하는 지역들이 어느 정도 구분이 되기 시작했다.

18세기 초 영국은 프랑스와의 전쟁(스페인 왕위 계승 전쟁)에 휩쓸려 들어가 적대적 상황이 되었다. 그 동안 영국은 커피를 레반트Levant라고 불리는 지중해 동부에서 수입해왔다. 그런데 지중해 지역은 프랑스가 패권을 장악하고 있었고 프랑스와의 전쟁으로 관계가 악화된 이후 더 이상 이 지역에서 커피를 수입해갈 수 없게 되었다. 대신 아시아 항로와 무역을 장악하고 있던 영국 동인도회사가 안정적으로 차를 공급할 수 있었다.

결국 영국인이 다른 유럽인들에 비해 홍차를 많이 마시게 된 것이 영국인의 DNA에 홍차와 맞는 무엇인가가 있어서가 아니라는 뜻이다. 17세기 중반부터 커피, 홍차, 핫초코 등 새로운 음료가 유럽에 들어올 무렵 정치적인 이유로 영국인이 커피보다 홍차를 더 쉽게 접할 수 있었던 것이 가장 큰 이유다.

트와이닝의 변화

중저가 슈퍼마켓 브랜드 위주로 판매하던 트와이닝도 차의 고급화 추세에 맞춰 최근 들어 프리미엄 전략으로 방향을 전환하고 있다. 기존에도 단일 산지 차, 단일 다원 차를 판매하긴 했지만 그 가격대가 훨씬 더 높아졌다. 2019년 다르질링 FF(차몽Chamong 다원) 중에는 90그램에 55파

운드 가격으로 판매하는 것이 있었다. 100그램으로 환산하면 9만원이 넘는 엄청난 고가다. 이외에도 검은색 정사각형 통에 든 꽤 고가의 잎차도 많다.

더하여 주력인 티백 제품에서도 프리미엄 제품을 출시했다. 녹차와 허브차 위주로 블렌딩된 슈퍼블렌드Superblend 라인은 같은 티백이라도 기존의 일반적인 티백보다 몇 배 더 비싸다. 차가운 물에 냉침할 수 있는 콜드 인퓨즈Cold infuse 시리즈도 반응이 매우 좋다고 한다. 우리나라에서 같은 커피믹스라도 지난 몇 년간 다양한 형태의 고급 제품이 출시되고 있는 것과 같은 맥락으로 보면 된다.

300여 년이 지난 지금도 런던 스트렌드 가 바로 그 자리에 트와이닝이 있다. 출입구 위쪽에는 중국풍의 화려한 옷을 입은 두 사람의 동상과 함께 황금 사자Golden Lion가 있다. 그리고 그 아래에는 1706년 설립EST. 1706이라고 당당히 적어놓았다.

현재 그 매장 규모를 문제 삼을 순 없다. 중요한 것은 역사와 전통의 연속성에 있다. 이런 전통과 역사에 힘입어 홍차 애호가들의 취향을 만족시키는 멋진 제품들을 제공해줄 것을 기대한다.

🫖 *Tea Time...*버틀러스 와프

내가 런던 여행을 계획하면서 꼭 가보고 싶었던 곳이 버틀러스 와프Butler's Wharf라는 템스 강변의 오래된 창고 거리였다. 양쪽에 망루가 있고 가운데가 들어올려지는, 영국을 상징하는 사진에 곧잘 등장하는 타워 브리지 바로 옆에 위치한 거리다.

버틀러스 와프는 템스강을 따라 배로 싣고 오는 화물을 하역하는 부

홍차의 역사를 쓴 브랜드들

두로 1871~1873년에 조성되었고, 향신료와 차를 취급했는데, 특히 차
를 많이 취급했다. 1871년이면 인도에서 생산한 차가 본격적으로 수입
되던 시절이었다. 그 후 수십 년 동안 이곳은 세계 최대의 차 창고로 명
성을 떨쳤다.

강 건너에 걸어서 20~30분 떨어진 민싱 레인Mincing Lane이라는 거리
에 과거 런던 티 옥션 센터가 있었다. 아마도 그런 이유로 이 위치에 차
하역 창고가 있었던 것 같다.

티 클리퍼 시대의 마지막 범선으로 유명한 커티사크Cutty Sark호 박물
관이 있는 그리니치에서 배를 타고 템스강을 따라 빅벤이 있는 시내로
오다보니 강 양안 곳곳에 여러 이름의 와프가 있었다. 예를 들면 위트
와프Wheat Wharf라고 된 곳도 있다. 와프가 부두나 선착장이라는 뜻이니,
내 추측으로는 과거 대영 제국의 화려한 시절 외국에서 배로 수입해오
는 특산물들은 저마다 하역되는 특정 부두가 있었던 듯싶다. 그럴 경우
버틀러스 와프는 향신료와 차를 주로 하역했던 곳이다. 오랫동안 방치

되었던 이 창고 거리는 1980년 이후 박물관, 세련된 레스토랑, 고급 상점 등이 들어서면서 고풍스럽고도 멋진 거리로 탈바꿈했다.

지나간 홍차의 흔적들

런던을 떠나던 날 아침 혼자서 이곳을 방문했다. 강변에 기다랗게 건물이 들어서 있으며 좁은 거리를 가운데 두고 안쪽으로 또 다른 건물들이 이어져 있다. 그 사이로 건물의 2층, 3층을 쇠로 만든 다리가 연결해 주고 있는 것이 보였다. 거리에 붙어 있는 안내판에는 강변에 있는 건물로 하역된 향신료와 차가 이 다리 등을 이용해 더 안쪽에 있는 창고로 옮겨졌다는 내용이 적혀 있었다. 이른 시간이어서 그런지 조용하고 고즈넉했다. 그리고 고풍스런 느낌을 주는 7~8층 높이의 창고 건물들이 쭉 늘어서 있었다. 양옆으로는 고급 식당들이 있었지만 아직 문을 열기 전이었다.

•••
철제 다리가 인상적인 골목

아담하고 차도 맛있는 차 전문점 티포드.
왼쪽 사진은 카다멈을 저장했을 것으로 추정되는 창고다.

이 고풍스런 건물들을 구경하고 다니다보니, 어떤 건물에는 카다멈 빌딩Cardamom building, 또 다른 건물에는 생강 벽Ginger Wall, 그리고 바닐라와 참깨Vanilla&Sesame, 인도 하우스India House 등의 표지가 있었다. 순간 흥분해서 차가 표시된 건물이 있는지 찾아 헤맸으나 결국 발견하지는 못했다. 하지만 벵골 클리퍼Bengal Clipper라는 인도식 식당을 보고는 위안을 얻었다.

버틀러스 와프 지역에서도 특정 창고에 차면 차, 생강이면 생강 이런 식으로 상품별로 구분해서 적재해놓았던 것 같았다. 향을 잘 흡수하는 차의 특성상 이건 아주 당연한 것이기도 하다.

마침 다리도 아프고 배도 고팠는데, 티포드TeaPod라는 예쁜 차 전문점을 발견하고는 들어갔다. 하우스 블렌드와 브라우니를 시켰다. 이 거리의 분위기 때문이었는지, 혼자여서 그랬는지, 차가 정말 좋았는지는 모르겠지만 런던에서 마신 가장 맛있는 차였다.

티포드라는 찻집도 평범한 곳은 아니며 같은 이름의 브랜드로 틴과 봉지에 포장된 차를 판매하고 있었다. 한쪽 벽면에는 다양한 차 도구도

진열되어 있었다. 우연히 만난 행운이었다. 천장 벽에는 "한 잔의 멋진 차로 위안이 되지 않을 만큼 그렇게 크거나 심각한 고민은 없다There is no trouble so great or grave that cannot be much diminished by a nice cup of tea"라는 구절이 적혀 있었다.

버틀러스 와프는 나에게 매우 의미 있는 곳이 되었다. 뭔가 묘한 느낌을 주는 거리와 건물들이었다. 시간을 초월해 많은 이야기와 사연들이 그곳에 있을 것 같다. 강변 쪽으로 나와도 여전히 좋은 카페가 많다. 번잡하지 않고 조용하면서 과거와 현재가 공존하는 런던을 보고 싶은 이들이라면 이곳에 와서 멋진 식사와 함께 차를 마셔보길 권한다.

차를 사랑하는 사람이라면 꼭 방문해서 내가 찾지 못한, 차를 적재했던 창고를 찾아보시길 바란다.

13장
마리아주 프레르
Mariage Frères

마리아주 프레르는 마르코 폴로Marco Polo, 웨딩 임페리얼Wedding Imperial, 얼 그레이 프렌치 블루Earl Grey French Blue와 같은 멋진 이름의 가향차로 유명하다.

　남자인 데다 적지 않은 나이 때문인지 몰라도 나는 처음부터 가향되지 않은 스트레이트 홍차를 마셨다. 이런 이유로 내게 마리아주 프레르는 가향차나 만드는 다소 경박한 브랜드로 여겨졌고 따라서 별 관심을 두지 않았다.

　하지만 시간이 흘러 다양한 차를 접하게 되자 마리아주 프레르에 대

...
왼쪽부터 마르코 폴로,
얼그레이 프렌치 블루,
크리스마스 티로 알려진
노엘, 웨딩 임페리얼로
마리아주 프레르의
대표적인 가향차들이다.

한 내 선입견이 잘못되었다는 것을 알았다. 700개가 넘는 홍차 판매 리스트에는 우리의 상상을 뛰어넘는 다양함과 화려함 그리고 이국적인 분위기로 세계의 수많은 홍차 애호가를 매혹하는 수준 높은 가향차가 많았다. 게다가 세계 최고 품질의 다원차를 다른 어떤 홍차 회사보다 더 많이 구비하고 있다.

귀족들만의 홍차 문화

유럽에서 홍차의 나라는 영국이다. 하지만 프랑스 역시 1630~1640년대에 오히려 영국보다 먼저 홍차를 알게 되어 이후 상당 기간 귀족들 사이에서는 꽤 유행하기도 했다. 차 음용이 영국처럼 확산되지 않았던 것은 영국과는 달리 서민층까지 내려오지 않고 귀족 문화로만 남아 있었기 때문이다. 또한 바로 앞에서 설명한 영국이 홍차의 나라가 된 이유와 관련된 같은 정치적 사건으로 프랑스는 반대로 차보다는 커피 공급이 훨씬 더 원활했으므로 커피의 나라가 되었다.

프랑스 혁명이 일어난 뒤에도 차는 부자나 귀족들 음료로 여겨져 환영받지 못했다. 이런 이유로 차는 프랑스 주류 음료가 되지 못했다. 심지어 혁명 이후 200년이 지난 1980년대조차도 프랑스에서 차란 늙고 부유한 부인들만 마시는 음료라는 인식이 남아 있었다.

이런 분위기에서 오늘날 파리를 런던에 버금가는 홍차 도시로 격상시킨 것은 어떻게 보면 1980년대 초반부터 새로운 시대를 시작한 마리아주 프레르의 공헌인지도 모른다.

마리아주 프레르의
끝과 새로운 시작

한강처럼 파리 한가운데로 센 강이 흐르고 마치 여의도처럼 파리의 중심부에 시테와 생루이라는 작은 섬이 있다. 이 시테 섬에 유명한 노트르

담 대성당이 있다. 마레 지구는 이 두 섬을 기준으로 강 위쪽에, 그러니까 서울시로 본다면 대략 마포대교 북단에서 원효로 그 언저리에 위치하고 있다. 대략의 위치가 그렇다는 것이고 그 지역의 센 강이 한강보다 훨씬 작기 때문에 강으로 접근하기는 훨씬 편리하다.

이 마레 지구를 가로지르는 리볼리 거리에 있는 호텔에 묵었다. 마레 지구에 대한 사전 지식은 전혀 없었다. 이곳에 묵은 이유는 단 하나, 마리아주 프레르 본점이 근처에 있기 때문이었다.

1854년에 차와 바닐라를 수입하는 회사로 설립된 마리아주 프레르는 고품질의 차를 수입해서 고급 호텔이나 유명한 식료품 가게 등에 팔아왔다. 뿐만 아니라 주 거래처를 위해서는 그들만의 특별한 블렌딩도 만들었다. 이들 중에는 리츠 호텔, 조르주 싱크 호텔, 라뒤레 티 살롱, 프렝탕 백화점의 식품 코너들이 있었다.

뿐만 아니라 주 거래처를 위해서는 그들만의 특별한 블렌딩도 만들었다. 이 업무를 간단히 하기 위해 다양한 블렌딩에 번호를 매겼는데, 이

숫자 매기는 시스템이 100년도 더 지난 지금까지 유지되면서 마리아주 프레르의 모든 제품의 고유 번호로 굳어졌다. 이 번호는 프랑스어에 익숙하지 않은 나 같은 사람에게는 마리아주 프레르의 다양하고도 비슷한 이름의 차를 구분하는 데 아주 유용하다.

마리아주 가문의 마지막 경영자였던 비혼녀 마르트 코탱Marthe Cottin(마르트 코탱의 어머니가 마리아주 가문의 딸이다)이 80세가 넘은 나이에 후계자를 찾고 있던 1980년대 초반까지도 이런 도매업 위주로 영업을 해왔다. 이로 인해 마리아주 프레르는 그 오랜 전통에도 불구하고 일반 소비자들에게 많이 알려져 있지 않았다.

부에노와 상마니

1982년 리처드 부에노Richard Bueno라는 32세의 법률 전문가인 청년과 친구이자 외교관을 꿈꾸는 키티 차 상마니Kitti Cha Sangmanee라는 태국 출신의 28세 젊은이가 운명처럼 마리아주 프레르를 찾았고, 이들은 짧은 시간에도 느낄 수 있었던 차에 대한 열정으로 마르트 코탱의 후계자가 되었다.

오늘날 마리아주 프레르의 역사는 이들로부터 새로이 시작되었다. 이들이 마리아주 프레르를 인수받은 1984년 무렵에는 다른 유럽 국가에서도 그랬지만 프랑스에서도 차는 관심을 가져야 하는 음료로서 거의 존재하지 않았다. 하지만 동시에 오랫동안 잊혀져 왔던 차라는 낡은 음료에 대한 관심이 여러 나라에서 서서히 일어나고 있기도 했다.(21장 '국내 홍차 역사와 르네상스' 참조)

영국을 포함한 여러 나라의 차 시장을 조사한 뒤 상마니가 내린 결론은 마리아주 프레르가 그동안 취급해왔던 차가 다른 어떤 나라보다도 더 고품질에 종류도 다양하다는 것이었다. 이것은 오래된 차 전문 회사인 마리아주 프레르가 차를 흔하고 일반적인 음료가 아니라 미식가들을 위한 세련된 고품질의 음료로 여겼기 때문이다.

미식가의 땅인 프랑스에서 마리아주 프레르는 리츠나 조르주 싱크 호텔 같은 수준 높은 곳의 입맛에 맞는 차를 판매해온 것이다. 다만 마르트 코탱이 그것을 몰랐을 뿐이다.

이런 자신감과 젊은이들의 과감한 추진력을 바탕으로 마리아주 프레르는 1984년 약 20개국으로부터 수입한 100여 가지 차를 포함해서 250여 가지 판매용 차가 들어 있는 마리아주 프레르 최초의 '프렌치 아트 오브 티The French art of tea'라는 이름의 소매용 카탈로그를 내놓았다. 소매용으로 제시된 차의 품질과 종류는 당시로서는 차의 역사상 세계 최고라고 평가되었다. 포트넘앤메이슨이 얼마 전까지만 해도 제품 숫자가 150개를 겨우 넘는 수준이었다는 걸 생각해보면 이해가 될 것이다.

역사의 시작

마리아주 프레르는 파리 구시가지에 속하는 마레 지구의 퐁피두센터 근처, 클루아트르 생메리du Cloitre Saint Merri 거리에 130년 이상 된 사무실 겸 작업실을 두고 있었다. 같은 마레 지구에 있는 부르 티부르Bourg-tibourg 거리에 있는 현재의 티숍과 티살롱은 1985~1986년에 걸쳐 새로 오픈한 곳이다. 그 당시 마레 지구는 오늘날과는 달리 상당히 낙후되어 있었지만 마리아주 프레르 가문의 뿌리를 존경한 두 사람의 선택이었다.

부르 티부르 거리에 있는 마리아주 프레르 티숍과 티 살롱은 고급 차에 목말라하던 지식인들과 작가들에게 유명한 장소가 되었다. 여기에 1980년대부터 해외여행을 본격적으로 시작인 일본인들이 런던과 파리에 와서 그동안 책에서 읽은 홍차(문화)를 찾기 시작했다. 이들을 위한 관광 가이드북에 마리아주 프레르가 소개되면서 마리아주 프레르는 짧

마리아주 프레르 매장에 있는
다양하고 화려한 다구들.
특히 일본 다구들을 모방한
것이 많다.

은 시간에 일본인들이 열광하는 홍차 브랜드가 되었다. 이런 내용들이
언론에 자주 보도되기 시작하면서 마리아주 프레르는 전 세계 홍차 애
호가들이 꼭 한 번 들르고 싶은 장소가 되었다.

　이러한 성공을 위해서 두 사람은 좋은 차를 구하고자 홍콩, 광저우,
일본, 스리랑카, 인도 등을 방문해 고품질 차를 생산하는 이들과 중개인
들을 만났다. 상마니는 이런 차 생산 국가들을 여행하는 데 1년의 절반
을 보냈다고 한다.

마리아주 프레르와
일본

일본인의 구매력은 마리아주 프레르의 성장에 실질적으로 많은 도움이
되었다. 따라서 상마니는 처음부터 일본에 관심을 가져 프랑스인이 일
본 녹차를 마시지 않을 때부터 일본 녹차를 프랑스에서 판매하고 동시
에 일본 시장을 개척하기 위해 노력했다. 이런 전략으로 일본은 마리아
주 프레르가 해외에서 가장 먼저 티숍을 연 나라가 되기도 했다.(2010년
이후에야 영국과 독일에도 매장을 열었다.) 즉 1997년에 도쿄 긴자(1990년
에 처음 오픈한 매장을 1997년 긴자로 옮겨 다시 열었다)에 그리고 2003년에

신주쿠에 티숍을 연 것이다. 현재 많은 티숍과 티살롱이 도쿄, 요코하마, 교토, 오사카 등에 있다. 파리의 마리아주 프레르의 매장에 가보면 일본 스타일의 오래된 무쇠 주전자를 본뜬 티포트를 포함해 일본의 다양한 차 문화를 마리아주 프레르에 활용한 것을 엿볼 수 있다. 이는 녹차의 전통이 있는 데다 홍차 음용 인구도 큰 비중을 차지하는 일본 시장을 목표로 많은 노력을 기울인 증거이기도 하다. 현재 일본에서 마리아주 프레르의 위상은 꽤 높다. 일본은 또한 마리아주 프레르의 홍차를 통해 우아하고 낭만적인 프랑스식 삶을 느끼며 즐기는 듯하다.

파리에 있는 마리아주 프레르 매장에 갔을 때 내가 방문한 3개 매장

···
마레 지구 부르 티부르
거리에 있는 마리아주
프레르의 본점 내부 모습

마리아주 프레르

의 메인 쇼윈도에 가로세로 1미터가 훨씬 넘는 붉은색 천에 커다란 하얀색 벚꽃을 그려놓고 사쿠라라고 적어놓은 것이 보였다. 뿐만 아니라 부르 티부르 거리에 있는 본점의 계산대에는 일본 여성이 근무하고 있었다. 일본 관광객이 그만큼 많이 방문한다는 뜻이다.

마리아주 프레르의 세 종류의 매장

마리아주 프레르가 운영하는 매장에는 세 종류가 있다. 티숍 혹은 티 엠포리움은 건조한 차를 판매하는 곳이고 티 살롱은 우린 차를 파는 곳 그리고 티 레스토랑은 우린 차와 함께 음식도 판매한다. 파리에는 이 3개가 한꺼번에 있는 매장도 있고 티 엠포리움만 있는 곳이 있다. 일본도 긴자와 신주쿠 매장은 3개가 다 있다. 2018년에 연 런던 코벤트 가든 매장도 역시 3개가 다 있다.

홍차의 역사를 쓴 브랜드들

원래 마리아주 프레르는 주로 클래식 홍차를 취급했으며 가향차도 얼 그레이나 재스민 정도를 넣은 클래식 가향차를 판매했었다. 하지만 마 리아주 프레르를 인수한 상마니는 가향차 라인을 확대하기로 전략을 세웠다.

이미 말했듯이 1980년대 초반의 프랑스에서는 차 시장의 규모가 매 우 작았고, 차는 부유한 노부인들이 손님 접대 때나 마시는 음료라는 인 식이 지배적이었다. 이런 상황에서 젊은 사람들에게 다가가 이들을 고 객으로 만들기 위해서는 다양한 가향차의 공급이 필수적이었다. 그때나 지금이나 처음 홍차를 접할 때는 이 뜨거운 음료에서 나는 이국적인 향 이 최고의 매력이 아닐까 싶다.

블렌더Blender로서 천재성을 지녔던 상마니는 기존의 과일, 꽃, 허브 등이 첨가된 클래식 가향차 뿐만 아니라, 캐러멜, 초콜릿, 바닐라, 정향 등 이전에는 차에 잘 사용하지 않던 재료들을 이용해 새롭고 현대적인 가향차를 만들어냈다. 마리아주 프레르의 가향차, 아니 천재 상마니가 만든 가향차들은 이렇게 이전 가향차와는 차원을 달리한 상상과 자유 로움을 반영하고 있다.

노엘과 마르코폴로

첫 번째 성공한 것이 1984년 크리스마스를 기념해서 만든 노엘Esprit de Noel이다. 자극적인 맛과 향을 가진 노엘은 시나몬, 바닐라, 정향, 오 렌지 위주로 블렌딩되었다. 마리아주 프레르 주장을 그대로 인정한다면 이처럼 특정한 휴일을 기념하기 위해 만든 최초의 차라고 한다(노엘 이외 에도 2015년에는 3개, 2016년에는 5개, 2017년에는 7개의 크리스마스 스페셜 에디션을 판매했고 이후도 매년 다양한 크리스마스 스페셜 에디션을 발매하고 있다). 현재는 거의 모든 홍차 회사에서 크리스마스 티가 판매되고 있다.

마리아주 프레르   365

마리아주 프레르의 상징인
검은색 틴을 배경으로
내가 주문한 홍차를 포장하고
있는 직원의 모습.

대부분 시나몬을 베이스로 하는 향신료와 유럽의 크리스마스 과일인 오
렌지 위주로 블렌딩 해 크리스마스 티는 스파이스 티Spiced Tea라고도 불
린다.

여기에서 시작해 이제는 발렌타인 티Valentines Tea, 이스터 티Easter
Tea(부활절) 같이 다양한 기념일을 축하하는, 젊은 층이 좋아하는 가향
차 역시 대부분의 회사들이 판매하고 있다.

같은 해에 발매된 또 하나의 걸작 마르코 폴로는 오늘날 마리아주 프
레르의 대표적인 베스트셀러 중 하나다. 우리나라에서도 가장 많이 알
려진 가향차 중 하나로, 우리가 항상 품고 있는 먼 곳에 대한 그리움을
차 속에 투영했다고 한다. 중국과 티베트로의 여행을 상상하면서 만들
었다는 이 차는 마실 때마다 그 상상 속으로 우리를 이끌고 들어간다.

부에노를 기리며

상마니는 1995년에 죽은 동료 부에노를 기리며 라 루트 뒤탕La Route

마리아주 프레르 본점 2층에 있는 박물관 내부. 오른쪽은 요절한 리처드 부에노의 모습

du Temps이라는 가향차도 만들었다. 우리말로 '시간의 길'이라는 뜻이다. 녹차에 생강을 블렌딩한 것으로 건조한 찻잎에서 나는 강한 향으로 언뜻 거부감도 들지만 우렸을 때의 맛은 의외로 반전이 있는 레시피다.

마리아주 프레르 본점 2층에 있는 조그만 박물관에는 요절한 리처드 부에노의 앳된 모습이 담긴 흑백사진이 걸려 있다. 이곳에는 마리아주 프레르의 역사를 보여주는 자료들도 전시되어 있다.

마리아주 프레르 가향차는 미묘하고도 이국적이다. 여기에 강렬한 맛과 향뿐만 아니라 시각적으로도 즐거움을 준다는 게 특징이다. 기존 홍차의 무채색에 화려한 색을 입혔다고나 할까. 이처럼 기존 가향차와는 차원을 달리하는 세계를 창조함으로써 마리아주 프레르의 전설을 만들고 그 이후 발전의 기반이 되었는지도 모른다.

진짜 차 맛을 알리기 위해

"프랑스에서도 차는 '그냥' 마시는 것이지 '관심'을 가져야 하는 음료로서 존재했던 것이 아니다"라는 표현을 앞에서 했다. 말 그대로 1980년대 초반까지만 해도 홍차는 그냥 티일 뿐이지 공부해야 할 대상이 아니었다. 오늘날의 다른 홍차 강국도 그 당시는 마찬가지였다.

이런 분위기 속에서 티백만 알고 있던 소비자에게 다원에서 수입한 다양한 다원 홍차를 소개하고 티 테이스팅 등을 통해 이들만의 테루아와 가공법에 따른 미묘한 맛과 향의 차이를 교육하기 시작한 곳 역시 마리아주 프레르였다. 이러면서 마리아주 프레르 차를 럭셔리한 고급 음료로 자리 잡게 했다. 일본인들은 우유와 설탕을 넣는 영국식보다는 이런 섬세한 맛을 가지고 있는 프랑스 홍차 즉 마리아주 프레르가 새롭게 만들어가고 있는 홍차를 더 선호하게 되었으며 이것이 마리아주 프레르가 성장할 수 있는 기회가 되었다.

마레 지구

묵었던 호텔에서 부르 티부르 거리에 있는 마리아주 프레르까지는 걸어서 5분이라 여러 번 들렀다. 또 마들렌 광장에 있는 다른 마리아주 프레르 매장, 포숑 매장, 에뒤아르 매장 그리고 생제르맹 거리에 있는 마리아주 프레르 매장들을 찾아서 돌아다니다보니 에펠탑과도 마주치고, 루브르 박물관도 둘러보게 되었으며, 퐁피두센터에서도 잠시 발길을 멈출 수 있었다.

이러면서 내가 머물고 있는 마레 지구가 매우 매력적인 곳이라는 느낌이 점점 더 강하게 들기 시작했다. 우리나라로 치면 좁은 골목길이 수없이 연결되어 있으면서 그 골목길 가득 예쁜 카페와 식당, 상점들이 있었다.

파리에 도착한 날 저녁, 문을 닫은 것을 알면서도 마리아주 프레르 매장에 갔다. 그때 첫 느낌은 '아니, 이런 외진 골목에 마리아주 프레르 본점이?'였다. 그러나 그건 우리나라와는 다른 마레 지구의 특색, 아니 파리 구 시가지의 특색인지도 모른다. 생제르맹 거리도 마찬가지이고, 대부분의 매장이 조그만 골목에 있었으며 그 조그만 골목들이 모여 있는 곳이 전통적인 파리의 모습이었다.

공간도 아주 촘촘하게 운용했다. 마리아주 프레르 본점의 티숍에 연결된 티 레스토랑은 점심시간에는 식사를 제공하고 나머지 시간에는 애프터눈 티세트를 판매하는 공간인데 정말 작았다. 이 좁은 공간의 몇 개 없는 테이블에서 마리아주 프레르의 명성이 시작되었다고 생각하니 신기했다. 2층에 있는 박물관도 우리나라의 박물관을 생각하면 안 된다. 조금 큰 방 정도의 규모다.

마지막 날 오후, 마레 지구에 팔레 데테Palais Des Thes 매장도 있다는 말을 듣고 그야말로 엄마 찾아 삼만 리를 나섰다. 온 골목 구석구석을 걸어다니다가 다리가 아파올 무렵 예쁜 공원을 만났다. 정사각형의 기품 있는 공원이었다. 그렇게 크지는 않았지만 네 개의 분수가 물을 뿜어냈고 많은 사람이 잔디밭에 누워 여유를 만끽하고 있었다. 공원 주위를 둘러싸고 있는 오래된 건축물도 예사로워 보이지 않았다. 근처에 있는 누군가에게 공원 이름이 무엇이냐고 물었더니 "보ㅇㅇ"라고 대답하는데

마들렌 광장에 있는 포숑 매장의 외부와 내부

마들렌 광장에 있는 에뒤아르 매장의 외부와 내부

마레 지구의 골목과 거리 모습.
그리고 르팔레 데테의 외관과 내부

알아들을 수 없었다.

돌아와 찾아보니 보주 광장이라는, 파리의 가장 아름다운 광장이자 세계 100대 광장에도 드는 유서 깊은 곳이었다.

빅토르 위고가 대부분의 작품을 쓴 집이 그 공원을 둘러싼 예사롭지 않은 건축물 중 하나였다. 여기서 얻은 두 가지 교훈은, 배워야 한다는 것과 명품은 누가 봐도 명품이라는 것이다. 당시는 몰라서 가보지 못했지만 다만 프레르Dammann Freres 첫 매장도 보주 광장 근처 어딘가에 있다고 한다. 2007년 이탈리아 커피회사 일리illy에 인수된 후 본격적으로 소비자 영업을 시작한 다만 프레르는 2008년에 보주 광장 근처에 첫 매장을 오픈했다.

또다시 골목길을 헤매다 마침내 팔레 데테를 찾았다.

두 개의 공간으로 구성된 매장은 입구 쪽이 가향차 위주이고 안쪽은 주로 단일 지역이나 단일 다원차 위주로 구분되어 있었다. 다양한 차가 진열되어 있었다. 구경도 하고, (당시만 해도) 구하기 쉽지 않았던 뉴 비

싸나칸데가 있기에 구입했다. 차를 취급하는 사람들은 어디를 가나 잘 생기고 친절한 모양이다. 그들은 나의 이런저런 질문에 자세히 답해주었다. 팔레 데 테도 오늘날 프랑스 홍차 부흥에 적지 않은 공헌을 한 회사로 품질 좋고 다양한 차로 점점 더 명성을 얻어가고 있다. 몇 년 전부터 꽤 다양한 제품이 한국에 정식 수입되고 있다.

파리에 처음 갔을 때는 앵발리드, 퐁텐블로, 몽마르트, 에펠탑을 구경하고 같이 간 일행이 소매치기까지 당하면서 파리에서 꼭 해야 할 것은 다 경험했다. 이번 파리 방문은 파리가 아니라 파리의 홍차였으므로 목적이 훨씬 더 뚜렷했다. 그리고 분명한 것은 마레 지구가 그 자체로도 유서 깊고 아름다운 지역이지만 파리의 홍차 여행을 위해서도 아주 적합한 곳이라는 점이다.

런던에서 유로스타를 타고 와서 파리 북역에서 호텔까지, 그리고 에펠탑까지 걸어갔다가 마리아주 프레르에서의 점심 예약시간을 맞추기 위해 택시를 탄 것 말고는 파리에 머무는 동안 차를 타지 않고 모두 걸어다녔다.

물론 다리는 아프다. 하지만 걸어다니다보면 뜻하지 않은 것을 발견할 수도 있다. 시테 섬에서 생제르맹 거리로 가는 도중 FU DE CHA福德茶라고 간판에 표시된 안시 철관음 유럽 판매 대리점도 보았다. 쿠스미 홍차 매장도 생제르맹 거리에서 만났고, 마들렌 광장에서 퐁피두센터로 걸어오는 거리에서도 보았다. 걷는 즐거움이 크다.

이 가향차에 대해서는 마리아주 프레르의 차를 소개한 책자에 "녹차의 가벼움에 꽃의 달콤함, 향료의 날카로움이 배어 있는 듯하다"라고 되어 있는데, 사실 처음 접할 때는 부담스럽기도 하고 여러 가지 동의하기 어

라루트 뒤탕

려운 면도 있다.

일단 건조한 찻잎에서 나는 강한 생강 향과 하얀 생강 조각이 거부감을 일으키며, 짙고 탁한 연두색의 거친 직조형 찻잎과 포유가 거칠게 된 찻잎이 녹차가 아닌 우롱차의 외형처럼 보인다.

수색 또한 우롱차의 밝은 호박색을 띠며 엽저도 포유의 흔적이 남아 있는 커다란 잎들이 나타난다.

다만 우린 차의 맛과 향에 있어 커다란 반전이 있는데, 의외로 향과 맛도 건조한 찻잎에서의 강한 생강 향이 급격히 줄어든다. 부담스러운 생강 향이 차에서 이처럼 향기롭게 조화될 수 있다니, 놀라운 발견이다. 약간 식어가면서는 맛에 있어서도 품질 좋은 녹차의 깔끔함이 느껴진다. 어쩌면 소개한 글과 같다는 생각도 드는 묘한 매력을 지닌 차다.

베이스 녹차가 골든 트라이앵글Golden Triangle(라오스, 타이, 미얀마) 지역에서 온 것이라는 홈페이지의 제품 소개 글까지 참고하면 이 지역의 녹차 가공법이 기존에 알고 있는 녹차 가공법과는 다소 차이가 있을 수 있다. 요절한 친구를 애도하면서 만든 차라서 그런지 차의 맛과 향에서도 애틋함이 느껴진다.

어쨌거나 강한 거부감으로 시작해서 뜻밖의 맛과 향을 뿜어내는 이 가향차에 대해서는 독자들의 평가도 한번 기대해본다.

2013년 8월 런던과 파리 방문은 3월부터 준비한 것이었다. 같이 갈 일행 중 한 명이 제인 페티그루Jane Pettigrew 선생과의 수업에 대한 아이디어를 냈으며, 곧바로 이메일로 접촉했다. 런던에서 정기적인 차 강의를 하고 있었으나 우리가 런던에 머무는 기간에는 강의가 없었다. 일정이 맞지 않아 아쉬워하던 우리를 위해 제인 선생은 자신의 집으로 초대해 원 데이 클래스One-day Class를 제안했고, 우리는 흔쾌한 마음으로 찾아갔다.

투팅벡 마을과 한 가정집의 입구

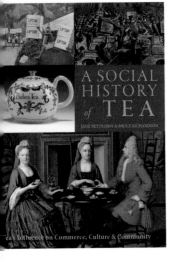

...
제인 페티그루가 쓴
『차의 사회사』

제인 선생의 집은 런던에서 조금 떨어진, 우리로 보면 서울에서 안양쯤 되는 거리에 위치한 한적한 동네에 있었다. 지하철 투팅벡Tooting Bec 역에서 내려 메일을 통해 알려준 설명을 보며 집을 찾아갔다. 한적하고도 조용한 주택가였다. 나는 이전에 출장이나 여행으로 외국에 나갈 때면 대도시나 관광지 외에도 가능하면 그 나라의 평범한 서민들이 사는 곳을 방문하길 즐겼는데, 이번에도 평범한 영국인들이 사는 마을을 볼 수 있게 되어 기분이 좋았다.

강의는 한마디로 열정적이었다. 젊어 보이는 모습과 달리 많은 나이에도(숙녀의 나이는 함부로 말할 수 없음) 불구하고 열성적인 강연을 펼쳐 우리 일행은 감동을 받았다. 부엌과 연결된 거실에서 강의하면서 혼자서 시음용 차도 준비하는 등 분주하게 움직였다.

오전 강의가 끝나고 우리가 잠시 동네 산책을 하는 동안 제인 선생은 점심 식사 준비를 했다. 깔끔하고 정성스레 준비된 영국식 점심을 함께했다.

오후 수업은 원래 예정된 시간을 훨씬 넘겨서 끝났고, 제인 선생은 손

...
페티그루의 클래스와
그녀가 직접 만든 케이크

홍차의 역사를 쓴 브랜드들

수 만든 케이크와 스콘, 클로티드 크림을 마지막으로 내왔다. 최근 오래된 레시피를 기본으로 한 『티타임 베이킹 북Teatime Baking Book』을 펴낼 정도로 티푸드에도 일가견이 있는 분 솜씨라서 그런지 탁월한 맛이었다. 스콘에 크림과 잼을 발라 먹는 법에 관한 짧은 설명을 들으며 재미있는 시간을 가졌다.

제인 페티그루는 영국의 차 전문가이며, 차 관련 책을 여러 권 저술했다.

🫖 *Tea Time*... 버블티, 새로운 유행

요즘은 우리나라에서도 홍차 음료인 버블티Bubble Tea 매장을 자주 볼 수 있다. 오래전부터 대학가 주변에 일부 있었지만 그렇게 큰 관심을 끌지는 못했었다. 2014년 전후로 타이완 브랜드인 공차가 국내에서 판매를 시작하면서 관심을 끌게 되었고 품질도 좋고 비교적 마케팅을 잘 해 매장 수가 급격히 증가했다.

1980년대 타이완에서 처음 개발된 버블티는 보바 밀크티Boba milk tea, 펄 밀크티Pearl milk tea, 타피오카 밀크티Tapioca milk tea 등으로 여러 나라에서 다양한 이름으로 불린다. 버블티의 오리지널 타이완 버전은 뜨거운 홍차, 검은 진주 모양 타피오카, 농축 우유, 시럽 혹은 꿀에다 얼음을 넣은 시원한 아이스티다. 타피오카는 열대 작물인 카사바Cassava의 뿌리에서 채취한 녹말을 주원료로 만들어진다.

버블티 혹은 중국어로 거품의 영어식 발음인 보바라는 명칭은 유리잔이나 플라스틱 컵 바닥에 가라앉는 검은 타피오카 알갱이가 거품처럼 보이기도 하고 아이스 버블티의 경우 위에 생기는 거품 등에서 유래한 이름이다.

버블티는 타이완과 홍콩, 중국 등에서 인기가 높으며 최근 미국, 캐나나, 호주에서도 인기를 끌기 시작했다. 버블티가 유명세를 얻음에 따라 지금은 원래의 타입 말고도 많은 레시피가 생겨나 선택의 폭이 꽤나 넓어졌다. 아이스티가 아닌 따뜻한 차로도 만들어지고, 원래의 우유 대신 과일 주스를 넣거나 혹은 둘 다 넣은 것에서 시작해 완전히 다른 개념의 버블티도 제공된다.

시원하고 달콤한 아이스 밀크티도 맛있고, 큰 스트로를 통해 빨려오는 타피오카를 먹는 재미도 쏠쏠하다. 정통차는 아니지만 이렇게 차를 베이스로 한 음료가 젊은층을 중심으로 확산되어가는 것은 선택의 다양성이라는 면에서 볼 때 긍정적인 현상이다.

제4부

어떻게 즐길 것인가

홍차에는 어떤 성분들이 들어 있는가? 이 성분들이 홍차의 맛과 향에는 어떤 영향을 미치는가? 그리고 건강에는 어떤 장점들이 있는가?

　홍차의 맛과 향이라는 것은 마실 수 있는 액체 상태에서의 맛과 향을 말한다. 이 액체는 순수 물에 찻잎을 담그면 찻잎 속에서 어떤 성분이

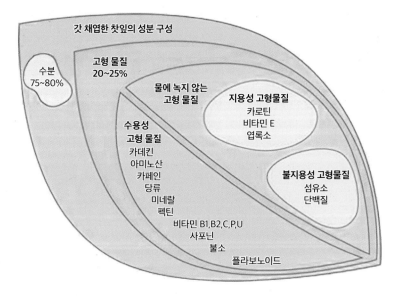

갓 채엽한 찻잎의 성분 구성

수분
75~80%

고형 물질
20~25%

물에 녹지 않는
고형 물질

지용성 고형물질
카로틴
비타민 E
엽록소

수용성
고형 물질
카데킨
아미노산
카페인
당류
미네랄
펙틴

불지용성 고형물질
섬유소
단백질

비타민 B1,B2,C,P,U
사포닌
불소
플라보노이드

•••
찻잎 속에 들어 있는 성분,
이 중에서 수용성 고형 물질만
추출되어 나온다.

어떻게 즐길 것인가

우려져 만들어진다. 그렇다면 홍차의 맛과 향은 우릴 때 찻잎에서 물속
으로 추출되어 나온 성분에 따라서 달라지게 된다. 그렇다면 어떤 성분
들이 찻잎 속에 들어 있는지 알아보자.

차의 맛과 향에 영향을 미치는 주요 성분으로는 폴리페놀(카데킨), 알
칼로이드(카페인), 아미노산(테아닌), 탄수화물(당분), 색소성분, 지방(산)
이렇게 여섯 가지를 들 수 있다. 이 여섯 가지 성분의 다양한 조합에 따
라 수백 가지의 맛과 향이 만들어진다. 이중 (홍)차의 맛과 향, 건강상 장
점에 대해 말할 때 자주 언급되는 것이 카데킨, 카페인, 테아닌이다. 이
세 가지 성분을 중심으로 설명해보겠다.

1) 폴리페놀(카데킨)
폴리페놀polyphenol은 거의 모든 식물에 들어 있는 성분으로 어떤 하나가
아닌 한 무리 전체를 지칭한다. 즉 수천 가지 이름, 속성, 형태로 존재한

•••
폴리페놀은 거의 모든
식물이나 과일에 들어 있다.

다. 즉 폴리페놀은 'C대학 졸업생'이라는 뜻이라고 보면 된다. C대학 졸업생은 수만 명이고 각각 이름도 성격도 다르다.

커피에도 폴리페놀이 들어 있고, 차에도 폴리페놀이 들어 있고, 와인에도 폴리페놀이 들어 있고, 초콜릿에도 들어 있다. 하지만 이들 각각의 이름과 속성이 조금씩 다르다.

즉 커피에는 클로로겐산Chlorogenic acid 이라는 이름의 폴리페놀이, 와인에는 레스페라트롤Resveratrol이라는 이름의 폴리페놀이, 사과에는 쿼세틴Quercetin, 딸기 같은 베리류에는 안토시아닌anthocyanin, 콩에는 이스플라본isoflavone이라는 이름의 폴리페놀이 들어 있다.

···
카카오 콩.

차 속에 들어 있는 폴리페놀은 카데킨이라고 보면 된다. 카데킨이 들어 있는 또 다른 중요한 식품은 초콜릿을 만드는 원료인 카카오 콩이다.

이 카데킨 성분이 차의 떫은맛을 내는 주성분이며, 수용성 고형물질의 약 40퍼센트를 차지한다. 차를 우릴 때 찻잎 속에 있는 모든 성분이 우려져 나오는 것은 아니고 물에 녹는 수용성 고형물질만 우려진다. 결국엔 차의 맛과 향에 영향을 미치는 것도 찻잎 속에 들어 있는 모든 성분이 아니고 물에 녹는 수용성 고형물질이라는 뜻이기도 하다.

홍차의 폴리페놀과 녹차의 폴리페놀

이제 조금 복잡해지는 단계다. 바로 앞에서 "차에 들어 있는 폴리페놀은 카데킨"이라고 말했는데 이는 "생 찻잎 속에 들어 있는 폴리페놀이 카데킨"이라고 해야 더 정확한 표현이다.

즉 가공하지 않는 찻잎 속에는 카데킨이 들어 있고, 이 찻잎을 녹차로 가공하면 이 카데킨이 그대로 남아 있지만, 홍차로 가공하면 다른 성분으로 전환되기 때문이다. 이 전환된 성분이 테아플라빈Theaflavines과 테아루비긴Thearubigins이다. 즉 홍차 가공 과정의 핵심 단계인 산화

어떻게 즐길 것인가

더 정확하게 정리하자면 "생 찻잎 속에는 폴리페놀이 들어 있고 이 폴리페놀의 대부분을 차지하는 것이 카데킨"이라고 하는 것이 맞다. 이것은 위에서 언급한 커피, 와인, 사과에도 마찬가지로 해당된다. 커피에도 가장 많이 들어 있는 폴리페놀 종류가 클로로겐산이라는 뜻이지 클로로겐산만 들어 있는 것은 아니다. 그렇긴 하지만 차에 들어 있는 폴리페놀 중에서는 카데킨이 절대적으로 중요한 역할을 하기에 15장에서는 티 폴리페놀은 카데킨을 지칭하는 것으로 하겠다.

과정을 통해 카데킨이 테아플라빈과 테아루비긴으로 전환된다. 전환된 테아플라빈·테아루비긴도 마찬가지로 폴리페놀이다(뒤에서 다시 설명하겠다).

따라서 녹차의 주된 폴리페놀은 카데킨이며, 홍차의 주된 폴리페놀은 테아플라빈과 테아루비긴이다. 그리고 이것이 홍차의 맛과 향, 수색을 만드는 핵심 성분이다.

녹차와 홍차는 마른 찻잎 상태도 완전히 다르지만 우렸을 때도 전혀 다른 특징을 가진다. 즉 수색도 다르고, 맛도 다르고, 향도 다르다. 만일 누군가가 "녹차를 우리면 수색이 연록색 계통인데, 홍차를 우리면 왜 적색 계통인가요?"라고 묻는다면, 바로 홍차의 핵심 성분인 테아플라빈·테아루비긴 때문이라고 답하면 된다.

테아플라빈과 테아루비긴

홍차의 핵심 성분이라면서 내가 계속 테아플라빈과 테아루비긴이라는 두 단어를 사용해온 것은 두 성분의 속성이 약간 다르기 때문이다.

테아플라빈은 황금색, 오렌지색 수색을 띠게 하며 다소 거친 맛과 떫은맛을 낸다. 반면 테아루비긴은 구릿빛과 적색 수색을 띠며, 다소 감미로운 맛과 부드러운 맛을 낸다. '거친 맛, 떫은 맛'과 '감미로운 맛, 부드러운 맛'은 이해를 돕기 위해 좀 강하게 대비되도록 표현한 것이다.

또 하나 특징은 산화 과정 중 카데킨에서 전환될 때 테아플라빈이 먼저 형성되고 시간이 지나면서 테아플라빈이 테아루비긴으로 한 번 더 전환된다. 같은 홍차라도 수색이 옅은 것이 있고, 짙은 것이 있다. 옅은 것은 산화가 짧게(약하게) 되었고, 상대적으로 테아플라빈 비중이 높다는 뜻이다. 상대적으로 다소 거친 맛, 떫은 맛을 낸다. 수색이 짙은 것은 산화가 길게(많이) 되었고 상대적으로 테아루비긴 비중이 높다는 뜻이다. 상대적으로 다소 감미로운 맛, 부드러운 맛을 낸다.

다르질링 퍼스트 플러시FF와 세컨드 플러시SF가 좋은 보기다. 두 홍차의 다른 차이는 일단 차치하고 산화 정도만 놓고 보면 FF는 짧게, 약하게 된 것이고, SF는 상대적으로 길게, 많이 된 것이다. 따라서 FF는 옅고 밝은 수색에 다소 거친 맛, 떫은 맛이, SF는 어두운 수색에 다소 감미로운 맛, 부드러운 맛의 특징을 갖게 된다.

하지만 우리가 알고 있는 전형적인 홍차는 (실제로 대부분의 홍차) 산화가 많이 되었고 수색이 짙다. 따라서 홍차의 주된 폴리페놀은 테아루비긴이라고 해도 크게 틀린 말은 아니다.

홍차가 감미롭다? 이런 설명 끝에 일부 독자는 궁금함이 생길 수 있다. "수색이 짙은 전형적인 홍차가 감미로운 맛, 부드러운 맛을 가진다고? 홍차하면 떫은 맛 아닌가?" 당연한 궁금함이다. 우리가 가장 익숙하게 접해온 잉글리시 브렉퍼스트, 아이리시 브렉퍼스트 같은 짙은 수색을 가진 일반적이고 대표적인 홍차 맛이 결코 부드럽지는 않다.

어떻게 즐길 것인가

그렇다면 혹시 기문 홍차, 윈난 홍차 같은 중국 홍차는 어떤가? 이들은 수색은 짙어도(산화가 많이 되었으니) 잉글리시 브렉퍼스트와 달리 떫은맛은 거의 없고 부드럽고 섬세한 편이다.

이런 차이가 생기는 것은 산화 정도도 중요하지만 산화시키는 데 걸리는 시간도 중요하기 때문이다. 즉 같은 정도로(80퍼센트든 100퍼센트든) 산화시키더라도 30분 걸리느냐, 3시간 걸리느냐에 따라 맛의 거침, 감미로움 정도가 달라지게 된다.

강한 홍차의 대표인 아삼 홍차는 일반적으로 유념을 강하게 하여 찻잎을 작게 분쇄해서 짧은 시간에 산화를 시킨다. 반면에 기문 같은 중국 홍차는 유념을 부드럽게 하고 비교적 찻잎을 홀리프Whole Leaf에 가깝게 크게 두어 산화를 천천히 시킨다. 산화 정도는 같을지라도 같은 정도의 산화에 걸리는 시간의 장단에 따라 맛의 속성이 달라지는 것이다. 산화가 천천히 되면 될수록 맛은 더 부드러워진다.

전기밥솥에 백미밥을 지을 때, 정상적으로 하면 40분 정도 걸리는데, 백미 쾌속이라는 기능을 사용하면 15분 정도 걸린다. 분명 밥은 다 되었지만, 먹을 때 씹히는 쌀의 질감이 다르다. 40분 걸린 밥은 부드럽지만, 15분 걸린 밥은 뭔가 거침이 있다. 이 차이라고 보면 된다.

차는 건강에 좋다고 알려져 있다. 암과 심장병에 좋다. 비만과 당뇨 예방 효과가 있다. 중금속 제거에 효능, 동맥경화와 심장질환에 예방효과, 항바이러스 효과 등 셀 수 없이 많은 차의 건강상 장점이 알려져 있고, 심심찮게 새로운 소식이 언론에 보도된다.

차가 건강에 좋다고 할 때 의미하는 차 성분은 주로 폴리페놀을 가리킨다. 그렇다면 폴리페놀은 왜 건강에 좋은가.

대표적으로 널리 알려진 폴리페놀의 효능은 항산화다. 항산화抗酸化는 산화를 억제한다는 의미다. 세포가 노화한다는 것은 세포가 산화한다는 뜻이다. 호흡으로 몸에 들어온 산소는 몸에 이로운 작용을 하지만 부산물로써 활성산소(유해산소)를 만든다. 이 활성산소가 몸 속의 건강한 세포에 상처를 주는 것이 몸이 산화 즉 노화되는 것으로 상처가 심하면 질병에 걸릴 수도 있다. 따라서 항산화 성분을 섭취해 활성산소를 제거하고 줄임으로써 몸의 노화와 질병을 막는다는 개념이다. 폴리페놀 성분이 항산화에 효능이 큰 것으로 알려져 있다.

앞에서 폴리페놀은 거의 모든 식물에 다 들어 있다고 했다. 따라서 폴리페놀이 들어 있는 식물은 다 항산화 효능이 있다고 보면 된다. 사과도, 포도도, 커피도 다 항산화 효능이 있다.

다만 차 속에 들어 있는 폴리페놀 즉 카데킨이 비교적 강력한 항산화 효능이 있다고 연구자들은 말한다. 최근 유행한 카카오 닙스Cacao Nibs도 몸에 좋은 항산화 성분을 함유하고 있다. 카카오의 주된 폴리페놀이 앞에서 언급한 것처럼 바로 차와 동일한 카데킨이다.

결국은 같은 폴리페놀

카데킨이 강력한 항산화 효능을 갖고 있다면 산화 과정을 통해 카데킨에서 전환된 테아플라빈, 테아루비긴의 항산화 효능은 어떤가?

비교적 최근 들어 홍차 생산국, 홍차 음용국들에서 홍차 연구가 활발해지고 있다. 이들이 밝혀낸 사실은 테아플라빈, 테아루비긴이 카데킨과는 다른 항산화 속성이 있기는 하지만 항산화 효능에 있어서는 카데킨과 동일하다는 것이다. 따라서 카데킨의 많고, 적음을 통해 녹차, 홍차의 건강상 효능을 비교하는 것은 의미가 없다.

카데킨도 카데킨이 전환된 테아플라빈, 테아루비긴도 같은 폴리페놀

어떻게 즐길 것인가

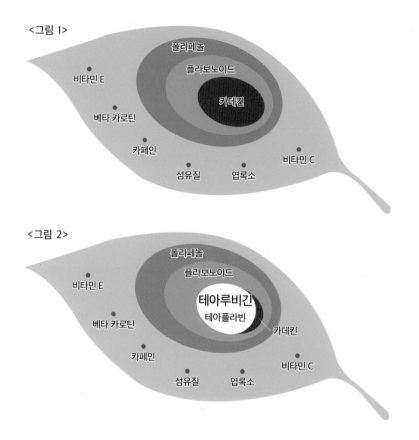

〈그림 1〉

- 비타민 E
- 베타 카로틴
- 카페인
- 폴리페놀
- 플라보노이드
- 카데킨
- 섬유질
- 엽록소
- 비타민 C

〈그림 2〉

- 비타민 E
- 베타 카로틴
- 카페인
- 폴리페놀
- 플라보노이드
- 테아루비긴
- 테아플라빈
- 카데킨
- 섬유질
- 엽록소
- 비타민 C

〈그림 1〉은 녹차로 대표되는 비산화차의 폴리페놀 구성이다. 카데킨이 주를 이룬다. 〈그림 2〉는 홍차로 대표되는 산화차의 폴리페놀 구성이다. 산화과정을 통해 카데킨의 대부분이 테아루비긴/테아플라빈으로 전환되었다. 하지만 그림에서 볼 수 있듯이 전환된 테아루비긴/테아플라빈도 폴리페놀이라는 카테고리에 포함되어 있다. 따라서 효능도 거의 동일하다고 본다.

이다. 따라서 카데킨을 녹차 폴리페놀, 테아플라빈·테아루비긴을 홍차 폴리페놀이라고 부를 수도 있다.

차의 떫은맛이 타닌 때문이라는 말을 듣거나 읽은 적이 있을 것이다. 타닌Tannin은 무엇인가?

타닌 또한 식물에 들어 있는 폴리페놀의 한 종류는 맞다. 앞에서 폴리페놀은 수천 가지 이름, 속성, 형태로 존재한다고 한 것을 기억하자.

차 속에는
타닌이 없다

타닌의 속성은 단백질과 결합하여 변성시키는 작용이 있어 가죽을 무두질하는 데 사용하는 성분이다.

무두질은 동물 원피를 가죽으로 만드는 공정이다. 피가 떨어지고 살이 아직 붙어 있는 동물 가죽을 가방이나 지갑을 만들기 위해서는 깨끗하게 가공해야 하는데 이 과정이 무두질이다. 이 무두질에 사용하는 성분이 타닌이다. 무두질은 인간이 아주 오랫동안 해왔다. 이런 과정을 통해 경험상 타닌 성분이 미각세포에 떫은맛으로 작용한다는 것을 알았을 것이다.

그러다보니 폴리페놀에 관한 연구가 제대로 이루어지지 않은 과거에 차에서(혹은 와인에서) 떫은맛이 나니 차와 와인 속에 타닌이 들어 있다고 여기게 됐다. 하지만 차에는 물론 와인에도 타닌이 들어 있지 않다. 차의 떫은맛은 폴리페놀 때문이다. 녹차의 떫은맛은 카데킨 때문이고 홍차의 떫은맛은 테아플라빈, 테아루비긴 때문이라고 말하면 좀더 정확한 표현이 될 수 있다.

2) 카페인

알칼로이드Alkaloid는 식물계에 널리 분포하며 단일 물질이 아니라 폴리페놀처럼 많은 물질의 그룹이다. 동물에게 강한 생리작용을 나타내게 하는 속성이 있어 오랜 옛날부터 인간은 독약, 흥분제, 마취제 등의 약품 목적으로 사용해왔다.

알칼로이드 계열에 속하는 주요한 것으로 카페인, 코카인, 모르핀, 니코틴 등이 있다. 이런 강한 성질 때문인지 카페인이 포함된 식물은 지구상에 약 60개 정도에 불과하다. 대표적인 것으로 커피 콩, 차나무 잎, 카카오 콩, 마테 잎, 콜라의 원료인 콜라나무 열매, 과라나 씨앗 등이다.

전문가들의 일반적인 견해는 아예 섭취하지 않는 것보다 오히려 자신에게 맞는 적당한 양을 섭취하는 것이 건강과 일상생활에 도움이 된다는 쪽이다. 문제는 우리가 지나치게 많이 섭취하면서 부작용이 생길 수는 있다.

세계보건기구WHO에서 권장하는 성인 일일 섭취 권장량은 300밀리그램이다. 믹스커피 한 잔, 콜라 1캔에 50밀리그램 정도 들어 있다. 드립커피에 150밀리그램 전후로 상당히 많이 들어 있다. 초콜릿, 감기약, 두통약 같은 것에도 카페인이 들어 있다.

이런 객관적인 자료도 중요하지만 체질이나 식습관에 따라 개인차가 크기 때문에 결국은 각자가 자신에게 적절한 카페인 양이나 카페인 음료 섭취 방식을 통제하는 수밖에 없다.

"같은 용량의 잔에 커피와 차가 들어 있을 때 이들의 카페인 함유량은 어떤가?"라는 질문에는 답하기 매우 어렵다. 어떤 차, 어떤 커피냐에 따라 변수가 너무 많기 때문이다. 하지만 아주 일반적인 조건이라는 가정하에서 답을 하자면, 차에는 커피의 약 30~40퍼센트 수준의 카페인이 들어 있다.

그런데 의외로 차에(특히 홍차에) 카페인이 많다고 알고 있는 분이 많다. 마른 찻잎 100그램과 원두 100그램 속에 든 카페인 양을 비교하면 찻잎에 카페인이 많은 것은 맞다. (홍)차에 카페인이 많다는 주장은 이 자료에 근거를 두고 있다. 하지만 마른 찻잎 100그램이면 보통 40~50잔 정도의 차를 우릴 수 있다. 반면에 원두 100그램이면 약 10잔을 내릴 수 있다. 차와 커피는 액체 상태로 마시는 것이기 때문에 정확한 비교는 마시는 잔에 들어 있는 카페인 양으로 해야 한다. 이럴 경우에는 차 속 카페인 양이 훨씬 적어진다.

　게다가 차 속에 든 카페인은 마셨을 때 흡수조차 다 되지 않는다. 차 속에는 커피에는 들어 있지 않은 성분이 들어 있다. 이 성분들 영향으로 커피를 마셨을 때와 차를 마셨을 때 카페인이 우리 몸에서 달리 작용한다. 이 문제에 관해서는 후술할 테아닌 편에서 설명하겠다.

6대 다류의
카페인 함유량 차이

"녹차, 홍차, 우롱차, 보이차, 황차, 백차 등 여러 종류 차 중에서 어느 것이 카페인 함량이 제일 많을까?" 특히 "녹차와 홍차 중에는 어느 것이 더 많은가?" 등의 질문은 다양한 곳에서 많이들 한다.

　전문가들의 연구 결과는 "차 종류와 카페인 양은 관련이 없다"다. 좀 더 풀어 설명하면 같은 지역, 같은 차나무에서 같은 날 채엽한 찻잎으로

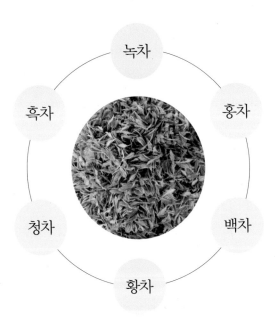

* * *
동일한 찻잎으로
다른 차를 만들었을 때
카페인 함유량에는
차이가 없다.
가공 방법에 의해
카페인 함유량이
달라지는 것은 아니다.
어떤 찻잎으로
가공했느냐에 따라
카페인 함량이 달라진다.

어떻게 즐길 것인가

다른 종류 차를 만들었을 때 카페인 함량은 차이가 없다. 카페인은 비교적 안정적인 화합물이어서 차 가공 과정에서 줄지도 늘지도 않는다는 것이다.

찻잎 카페인 함량에
영향을 미치는
요소들

가공 과정 동안에는 카페인 양이 변화가 없지만 차를 가공하기 위한 원료가 되는 생 찻잎 자체에 함유된 카페인 양은 다를 수 있다. 일반적으로, 싹이나 어린잎일수록 카페인이 더 많다. 특히 싹에 많다. 같은 지역이라면 더울 때 채엽한 찻잎에 카페인이 더 많다. 대엽종이 소엽종보다 카페인이 더 많다. 씨앗으로 심은 것보다 복제종 차나무에 더 많다. 차광 재배한 찻잎에 카페인이 더 많다. 다시 말하자면 녹차, 홍차 같은 차 종류에 따라 카페인 함량이 다른 것이 아니라 해당 차를 만든 찻잎 조건에 따라 카페인 함유량이 어느 정도는 다를 수 있다는 뜻이다. 하지만 적어도 녹차와 홍차에 있어서는 카페인 함유량을 비교적 쉽게 알 수 있는 방법이 있다. 비싼 녹차, 비싼 홍차에 카페인이 더 많이 들어 있다. 대체로 싹과 어린잎으로 만든 녹차, 홍차가 비싸다. 그리고 싹과 어린잎에 카페인이 많이 들어 있기 때문이다.

하지만 6대 다류의 카페인 함유량을 알고 싶은 것이 내가 마셨을 때의 카페인 흡수량을 염두에 두는 것이라면 또 다른 변수들도 있다.

차 카페인 함유량의
또 다른 변수들

너무나 당연한 것이지만 완성된 찻잎 크기가 작을수록 같은 시간 우렸을 때 더 많은 카페인이 추출된다. 따라서 같은 3그램이라도 아주 작은 입자로 만든 티백에서 추출되는 카페인 양이 홀리프나 브로컨 등급의 잎차에서보다 일반적으로 더 많다.

같은 조건의 차라면 우리는 시간이 길면 더 많은 카페인이 추출된다. 다만 한 가지 알아둘 것은 우리는 시간과 카페인 추출 양은 비례하지만 음용자의 카페인 흡수량은 또 다른 문제일 수 있다는 것이다. 일부 연구자는 카페인은 앞 부분에 많이 추출되고 카페인의 신체 내 흡수를 막아주는 폴리페놀, 테아닌은 시간에 비례해서 추출된다고 한다. 따라서 짧게 우릴 경우 마시는 차 속에 추출되어 나온 카페인의 절대 양은 적을지라도 흡수를 막아주는 성분이 상대적으로 더 적게 나왔기 때문에 체내 흡수량은 더 많을 수도 있다는 뜻이다.

또 하나 중요한 요소는 우리는 물 온도다. 물 온도가 높을수록 카페인이 더 많이 추출된다.

이처럼 6대 다류 속에 들어 있는 카페인 함유량에 관해서는(더욱이 마셨을 때 흡수량까지 고려하면) 너무나 많은 변수가 있다. 따라서 어느 차에 카페인이 많다, 적다는 쉽게 말할 수 있는 부분이 아니다.

3) 테아닌

차 속에는 아미노산Amino acid이 20여 형태로 존재한다. 이중 테아닌이 약 60퍼센트 정도를 차지한다. 차를 대표하는 맛은 떫은맛, 쓴맛, 감칠맛이다. 떫은맛은 주로 카데킨, 쓴맛은 주로 카페인, 감칠맛은 바로 테아닌에서 온다. 이 감칠맛(일본어로 우마미Umami라고 한다)은 일본인이 매우 선호하는 맛이다.

일본 녹차 중 고급에 속하는 것으로 교쿠로와 덴차가 있다. 덴차는 맛차를 만드는 원료 녹차다. 이들 두 종류 녹차는 채엽하기 전 3~4주 정도 햇빛을 가리는 차광재배가 특징이다. 찻잎 속 아미노산(테아닌) 성분은 햇빛(광합성)에 의해 폴리페놀 즉 카데킨으로 전환된다. 햇빛을 많이 쬘수록 테아닌 성분이 줄어들고 카데킨 성분이 늘어난다. 따라서 차

어떻게 즐길 것인가

광재배를 통해 테아닌이 카데킨으로 전환되는 것을 막아 감칠맛을 극대화시킨 것이 일본인이 가장 귀하게 여기는 교쿠로와 덴차(맛차)다.

테아닌L-Theanine 성분은 자연계에서 매우 제한적으로 존재하는 것으로 알려져 있다. 일부 자료에는 볼레투스 바디우스Boletus badius라는 버섯과 허브차를 만드는 구아우사Guayusa라는 나무, 찻잎에만 있는 성분이라고 되어 있다.

졸림 현상 없는
신경안정제

신경전달물질로 인지능력 향상, 집중력 강화에 효능이 있다고도 한다. 뿐만 아니라 사람에게 여유를 주는 알파 뇌파alpha brain wave 활동을 촉진시키고, 기분 좋게 하는 호르몬으로 알려진 세로토닌과 도파민 수준을 높인다고 한다. 테아닌의 이런 효능들로 인해 차를 마시면 마음이 편해지고 긴장이 완화된다고 느끼게 된다. 어떤 연구자는 나른함이나 졸림 현상이 없는 천연 신경안정제라고 표현하기도 한다.

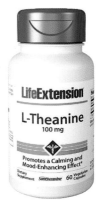

테아닌 성분을 활용한
건강 식품들

차 속 카페인의
조정자

차 속에 든 카페인과 커피 속에 든 카페인은 같은 성분이라고 보면 된다. 그럼에도 차를 마셨을 때와 커피를 마셨을 때 우리 신체에 다른 효과를 가져오는 것이 주로 테아닌 성분 때문이다. 일단 카페인 흡수를 줄여준다. 우려낸 차 속에 들어 있는 카페인 양이 커피보다도 적은데다 흡수까지 줄여줘 실제로 차를 마셨을 때 흡수되는 카페인 양은 훨씬 적다. 그리고 위에서 설명한 테아닌 효능으로 카페인의 날카로운 각성 효과를 다소 부드럽게 만들어주는 역할도 있다.

지난 10년 동안 하루 다섯 잔 이상의 홍차를 마신 나의 개인적인 경험에 따르면 "긴장감 없이 지속적으로 머리를 맑게 한다"고 말할 수 있다. 따라서 공부하는 학생들이 커피보다는 홍차를 마셨으면 한다.

나를 기분 좋게 하는 음료

건강 음료로 부각되면서 차 소비가 전 세계적으로 증가하자 차의 맛과 향의 다양함에 대한 이해를 위해서 혹은 어떤 성분이 어떤 건강상 효능을 가지는지에 대한 관심이 증가하고 있다. 하지만 차 성분에 관한 연구는 우리가 막연히 생각하는 것보다는 제대로 이루어지지 않았고, 아직 밝혀지지 않은 것이 더 많다고 학자들은 말한다.

이 책에서 정리한 것은 일반 음용자들이 궁금해 할 수 있는 것을 중심으로 가능한 쉽게 설명했다. 차에 대해서 너무 건강이라는 측면에서 접근하기보다는 "나를 즐겁고 기분 좋게 하는 음료인데 건강에도 좋다" 정도로 여겼으면 하는 것이 나의 바람이다.

어떻게 즐길 것인가

16장

홍차를 위한 설탕? 설탕을 위한 홍차?

설탕은 인간이 살아가는 데 꼭 있어야 하는 필수 영양소 중 하나다. 하지만 적어도 이 시점에서 본다면 설탕을 마치 "만병의 원인"처럼 여긴다. 왜 그런가? 지나치게 많이 먹기 때문이다. 많이 먹지 않는다고 생각할지 모르지만, 우리가 먹는 음식 중 설탕이 들어가지 않은 것은 거의 없다. 콜라, 사이다 같은 탄산음료에 설탕이 많이 들어간다는 사실은 누구나 알고 있겠지만, 이외에도 가공식품을 섭취할 기회가 늘면서 자신도 모르는 새 엄청난 양의 설탕을 먹고 있는 셈이다. 일상생활에서 인지하지 못한 채 먹는 설탕 양이 문제다. 더구나 경제 발전과 식습관 변화로 이 양은 점점 더 증가하게 된다. 이는 개인이 통제하기 쉽지 않은 부분이다. 따라서 통제할 수 있는 설탕 양이라도 줄여야 한다.

여기에 홍차의 매력이 있다. 18세기 중반을 지나면서 영국에서 홍차가 급격히 확산된 이유 중 하나가 설탕을 넣어 달게 마시게 되면서였다. 반면 오늘날 홍차가 좋은 이유는 또한 설탕을 넣지 않아도 맛있다는 것에 있으니, 이제 역사를 통해 그 역설을 살펴보자.

설탕의 축복

17세기에 들어와 대항해 시대가 본격화되면서 새로운 종류의 먹거리들이 유럽 외 지역에서 유럽으로 들어와 일상적인 상품이 되었다. 설탕, 커피, 초콜릿, 감자, 옥수수, 쌀, 담배, 토마토, 고추, 땅콩 등등. 물론 차도 여기에 포함된다.

초기 단계에서 설탕과 차의 공통점은 매우 비쌌다는 것과 약으로 여겨졌다는 데 있다. 영국에서도 차가 약으로서 약국에서 판매된 적이 있지만, 설탕은 훨씬 오래전부터 훨씬 더 광범위하게 나름의 의학적 이론을 배경으로 삼아 약으로 여겨졌다.

영국이 홍차의 나라가 된 것은 이 설탕을 홍차에 넣기 시작하면서다. 떫기만 한 차를 누가 좋아하겠는가. 더구나 비싸기까지 하다면. 설탕을 넣어 달콤해진 홍차가 '진정한 영국 홍차'가 된다.

물론 최상류층을 위한 고품질 차도 있었을 것이다. 하지만 대부분의 차는 산지에서 가공되어 항구로 이동한 후 배에 실려 영국까지 오는 데 2년 이상 걸렸다. 게다가 포장 상태 또한 변변치 않았을 것이다. 이렇게 도착한 홍차는 오늘날과 비교하면 품질도 나쁘고 몹시 떫었을 가능성이 높다. 설탕은 이 쓰고 떫은 맛을 달콤한 맛으로 변화시키면서 차 속의 카페인과 함께 사람들의 기운을 복돋았다. 이러면서 차는 기분을 좋게 하는 매력적인 음료로 받아들여지게 되었다.

홍차를 위한 설탕?
설탕을 위한 홍차?

1700년대 중반까지만 해도 차와 설탕은 비싼 가격으로 인해 최상류층만 소비했다. 이렇듯 부자들의 사치품에서 서민층으로 설탕과 차가 확산된 것은 가격 하락 덕분이다.

1730년대부터 중국에서 차를 수입하는 것이 안정화되면서 수입 물량이 증가해 가격이 낮아졌고, 설탕 또한 이 무렵에는 생산지인 카리브해

에서 설탕혁명이 일어나 물량이 늘어나고 가격 또한 하락하기 시작했다.

물론 이 당시의 가격 하락은 아주 비싼 가격에서 조금 덜 비싼 가격 정도로의 변동이었고 시간이 지나면서 단계적으로 점점 더 낮아졌다고 보는 편이 합리적이다.

1721년 = 453톤 = 인구 700만 = 연간 1인당 32잔
1790년 = 7300톤 = 인구 1200만 = 연간 1인당 304잔 = 하루 0.83잔

차 소비량 증가

위에서 보듯이 1700년대 중반을 지나면서 영국에서 차 음용 증가 비율은 엄청났다. 같은 시기에 카리브해로부터 설탕 공급도 원활해짐에 따라 영국 내 연간 설탕 소비량은 1690년대 1인당 1.8킬로그램에서 1790년

대 약 10킬로그램으로 늘어났다. 이 증가분 전부는 아니겠지만 대부분은 차 음용 증가에 따른 것이라는 게 학자들의 견해다.

이것은 18세기 영국인들이 평균적으로 프랑스인들보다 10배 이상의 설탕을 소비한 것으로도 증명된다. 프랑스도 카리브해로부터 설탕을 수입하는 데는 문제가 전혀 없었을 뿐더러, 프랑스인은 홍차를 즐기지 않았다는 데서 이런 추정이 가능해진다.

처음에는 쓰고 떫은 차를 마시기 위해 설탕이 필요했겠지만, 시간이 지나면서 우리 몸에 에너지를 주는 설탕을 맛있게 먹기 위해 차가 필요했을 수도 있다. 따라서 차 소비량 증가와 설탕 소비량 증가는 상호적이어서 어느 것 때문에 다른 하나의 소비가 증가했다고 잘라 말할 수 없다.

노동자들의
에너지원

1760년대 이후 홍차 음용 확산은 이 무렵 영국에서 시작된 산업혁명과도 여러 면에서 연관이 있다.

산업혁명으로 농업사회에서 초기 공업사회로 변모하면서 모여서 일하는 공장 시스템이 도입되자, 농업사회에서는 중요하지 않았던 출퇴근 시간이 생겨났다. 아침 시간이 바빠지면서 뜨거운 물만 부으면 간단히 준비할 수 있는 홍차에 설탕을 넣자 가난한 노동자들을 위한 훌륭한 아침식사가 되었다. 게다가 악명 높았던 차 세금이 1784년에 큰 폭으로 하락하면서 차 가격 또한 크게 내렸다. 또 하나 차의 쓴맛을 완화시키는 것이 우유였다.

먹을 것 부족으로 국민 태반이 배고픔에 시달리던 18세기 후반부터 설탕과 우유를 넣은 차는 기호품이 아니라 반드시 필요한 영양 공급원이 되었다. 차 자체에는 아무런 칼로리가 없다는 것을 생각하면 이 당시 차는 에너지원인 설탕과 우유의 단백질을 먹기 위한 수단이 되었을 수도 있다. 실제로 18세기 중반 차 음용을 반대한 이들은 가난한 사람들이 아무런 칼로리도 없는 차를 겉멋 때문에 마신다고 비난하기도 했다. 하지만 설탕과 우유를 넣어 부드럽고 달콤하게 바뀐 홍차를 마시는 새로운 관습이 그들의 어려운 삶을 극복하는 데 더 도움이 되었음이 분명하다.

커피가 먼저 들어왔음에도 영국이 결국 차의 나라가 된 것은 프랑스와의 전쟁으로 커피 공급이 어렵게 된 반면 아시아로부터 차 공급은 원할했던 것이 주요 이유였다. 사실 이 무렵에 주로 수입된 것은 녹차였다. 유럽에 처음 들어간 차가 당시 중국에서 가장 일반적으로 음용되던 녹차였기 때문이다. 이 녹차가 영국까지 운송되는 데 약 15개월이 걸렸다.

앞에서 언급한 것처럼 이렇게 오랜 시간이 걸려 도착한 녹차의 품질이 좋을 리가 없었다. 다행히 녹차 수입 물량이 조금씩 늘어나면서 홍차도 같이 들어오고 있었다. 가공 과정에서 이미 산화가 된 홍차는 산화가 안 된 녹차보다 차 성질상 좋은 품질 상태가 오래 유지되고, 따라서 맛도 상대적으로 더 좋았을 것이다.

게다가 위에서 설명한 것처럼 설탕과 우유를 넣으면서 녹차보다 홍차가 훨씬 더 영국인의 취향에 맞게 되어 점점 더 홍차로 전환되었다. 물론 그 당시 매우 비싼 차 가격으로 인해 가짜 차가 많이 제조되었고, 녹색 잎의 가짜 녹차는 만들기가 쉽고 적색을 띠는 홍차는 가짜로 만들기가 더 어려웠다. 이런 것들도 소비자들이 홍차를 선택하는 데 어느 정도 영향을 미쳤으리라 본다.

이런 요인들이 합해져 18세기 말 영국은 녹차에서 홍차로 거의 모두 넘어간 상태였다. 우유 넣은 녹차보다는 우유 넣은 홍차가 더 맛있기 때

문이다.

설탕과 우유가 들어간 홍차는 점점 더 노동자들에게 필요한 에너지 공급원이 되었다. 공장 시스템이 점점 더 확대됨에 따라 고용주들은 일하는 도중 카페인과 설탕이 든 홍차를 마시는 티 브레이크tea break가 노동 효율성을 더 높인다는 사실을 알게 되었다. 직장에서 근무 중 나른하면 커피를 마셔가며 스스로를 재충전하는 것과 비슷한 이유로 말이다.

이렇게 카페인과 당분이 풍부한 홍차가 영국인의 생활에서 빼놓을 수 없는 필수품으로 자리 잡아 이런 음용법이 아직까지 영국에서는 대세를 이루고 있다.

지난 10여 년간 우리나라에서 커피 음용 방법의 변화는 과히 혁명적이다. 10년 전만 하더라도 커피에 설탕과 크림을 넣은 믹스커피가 대세였다. 정확히 말하면 우리나라에서 처음 커피가 도입되면서부터 약 10년 전까지 크림과 설탕은 항상 세트로 움직였다고 볼 수 있다. 사실 커피가 맛이 없을 때는 설탕과 크림을 넣을 수밖에 없다. 쓴 맛만 나는 커피는 매력이 없기 때문이다.

소득 수준 향상과 빈번해진 해외여행 경험을 통해 고급커피에 대한 수요가 늘어나면서 커피 자체의 맛과 향을 즐기는 음용자들이 생겨났다. 설탕 과용이 건강에 나쁘다는 부정적 이미지도 영향을 미쳤겠지만, 커피 자체의 맛과 향을 온전히 느끼기 위해서는 아무것도 넣지 않는 것이 중요하다.

요즘 홍차는 과거 영국 노동자들이 마신 낮은 품질의 홍차가 아니다. 가공법과 보관 방법의 개선, 운송 수단 발전 등으로 가격을 떠나 현대인들은 기본적으로 좋은 홍차를 마시고 있다.

따라서 요즘의 홍차는 설탕을 넣지 않아도 맛있다. 오히려 설탕을 넣으면 홍차 원래의 맛을 살리지 못한다. '홍차는 떫다'는 편견은 홍차를 제대로 우리지 못하던 시절의 이야기다. 제대로만 우린다면 설탕을 넣지 않아야 더 맛있다.

그리고 많이 마실 수 있다. 나는 물 400밀리리터를 기본으로 해서 우리는데, 이것을 하루에 적어도 4~5회 반복한다. 약 2리터를 마시는 것이다. 하루에 2리터의 물을 마시면 모든 질병의 80퍼센트를 줄일 수 있다는 세계보건기구의 발표를 인용하지 않더라도 물을 많이 마시는 것이 건강에 좋다는 사실은 누구나 알고 있다. 홍차는 99퍼센트가 물이다. 400밀리리터 물에 찻잎 2~3그램을 넣고 우려서 마시는 물이다. 맛있고 몸과 마음에 위안을 준다. 바로 이것이 홍차의 장점이다.

한때는 영양 부족에 시달리는 영국인에게 설탕을 즐겁게 먹을 수 있게 해준 홍차가 이제 영양 과다(혹은 설탕 과다)의 현대에 설탕 없이도 맛있게 마실 수 있는 음료가 되었다. 시대를 초월하는 홍차의 축복이다.

어떻게 즐길 것인가

17장
홍차 맛있게 우리는 법

사람들은 보통 홍차가 떫다고 생각한다. 내가 처음으로 우려낸 홍차도 떫었다. 설탕을 넣어야 그나마 먹을 수 있을 정도로. 이 '떫은 맛'에 대한 사람들의 기억이 어디에서 왔으며, 내가 처음 우린 홍차는 왜 떫었을까?

첫째이자 가장 큰 이유는 제대로 우리지 않아서다. 둘째는 아마도 품질이 낮은 홍차, 주로 값싼 티백을(요즈음은 고품질 티백도 많지만) 썼을 것

이며, 셋째는 우리 혀가 단맛에 완전히 길들여져 있었기 때문일 것이다.

이렇게 세 가지 이유를 나열하지만 떫고 맛없는 홍차가 되는 가장 큰 이유는 역시 제대로 우리지 않았다는 데 있다. 제대로 우리지 않았다는 것은 무엇을 말하는 걸까? 물과 찻잎 양의 비율, 물의 온도, 우리는 시간이 적절하지 않았다는 의미다. 이 세 가지만 제대로 하면 새로운 세계를 경험할 수 있다. 그 세계로 들어가보자. 그 전에 우선 홍차의 나라 영국은 맛있게 우리는 방법에 대해서 어떤 기준을 가지고 있는지 알아보자.

홍차를 맛있게 우리는 영국의 기준

『동물농장』 『1984년』 등으로 잘 알려진 영국작가 조지 오웰George Orwell(1903~1950)은 홍차 애호가로도 유명하다. 1946년 1월 12일자 『런던이브닝스탠더드』에 기고한 「한 잔의 맛있는 홍차A nice cup of tea」는 홍차를 맛있게 우리는 자신의 11가지 원칙을 설명한 것으로 홍차 관련 에세이로는 지금까지도 최고로 꼽힌다. 그런데 이 글의 첫 문장은 뜻밖에도 다음과 같이 시작한다.

> "손에 잡히는 아무 요리책에서 '홍차'를 찾아보면 십중팔구 언급된 내용이 없거나 혹은 있다 하더라도 가장 중요한 몇몇 관심사에 관해서는 정작 별다른 도움이 되지 않는 대략적인 몇 줄의 설명만을 보게 될 것이다. 이 점이 참 흥미롭다. 홍차가 아일랜드, 오스트레일리아, 뉴질랜드뿐만 아니라 영국에서도 문명의 주요한 요소 중 하나이며 홍차를 가장 맛있게 우리는 방법이 열띤 논쟁의 주제라는 것을 생각하면 더욱 그렇다."

···
조지 오웰

이 글을 통해 보건대 홍차의 나라 영국에서도 '맛있게 우리는 법'에

어떻게 즐길 것인가

대해서는 (당연히!) 다양한 주장이 있지만 요리책에 나올 정도로 일치된 견해는 없다는 것을 알 수 있다.

조지 오웰 자신도 11가지 원칙의 네 번째에서 "홍차는 맛이 강해야 한다. 1쿼터(약 1.14리터) 용량 티포트에는 가득 담은 티스푼 여섯 개 분량이 적당할 것이다"라고만 적었다. 지금도 영국에서 출간된 홍차 관련 책에 나와 있는 '맛있게 우리는 법'은 이와 크게 다르지 않다. 대체로 "한 사람당 한 스푼 그리고 티포트를 위해서 한 스푼 더"라고 적혀 있다. 즉 세 사람이 마실 요량으로 우릴 경우는 네 스푼의 홍차를 넣는다는 뜻이다.

게다가 음용되는 홍차의 95퍼센트가 티백으로 소비되는 오늘날 영국에서는 '맛있게 우리는 법'에 대한 가이드가 더 복잡해질 수밖에 없고 심지어 의미가 없을 수도 있다. 대부분 머그잔에 우리기 때문이다. 음용자가 어떤 크기의 머그잔에 우릴지 물의 양이 얼마나 될지 심지어 몇 분을 우릴지도 알 수 없다. 즉 오웰이 추천한 "1쿼터 티포트에 가득 담은 티스푼 여섯 개 분량"보다도 기준을 정하기가 더 어렵다는 뜻이다(오웰이 해당 글을 쓸 당시 영국은 티백이 일반화되지 않았다). 오웰 자신도 물 양과 홍차 양은 제시했지만 시간에 대한 언급은 없다. 물 양과 홍차 양 못지않게 우리는 시간이 중요함에도.

영국의 기준이 이처럼 모호할 수밖에 없는 것은 영국인이 마시는 홍차 맛에 영향을 미치는 또 다른 변수가 있기 때문이다. 즉 우유와 설탕이다. 영국은 오랫동안 홍차에 우유와 설탕을 넣어왔다. 아주 최근에 들어서야 건강에 대한 우려로 설탕은 넣지 않는 경우가 많지만 우유는 여전히 80퍼센트가 넘는 음용자가 넣고 있다.

우유와 설탕은 홍차 맛에 아주 큰 영향을 미친다. 따라서 홍차 자체를 맛있게 우린다는 것이 별 의미가 없을 수도 있다. 어떻게 우려졌을지도 모르는 몇 밀리리터의 홍차에 우유 몇 밀리리터를 넣고 설탕 몇 스푼을 넣어야 맛있다고 하기에는 너무나 많은 변수가 있기 때문이다.

2000년대 초반 무렵 우리나라 커피 음용방식을 돌아보면 대체로 인스턴트 커피에 설탕과 크림분말을 넣었다. '커피를 맛있게 타는 법'에 대한 당시 자료를 보면 "커피 몇 스푼, 설탕 몇 스푼, 크림 몇 스푼" 정도로 막연하게 나와 있다. 이러다 보니 사람마다 타는 커피 맛이 다 달랐다. 사무실 같은 곳에서는 커피를 맛있게 타는 사람이 인기가 있곤 했다. 이 문제를 해결한 것이 '믹스커피'였다. 많은 수의 커피 음용자를 대상으로 소비자 조사를 실시하여 나름의 '표준적인 맛'을 찾아내 이에 맞춰 커피, 크림, 설탕을 배합한 제품이다. 이렇게 커피가 맛있어졌고 이것이 우리 커피 시장을 성장시킨 한 이유가 되었다.

하지만 찻잎을 '우려서' 마시는 홍차는 커피와는 속성이 달라 '믹스커피'에 해당하는 것을 만들 수 없다. 따라서 영국이나 영국 스타일로 홍차를 마시는 대부분의 홍차 음용국에서도 여전히 맛있게 우리는 법에 관한 일치된 레시피를 갖기 어렵다. 하지만 다른 측면에서 보면 적당히만 우려도 우유와 설탕을 넣어 어느 정도는 마실 만한 홍차로 만들 수도 있다.

우리나라는 경우가 다르다. 녹차 음용 방식에 영향을 받은 탓으로 우리나라 홍차 음용자들은 대부분 우유와 설탕을 넣지 않는다. 따라서 우린 홍차 자체의 맛이 굉장히 중요하다. 제대로, 맛있게 우려야 하는 이유다.

우림의 과학

차를 맛있게 우리는 방법은 과학과 약간의 정성, 감각의 조화에 그 답이 있다. 여기서 과학이란 누구나 따라할 수 있는 정해진 규칙을 말한다.

어떻게 즐길 것인가

우선 홍차 양과 물 양의 비율 및 물의 온도, 우리는 시간을 지키면 된다. 그러나 분명히 말해두고 싶은 것은 모든 음용자는 자기가 선호하는 맛이 있다. 따라서 모든 사람에게 맞는 골든 룰은 없다. 여기서 제안하는 것은 초심자들이 자신의 취향을 찾기까지 하나의 출발점으로 삼을 수 있는 가이드일 뿐이다.

그리고 홍차마다 특징이 약간씩 다르므로 익숙하지 않은 홍차를 처음 마실 때도 이 규칙을 적용해보는 게 좋다.

물 400밀리미터, 홍차 2그램, 펄펄 끓인 물, 3분 우림.

이것이 내가 생각하는 한번 우리는 최소 단위다. 물 양이 늘어나면 홍차 양도 같은 비율로 늘리면 된다. 우리는 시간은 양과 상관없이 동일하다. 우선 홍차 2그램이 의미하는 바를 설명하겠다.

숫자를 예로 든다면, 보통 사람에게 있어 맛이 지나치게 강해서 싫고 (80 이상, 숫자는 맛의 강도), 또 무척 약해서(60 이하) 싫다고 하는 맛의 상

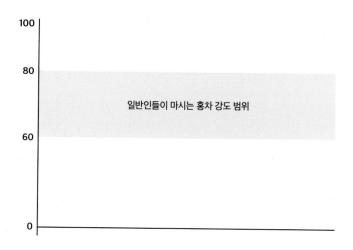

하 지점이 있다고 가정한다면, 60에서 80 사이는 보통 사람에게 마실 만하거나 맛있게 느껴지는 범위다. 여기서 말한 물 400밀리리터에 홍차 2그램은 내 경험으로는 보통 사람이 부담 없이 마실 수 있는 60~80 범위에서 60에 해당된다. 즉, 마실 만한 범위에서는 다소 약한 지점이라는 뜻이다.

새로운 차를 구입하거나 선물 받았을 때는 일단 2그램에서 시작해서 우려보고 약하다고 느껴지면 2.5그램, 3그램으로 조금씩 양을 늘려가면서 자신의 입맛에 맞는 양을 찾으면 된다.

우리는 시간

잉글리시 브렉퍼스트, 애프터눈 티 같은 가장 일반적이고 접하기 쉬운 블렌딩 홍차를 기준으로 3분을 우린다는 뜻이다. 잎차loose tea 기준이며 대부분 브로컨 등급인 경우가 많다.

하지만 모든 홍차를 3분 동안 우리지는 않는다. 어떤 홍차는 4분, 5분을 우려야 하는 것도 있다. 이렇게 우리는 시간을 판단하는 기준은 무엇인가. 가장 중요한 것은 찻잎의 크기다.

일반적으로 유념(비비기)을 많이 한 (홍)차는 빨리 우러난다. 찻잎에 상처가 많거나 찻잎 크기가 작기 때문이다. 반대로 유념을 적게(짧게)한 차는 찻잎에 상처가 적거나 찻잎이 크다. 이런 찻잎은 천천히 우러난다.

기문, 윈난 같은 중국 홍차는 대체로 5분 정도 우리는 게 좋다. 스리랑카나 인도 홍차보다는 비교적 유념을 부드럽게 하기 때문이다.

스리랑카나 인도 홍차라도 요즘은 찻잎이 큰 높은 등급의 홍차도 많다. 특히 다르질링 FF 같은 경우는 유념을 한 듯 만 듯 할 정도로 부피가 큰 것이 있다. 이런 것은 5분 정도 우려야 한다.

아주 작은 크기의 찻잎이 들어 있는 사각형 티백홍차는 2분이 적당

어떻게 즐길 것인가

하며 2분 30초를 넘기지 않는 것이 좋다.

즉 대부분 3분을 우리되 찻잎 크기가 크다는 느낌이 들면 3분 이상 우려도 되며, 대개의 중국 홍차는 5분을 우린다.

물 온도

기본적으로 산화를 많이 한 차는 물 온도가 높아야 찻잎 속에 들어 있는 성분을 제대로 추출한다. 홍차와 우롱차 중에서도 타이완의 동방미인, 푸젠성의 우이암차 같은 경우는 펄펄 끓인 물이 좋다. 산화시키지 않은 녹차나 약하게 시킨 철관음, 문산포종 같은 우롱차는 펄펄 끓인 후 한 김 나가게 한 물로 우리면 된다. 물 온도를 낮춘다는 의미가 아니라 한 김 나가게 하는 정도를 뜻한다. 애매하면 그냥 펄펄 끓인 물에 우려도 된다.

최근 산화를 아주 약하게 시킨 다르질링 FF 같은 경우도 한 김 나가게 한 물이 좋다.

백호은침, 곽산황아 같이 싹으로만 만든 데다 산화조차 거의 되지 않은 백차나 황차는 물 온도를 꽤 낮추어야 한다. 우리나라 녹차와는 달리 일본 녹차를 우릴 때도 물 온도를 꽤 낮추어야 한다.

하지만 기억할 것은 잘 판단이 서지 않으면 펄펄 끓인 물에 우리면 된다. 물 온도가 높아서 맛이 없을 확률보다는 낮아서 맛이 없을 확률이 더 높기 때문이다. 나는 대부분 펄펄 끓인 물로 우린다.

최소 단위 물 양을 400밀리미터로 한 것은 양이 어느 정도 되어야 3~5분 우리는 동안 물 온도가 쉽게 내려가지 않기도 하고, 찻잎이 마음껏 점핑할 수 있기 때문이다.

티포트

티포트 크기는 최소 70퍼센트 이상을 물로 채울 수 있는 크기가 좋다. 400밀리리터 정도 차를 우리기 위해서는 600밀리미터 전후의 용량이 적당하다.

보통 자기 티포트와 유리 티포트를 많이 사용한다. 멋진 디자인의 자기 티포트가 품위는 더 있지만, 차가 우러나는 생동감 있는 모습을 보는 데는 유리 티포트의 장점이 크다. 나는 대부분 유리 티포트를 사용한다. 사실 사용하기에도 훨씬 편리하다. 우릴 때는 항상 티포트 뚜껑을 덮어야 한다. 그래야만 찻잎이 좀더 균일하게 펴지며, 우려진 차도 더 맛있다. 아마도 이론적으로는 뚜껑이 물 온도를 유지하는 데 도움이 되기도 하며 우리는 과정에서 발산되는 차 향도 가둬두는 효과가 있지 않을까 생각된다.

또 하나 기본적인 사항은 티포트를 예열하는 것이다. 차가 우려지는 동안 가능한 뜨거운 온도를 유지하기 위해서는 티포트를 미리 예열해두

어떻게 즐길 것인가

는 것이 좋다. 특히 겨울철에는 예열하지 않은 티포트에 끓인 물을 부으면 순식간에 10도씨 이상 떨어진다.

차를 맛있게 우리는 데 있어 또 하나 매우 중요한 요소는 물이다. 위 설명대로 아무리 잘 우린다 해도 우리는 물이 차에 적합하지 않으면 맛이 없다. 차 우리는 물을 선택할 때 고려해야 하는 것은 두 가지다.

산성, 알칼리성 여부와 경수, 연수 여부다. 산성, 알칼리성을 판단하는 기준은 pH 지수다. 7이 중성이며 숫자가 높으면 알칼리성이고 낮으면 산성이다. 차를 우리는 물은 중성인 7이 가장 좋다. pH지수는 차를 우리는 물 뿐만 아니라 식수에도 매우 중요하다. 따라서 수돗물이나 시중에서 구할 수 있는 생수는 대부분 6.5~7.5 사이에 있으므로 크게 신경 쓰지 않아도 된다.

중요한 것은 경수, 연수 여부다. 일반적으로 경수(센물)는 광물질(미네랄)을 많이 함유하고 있는 것인데 이중에서도 중요한 것은 칼슘과 마그네슘 양이다.

시중에서 판매되는 모든 생수에는 칼슘과 마그네슘 양이 표시되어 있다. 참고로 에비앙(칼슘 54~87, 마그네슘 20.3~26.4)과 삼다수(칼슘 2.5~4.0, 마그네슘 1.7~3.5)는 칼슘과 마그네슘 양이 거의 양 극단에 있다.

에비앙으로 우린 차는 아주 고약한 냄새가 나서 마실 수 없을 정도다. 삼다수로 우린 차가 맛있다는 것은 칼슘과 마그네슘 양으로도 설명이 된다. 따라서 차에 가장 이상적인 물은 pH는 중성이며 가능하면 광물질을 적게, 즉 칼슘과 마그네슘을 적게 함유하고 있는 것이다.

물의 성질이 중요한 이유

산성·알칼리성 여부, 경수·연수 여부가 중요한 까닭은 차 우리는 데 있어 물의 성질이 찻잎으로부터 수용성 고형물질을 추출해내는 과정에 영향을 미치며 최종적으로 차의 수색, 향, 맛을 좌우하기 때문이다.

일반적으로 우리나라 물은 차를 우리기에는 아주 좋은 편이다. 수돗물은 정수해서 쓰는 것이 좋지만 미네랄을 완전히 제거해버리는 정수기는 좋지 않다. 나는 큰 주전자 크기의 휴대용 브리타Brita 정수기를 사용한다. 브리타로 정수한 물이 홍차를 우렸을 때 가장 맛있다.

맛과 향이 좋은 차를 적합하지 않는 물에 우리면 결국은 맛없는 차가 된다. 물이 중요한 이유다.

홍차의 살아 있는 맛과 향을 위하여

여기까지가 위에서 말한 과학, 즉 누구나 따라할 수 있는 것이다. 나머지는 정성과 감각에 달려 있다. 똑같이 차를 우려도 맛있게 우리는 사람이 있다. 소위 손맛이 있는 사람이다. 사랑하는 사람을 위해 차를 우렸을 때와 내키지 않는 마음으로 억지로 우렸을 때의 차 맛이 결코 같을 수는 없다.

우리고 있는 3~5분 동안 티포트를 두어 번 흔들어주고 티포트를 응시하는 그 작은 정성이 우려진 차 맛에 같이 녹아든다.

좋은 차를 준비하는 것도 중요하다. 좋은 차를 고르는 안목이 없으면 믿을 만한 회사에서 나온 유통 기간이 충분한 홍차를 선택하면 된다. 오랜 기간 검증된 훌륭한 차 회사의 좋은 브랜드가 많다. 국내에서 구입할 수 있는 것도 있고, 수입되지 않는 것은 구매 대행이나 인터넷을 통해 직접 구입할 수도 있다.

좋은 품질의 홍차를 위의 규칙에 따라 우리면 그동안 알고 있었던 것과 전혀 다른 홍차의 맛과 향을 즐길 수 있다.

어떻게 즐길 것인가

단점이라면 사무실이나 일터에서 종이컵에 정수기 물을 붓고 우려서는 결코 훌륭한 홍차 맛을 즐길 수 없다는 것이다. 커피믹스처럼 종이컵에 넣고 물을 부어 타는 데 30초, 마시는 데 3분, 이런 식의 초스피드는 홍차와는 결코 맞지 않다.

다 우린 뒤에도 여전히 아주 뜨거운 홍차를 적어도 250~300밀리리터 정도 되는 큰 홍차 잔에 가득 따르면, 표면에 포기 크랙이 생기면서 하얀 김이 올라온다.(포기 크랙Foggy Crack. 잘 우린 홍차를 잔에 가득 따를 때 표면에 하얀 안개 같은 것이 생기면서 표면이 갈라지는 현상) 거기에다 코를 대면 훅 하고 올라오는 향……. 그리고 향을 맡으면서 홍차가 천천히 식어가도록 기다리는 동안의 여유가 바로 홍차를 제대로 마실 수 있는 분위기다.

이렇게 마시는 홍차는 전혀 떫지 않다. 설탕을 넣지 않고도 혀를 감싸는 부드러움을 느낄 수 있다. 여전히 홍차가 떫고 맛없다고 생각하는 이들에게 이렇게 맛있는 홍차를 한번 직접 대접하고 싶은 심정이 간절하다.

잠시 차에 대한 느낌을 갖는 것이 일종의 품평이다. 혼자서 느껴보고 판단하는 것, 차를 즐기는 사람끼리 모여서 각자의 판단을 교환하는 것, 전문적으로 차를 평가하는 것은 그 과정이 어떻게 보면 크게 다를 바 없다. 공식적인 품평에서는 이런 단계들을 좀더 수량화, 객관화한다는 정도의 차이만 있을 뿐이다. 이 단계들을 익혀놓으면 혼자서 마실 때도 유용하므로 한번 살펴보자.

어떻게 즐길 것인가

차를 평가할 때는 일반적으로 다섯 단계 과정을 밟는다.

첫째, 차 외형을 본다

우리기 전 찻잎 외형은 100퍼센트는 아니지만 우렸을 때의 차 품질에 관하여 어느 정도 예측을 가능케 한다. 찻잎이 서로 비슷하며 일관성이 있어야 좋다. 모양도 비슷하고 크기도 비슷해야 한다. 따라서 잔 부스러기가 많으면 좋지 않다.

골든 팁은 싹과 어린잎이 들어 있는 징표니 대체로는 좋은 의미다. 그리고 마른 찻잎에서도 신선한 향이 나는 것이 좋다.

등급이 높고 가격대가 높은 홍차일수록 유념을 부드럽게 하는 추세다. 마른 찻잎이 단단히 말려 있지 않다는 뜻이다. 이런 홍차는 구입해서 1년 정도 지나면 점점 부스러기가 많아진다. 이 상태로 우리면 맛이 좋지 않다. 나는 가끔씩 하얀색 종이에 차를 통째로 쏟아놓고 나름의 방법으로 큰 찻잎과 부스러기를 분류한다. 같은 차라도 찻잎 크기가 달라지면 다른 차가 된다.

둘째, 우린 뒤에는 수색을 본다

보통은 우려졌을 때 나타나는 그 차만의 고유한 기본 색상이 있다. 다르질링 퍼스트 플러시의 연한 호박색이나 아삼 홍차의 적색 계열 수색이 그 예다. 일반적으로 알고 있는 기본 색상 범위를 많이 벗어난다면 가공이나 우리는 과정에서 뭔가 잘못되었을 가능성이 높다.

기본적인 색상 범주에 들어간다면 찻물이 맑고 깔끔한지, 탁하고 흐린지를 평가하면 된다. 보기 좋은 떡이 먹기에도 좋다고, 눈으로 봐서 기분 좋은 차는 대체로 맛도 좋다.

셋째, 우린 잎의 향을 맡는다

우리는 보통 우려진 찻물의 향을 맡지만 전문가들은 찻물이 아니라 우려진 찻잎의 향을 맡는다. 찻물을 부어내고 뜨거운 티포트의 뚜껑을 열어 뜨거운 열기가 나가게 한 뒤 코를 갖다 대면 찻잎에서 다양한 향을 잡아낼 수 있다. 열기가 남아 있을 때 맡는 열후, 조금 식었을 때 맡는 온후, 완전히 식었을 때 맡는 냉후를 비교해보라. 그간의 경험으로는 잘 만든 차일수록 냉후에 꽃 향기 같은 것이 진하게 남으면서 달콤하고 향기로운 향이 오래간다.

넷째, 우린 차를 맛본다

이제 차를 맛보자. 여기에도 약간의 테크닉이 필요한데, 그냥 마시지 말고 뜨거운 물을 마실 때 입술 끝에서 '스읍' 하고 들이키듯이 맛보는 것이 좋다. 즉 소량의 차를 공기와 함께 빨리 들이켜 입안에 확 뿌려준다. 이렇게 하면 입속에 있는 미각과 후각 기관에 동시에 접촉해 맛과 향을 한꺼번에 느낄 수 있으며, 이것이 제대로 된 맛을 보는 방법이다.

시음이나 평가할 때 요란하게 들이키는 것은 예의 없는 것이 아니라 제대로 맛보는 방법이므로 한번 따라해보는 것도 좋다.

차를 마시면서 향을 맡는 방법도 있는데, 일단 차를 입에 머금었다가 삼킨 뒤 바로 코를 통해 숨을 내쉰다. 이 방법이 코로 직접 맡을 때보다 더 선명하게 향을 인지하게 해준다는 주장도 있다.

차를 맛볼 때 주요한 요소가 찻물의 바디감이다. '바디감이 있다'는 건 꿀물을 마실 때처럼 액체이지만 뭔가 입안을 코팅하는 듯한 느낌을 주는 감촉이다. '바디감이 없다'면 그냥 혀에서 물처럼 힘없이 흘러내리는 느낌이다. 맥주를 좋아하는 사람에게 에일 맥주는 바디감이 있고 라거 맥주는 바디감이 없는 것과 같다. 반드시 그런 것은 아니지만 바디감

어떻게 즐길 것인가

은 좋은 차의 중요한 요건 중 하나다. 좋은 옷감은 얇더라도 힘이 있듯이 좋은 차는 두텁지는 않더라도 기본적인 바디감을 갖고 있다.

이제 차의 향과 바디감에 대한 평가가 이뤄졌다면 맛 자체를 찾아보자. 차에서 어떤 맛이 나는가? 무슨 차에 무슨 맛이 나야 한다는 고정관념을 가질 필요는 없다. 좋은 차는 입안에서 맛이 변하는 것을 느낄 수 있다. 또한 차가 식어가면서도 맛이 변한다. 좋은 단일 다원 홍차는 식으면 오히려 더 깔끔한 맛을 내는 경우도 많다. 반면에 잉글리시 브렉퍼스트 같은 블렌딩 제품은 식어버리면 차가 무거워지는 느낌이 들기도 한다. 이건 바디감과는 조금 다른 뉘앙스인데, 뭔가 텁텁해지는, 이렇게 식어버린 차를 마시고 나면 입을 다시 물로 헹구고 싶은 생각이 들 때도 있다. 아무리 좋은 블렌딩 홍차라도 그렇다. 하지만 이것이 블렌딩 홍차보다 단일 다원 홍차가 좋다는 것을 말하는 것은 아니다. 차 성질이 다를 뿐이다

좋은 차의 또 하나 특징은 뒷맛이다. 즉 차를 다 마신 뒤에도 얼마나 오랫동안 입안에 그 맛이 남아 있느냐는 것이다. 이것을 후미가 좋다, 회감이 좋다고 표현하기도 한다.

(홍)차는 너무 뜨거울 때는 마시지 않는 것이 좋다. 후후 불어가면서 마시는 모습은 보기에도 좋지 않고 맛도 알 수 없다. 뜨거움 자체에 혀가 먼저 반응하기 때문이다. 뜨거울 때는 홍차 향을 먼저 즐기다가 어느 정도 시간이 흘러, 입안에서 뜨거움이 느껴지지 않을 때 마셔야 그 맛을 제대로 알 수 있다. 이건 커피도 마찬가지다.

다섯째, 우리고 난 뒤의 찻잎을 본다

이 단계는 홍차 위주의 서양과 녹차 위주의 중국이 중시하는 정도가 다르다. 홍차는 보통 강한 유념 과정을 거쳐 찻잎이 잘게 부숴지는 경우

가 많다. 따라서 우린 잎 형태에 큰 의의를 두지는 않는다. 반면 잘 만들어진 녹차는 우리고 난 후 찻잎이 처음 채엽되었을 때의 모습으로 돌아가기 때문에 우린 잎 상태를 중요하게 여긴다.

최근에는 홍차도 고급화되면서(특히 다르질링 FF) 싹과 어린잎 중심의 높은 등급이 많아 엽저(우린 뒤의 찻잎을 엽저라고 한다) 상태가 거의 온전한 모습을 갖고 있는 경우도 어렵지 않게 볼 수 있다.

공통적으로는 눈으로 보고 손으로 만져서 찻잎의 여린 정도, 크기의 균일성, 색상 등을 관찰해 어떤 찻잎으로 얼마나 정성스럽게 가공되었는지를 평가한다.

맛에는 옳고 그름이 없다

위 다섯 단계는 필요에 따라 대략적으로 행해질 수도 있고 혹은 철저하게 개량화 할 수도 있다. 공식적인 품평은 조건의 통일성을 위해 사용하는 도구들이 규격화되고 어떤 차인가에 따라 찻잎 양과 물의 양 그리고 우리는 시간 등이 어느 정도 정해져 있기도 하다.

내가 함께 차를 즐기는 사람들과 품평할 때는 유리 티포트를 선호한다. 찻잎이 우러나는 모습을 볼 수 있기 때문이다. 다만 잔은 가능하면 흰색 자기 잔이 좋다. 차의 색상과 탁도 등을 잘 구별할 수 있는 장점이 있다.

그리고 차를 즐기면서 맛있게 마실 때와 차를 비교하면서 평가할 때는 우린 차 강도를 조금 다르게 해야 한다. 맛있게 마실 목적이라면 400 밀리리터 물에 보통 2~3그램 사이를, 시작은 최하 한계선인 2그램을 추천한다. 이렇게 우리면 대체로 부드럽고 향기롭게 차를 즐길 수 있지만, 두 가지 이상의 차를 비교할 때는 차 특성이 확실히 나타나지 않을 수 있다.

어떻게 즐길 것인가

따라서 비교를 위한 시음에서는 400밀리리터당 3~4그램의 찻잎을 사용하여 좀더 강하게 우려야 특성이 정확히 나타난다. 전문가들이 차를 품평할 때는 150밀리리터에 3그램 정도를 넣는다. 차를 품평할 때의 분위기와 마음 상태도 중요하다. 편안한 사람들과 함께 편안한 장소에서 해야 하며, 마음도 편안해야 한다. 이 말은 내 평가를 다른 사람들이 어떻게 판단할까를 의식하는 분위기여서는 안 된다는 뜻이다. 서로가 편안한 분위기여야 차에서 느끼는 감정을 솔직히 말할 수 있다.

맛이라는 것은 극히 주관적인 경험과 연결되어 있기 때문에 딱히 정답이 있을 수 없다. 서양 티 테이스터Taster들 사이에서는 "10명의 테이스터에게서 11가지 의견이 나온다"는 말이 있다. 유치원생들처럼 마냥 편안하게 말을 해야 하는데, 내가 이렇게 말하면 저 사람은 어떻게 생각할까를 의식하면 불편해져서 품평 효과가 반감한다.

나 역시 똑같은 차를 똑같은 절차에 따라 우려도 맛과 향이 항상 동일한 것은 아니다. 50퍼센트 정도만 같다고 느낀다. 나머지 50퍼센트는 기분이 좋은가 나쁜가, 배가 부른가 고픈가, 갈증이 있는 상태인가 아닌가, 그날 처음 마시는 차인가 아닌가, 피곤한가 그렇지 않은가 등 여러 변수에 따라 맛이 달라진다.

그러니 내가 느낀 맛을 스스럼없이 표현하고 다른 사람 의견과 비교해가면서 차에 대한 감각을 훈련하는 것이 좋다.

이런 과정을 되풀이하다보면, 처음에는 꽃 향이 난다고 표현하다가 나중에는 장미향이나, 치자꽃 향, 더운 여름날 마당에 물을 뿌렸을 때 확 올라오는 흙냄새와 비슷하다는 표현이 나오고, 이런 표현에 서로 공감하면서 즐거움을 느낀다. 중요한 것은 스스로 즐거움을 느껴야 한다.

즐기자고 마시는 차인데 스트레스가 되어서는 안 된다. 하나 더 덧붙이자면 다양한 종류의 차를 많이 마시는 것 역시 중요하다.

판매되는 홍차 포장지나 틴에 몇 개의 알파벳이 대문자로 나열되어 있
는 경우가 있다. 이 표시는 홍차 등급을 나타내는 용어들의 약자로 찻
잎 크기와 외관(외관은 싹 포함 여부와 많고 적음을 의미한다)에 대한 정보
를 준다.

　건조 과정을 마친 찻잎은 이제 품질로서는 완성되었다고 봐도 된다.
그러나 채엽 후 위조, 유념, 산화, 건조 과정을 거치면서 각 단계에 가해
지는 힘에 의해 채엽되었을 때 찻잎과는 달리 완성된 차는 크기가 다른

　　　　　　　　　　　　　　　　　　　　　　　　　　　···
　　　　　　　　　　　　　　　　　　　　　　　등급을 표시한 알파벳,
　　　　　　　　　　　　　　　　　　　　　왼쪽부터 SFTGFOP1,
　　　　　　　　　　　　　　　　　　　　　　FTGFOP, FTGFOP1

찻잎들 조각으로 이뤄져 있다. 완성된 찻잎 크기에 따라 우러나는 속도가 다르고 맛과 향의 속성도 달라진다. 같은 차라도 찻잎 크기가 달라지면 다른 차가 된다는 말을 기억할 것이다. 홍차 등급은 이 차가 어떤 찻잎으로 만들어졌으며 따라서 어떠한 맛과 향을 가졌을 가능성이 높다는 것을 소비자에게 알려주는 표시라고 보면 된다.

아래 알파벳이 우리가 흔히 볼 수 있는 등급이다. 하나씩 설명해보겠다.

홀리프 등급 SFTGFOP FTGFOP TGFOP GFOP **FOP** OP PEKOE
브로컨 등급 GFBOP FBOP BOP
Fannings
Dust

첫줄에 있는 홀리프 등급 각각의 알파벳이 정해지는 과정을 보자. 기본이 되는 등급은 진하게 표시한 FOP다.

FOP(플라워리 오렌지 페코 Flowery orange pekoe)

설명을 쉽게 하기 위해 예를 많이 들겠다. 다원 면적은 넓겠지만 나름 구역이 구분되어 있을 것이다. 티 플러커인 A씨가 채엽할 구역(혹은 면적)도 정해져 있을 것이다. 이 면적 안에는 수백 그루에서 수천 그루의 차나무가 심어져 있다. A씨가 채엽하려고 하는 어느 특정한 날 아침, 이 차나무들의 찻잎 형태 혹은 상태가 동일할 수가 없다. 어떤 차나무는 싹과 아주 어린잎 모습이고 어떤 차나무는 싹이 어느 정도 벌어져 어린잎 정도가 되어 있을 것이다. 또 어떤 차나무는 싹은 전혀 없고 드센 잎들로만 자라 있을 것이다. 즉 채엽하고자 하는 차밭의 찻잎 상태가 일정

어떻게 즐길 것인가

차 밭의 찻잎 상태는
균일하지 않다.

치 않다는 의미다. 뒤에 나오는 숫자들 역시 이해를 돕기 위한 것이니,
숫자 자체에 얽매이지 마시기 바란다.

어느 이른 아침 채엽 시점에 (이 구역에는 차나무가 100그루 있다고 하자)
10그루 정도만이 싹이 있고 나머지 차나무는 다 자란 잎들로 되어 있
다. 이 경우 등급은 FOP다. 즉 채엽할 차밭에 조금이라도 싹이 있으면
FOP 등급이다. 20그루 정도에 싹이 있다면 GPOP 등급이며 30그루 정
도에 싹이 있으면 TGFOP 등급이다. 이런 식으로 채엽하고자 하는 구역
에 있는 차나무에 싹이 많이 있으면 있을수록 알파벳이 많아지고 등급
도 높아진다.

아래 알파벳은 이런 식으로 싹이 많고 따라서 등급이 높은 순서다.

GFOP(골든 플라워리 오렌지 페코golden flowery orange pekoe)

TGFOP(티피 골든 플라워리 오렌지 페코Tippy golden flowery orange pekoe)

FTGFOP(파이니스트 티피 골든 플라워리 오렌지 페코Finest tippy golden
flowery orange pekoe)

OP(오렌지 페코 Orange Pekoe)

동일한 구역의 100그루 차나무에서 채엽할 때 가지에 싹이 없는 상태다. 즉 싹 대부분이 어린잎으로 펴진 상태라고 보면 된다. A씨가 의도적으로 싹이 잎으로 크길 기다렸든지 혹은 다른 이유로 채엽을 하지 못했을 수도 있다. 어쨌거나 싹은 없다. 이때 채엽하면 OP등급이 된다. 따라서 FOP 등급과 OP 등급의 핵심적인 차이는 싹 포함 여부다. OP는 싹이 포함되지 않았고 FOP는 조금이라도 포함되어 있다.

페코 Pekoe

동일한 구역에서 채엽을 하는데 이번에는 싹 뿐만 아니라 어린잎도 없다. OP 등급이 싹이 펴져서 잎으로 전환되는 단계 즉 어린잎 상태라고 보면 페코 등급은 완전히 잎으로 전환된 크고 거친 잎 단계다. 즉 위 차밭에서 찻잎을 채엽할 때 싹은 당연이 없고 어린잎조차도 거의 없이 대부분 큰 잎으로 되어 있다고 보면 된다. 이런 조건에서 채엽한 것이 페코 등급이다.

1차 등급 결정 시점

위 설명에서 이미 알 수 있듯이 이와 같은 등급이 결정되는 시점은 찻잎을 채엽하는 차밭에서다. FOP보다 싹이 많이 포함된 것이 GFOP이고 GFOP보다 싹이 많이 포함된 것이 TGFOP 등급이다. 그런데 이런 미묘한 차이를 완성된 찻잎의 작은 조각으로는 구별하기 어렵다.

따라서 찻잎 형태나 상태 혹은 싹의 많고 적음을 판단하는 등급의 1

차 결정은 찻잎을 채엽할 당시 차밭에서 하거나 혹은 늦어도 채엽한 찻잎을 차 공장에 막 가지고 와서 위조가 시작될 무렵에 한다. 다시 말하면 가공 전 온전한 모습을 가지고 있는 찻잎을 기준으로 이 찻잎들의 상태나 포함한 싹의 많고 적음에 따라 등급이 결정된다.

최 종 등 급 결 정

1차로 등급이 정해진 찻잎(FOP든, SFTGFOP든 혹은 OP든)으로 일단 완성된 홍차로 가공한다. 마지막 단계인 분류과정에서 크기가 다른 찻잎들로 이루어진 더미를 틈새 크기가 다른 망으로 이뤄진 진동하는 몇 개의 포개진 스크린(채) 위에 투입하면 위에서부터 크기대로 분류된다.

이때 1차 결정 등급이 FOP였다면 첫 번째 채에서 분류되는 것은 홀 리프로 그대로 FOP 등급이 된다. 두 번째 채에서 걸러지는 것은 브로컨 _{Broken}의 B가 포함되어 FBOP 등급이 된다. 1차 결정이 GFOP 등급이었다면 같은 논리로 GFOP, GFBOP 등급이 되고, 1차 결정이 OP 등급이

건조 과정을 마친 찻잎이
크기에 따라 분류되는 모습

었다면 OP, BOP 등급이 된다. 나머지도 같은 논리다.

즉 1차로 결정된 등급을 기반으로 하여 완성된 후 등급도 정해진다는 의미다.

GFOP : GFBOP(골든 플라워리 브로큰 오렌지 페코Golden flowery broken orange Pekoe)

FOP : FBOP(플라워리 브로큰 오렌지 페코Flowery broken orange Pekoe)

OP : BOP(브로큰 오렌지 페코Broken oragne pekoe)

기본이 되는 것이 FOP 등급이라고 했는데 한때는 FOP가 최고 등급이었던 적도 있다. 서로 간에 좋은 품질 차(싹을 더 많이 포함시키는)를 만드는 경쟁이 벌어지다보니 시간이 흐르면서 등급에도 인플레이션이 일어나 지금처럼 다소 복잡해지게 되었다. 게다가 BOP1, OP1, SFTGFOP1처럼 등급 알파벳 마지막에 1이라는 숫자가 붙는 것도 있다. 이것은 해당 등급 중에서는 좀더 나은 품질이라는 뜻으로 이것 역시 인플레이션의 한 형태다.

패닝Fannings과 더스트Dust

홀리프와 브로큰 입자가 걸러진 뒤 세 번째 채에서 걸러지는 찻잎이 패닝이고 마지막에 남는 것이 더스트다. 패닝은 주로 좋은 품질의 티백에 사용된다. 더스트는 아주 작은 입자로 티백이나 인스턴트 홍차용으로 사용된다. 브로큰 등급까지는 앞서 정해진 등급 영향을 받지만 패닝이나 더스트 등급에서는 비록 싹이나 어린잎이라 할지라도 입자가 너무 잘게 부서지면 맛과 향에 영향을 못 미친다고 여겨 따로 구별하지 않는다. 실제로 브로큰 등급도 FBOP나, GFBOP 정도는 구별하지만 더 높

스리랑카의 서머싯 다원
티센터에 있는 견본 제품들.
세 종 모두 브로큰 등급이다.
위→좌하→우하 순서로
작아지는데 우하의 것은
거의 패닝 수준이다. 브로큰
등급도 크기가 다양하다.

은 등급에서는 따로 구별하지 않는 편이다.

등급이 품질을 항상 보증하지 않는다

우리나라 홍차 애호가들이 등급에 대해 혼란을 느끼는 경우가 많아 가능하면 자세히 예를 들어 설명하고자 했다. 홍차 등급 시스템을 이해하는 것은 물론 중요하지만 이 등급을 너무 신뢰할 필요는 없다. 홍차 등급이 반드시 품질을 보증하는 것은 아니기 때문이다.

앞에서 홍차 등급은 찻잎 외관과 크기에 대한 정보만을 준다고 했다. 외관이라 함은 싹이 있는지 없는지 혹은 많은지 적은지를 의미하고 크기라 함은 홀리프, 브로큰 등을 나타낸다.

일반적으로는 싹과 어린잎이 많이 포함된 것이 좋은 홍차의 징표인 것도 맞고 완성된 차의 찻잎이 큰 것이 차의 맛과 향의 다양성을 가지고 있는 것은 사실이다. 하지만 이것만이 차의 품질을 좌우하는 것은 아니다. 차의 품질은 차나무 품종, 재배 지역, 재배 과정, 차의 가공 과정, 찻잎을 어떻게 취급하고 보관 하느냐에도 좌우되기 때문이다(이 부분은 이어지는 스리랑카 등급 시스템에서 보충하겠다).

게다가 등급의 일관성 측면에서도 공인된 엄격한 기준이 없고, 국가나 지역 혹은 홍차 회사들마다도 약간씩 차이가 있다.

더구나 시중에 판매되는 대부분을 차지하는 블렌딩 홍차는 등급을 아예 표시하지 않는 경우가 압도적이다. 또 다원 홍차라 하더라도 등급을 표시하지 않는 제품도 많다. 등급 표시 여부가 홍차 품질이나 가격의 높고 낮음과 직접적인 관련성이 없다고 보면 된다. 등급은 단지 하나의 가이드일 뿐이다. 아주 최근에 들어 유럽 일부 홍차 회사에서는 의도적으로 등급을 표시하지 않으면서도 매우 고가로 판매하는 홍차들도 있다. 주로 다르질링 홍차이긴 하지만 새로운 시도로 보인다(『홍차 수업2』 '홍차의 지나친 고급화' 참조).

스리랑카 등급 시스템

또한 스리랑카 홍차 등급은 다르질링이나 아삼과는 많이 다르다. 일단 스리랑카는 고지대와 저지대의 찻잎 채엽 기준이 다르다. 고지대는 주는 브로컨 등급을 많이 생산한다. 그러다보니 싹을 그렇게 중요하게 여기지 않는다. 사실 앞 두 문장은 같은 의미다. 싹을 중요하게 생각한다면 브로컨 등급 위주로 생산하지 않을 테니. 따라서 등급도 주로 브로컨 등급이나 OP급으로 이뤄져 있다. 즉 가장 흔한 등급이 OP, OP1 그리고 BOP, FBOP다.

고지대가 이렇게 브로컨 등급이나 OP 등급 위주로 생산하는 이유는 불확실하다(혹은 내가 아직 모르고 있거나). 싹 포함 여부가 품질에 그렇게 영향을 미치지 않는 것인지, 싹을 포함하여 공들여 생산하더라도 세계 시장에서 그 수고에 부합하는 적정한 가격을 받지 못해서인지. 물론 앞서 누아라 엘리야 홍차에서 설명한 것처럼 근래 들어서는 싹과 어린잎

어떻게 즐길 것인가

위주로 생산하는 홍차가 있기는 있다.

FBOBF 등급

반면 저지대는 싹을 포함시키고 홀리프 등급 위주로 생산한다. 저지
대 대표 다원인 뉴 비싸나칸데의 최고등급인 FBOPF1 EX Special은 찻
잎도 홀리프이고 싹도 많이 포함되어 있다. 하지만 FBOPF는 Flowery
broken orange pekoe fannings이라 이름엔 브로컨과 패닝이 모두 들
어 있다. 실제 찻잎에는 없는데 이름에는 있으니 전혀 실상과 맞지 않
다. 이 불일치에 관해 2018년 뉴 비싸나칸데 다원을 방문했을 때 사장
에게 직접 물어보았다.

사장의 답변은, 과거 이 다원의 대표 제품이 FBOPF 등급이었고, 지
금은 품질이 개선되어 찻잎은 과거와 달라졌지만 그냥 옛 대표 제품 등급
을 그대로 사용한다는 것이었다. 즉 적어도 뉴 비싸나칸데 다원의 등급은
실제 찻잎 수준하고는 아무 상관없는 하나의 브랜드로 여기면 된다.

로네펠트에서 판매하는 누아라 엘리야 지역의 인버니스Inverness estate
FBOPF Ex Special도 싹은 거의 없지만 찻잎은 홀리프 수준이다. 이유는 알

뉴 비싸나칸데
다원의 FBOPF1 EX
SPECIAL(왼쪽)과 인버니스
다원의 FBOPF EX SPECIAL

수 없지만 실제 찻잎의 모습과 다른 것은 마찬가지다. 이처럼 등급이 찻잎의 실제를 반영하지 않는 경우도 많다.

다시 강조하지만 등급과 가격은 홍차 품질을 판단하는 데 있어 참고 자료가 되는 하나의 요소에 불과하다. 홍차 애호가들은 등급과 가격이 아니라 맛과 향으로 차를 평가해야 한다. 그러기 위해서는 결국에는 다양한 차를 많이 마셔봐야 한다.

Tea Time...FOP^{Flowery Orange Pekoe} 각 글자의 유래

플라워리Flowery는 과거 영국인들이 골든 팁Golden Tip이 차나무 싹이라는 것을 알지 못하고 차나무 꽃과 관련 있다고 여기던 시기에 쓰인 용어다. 중국이 홍차 가공법을 철저히 비밀로 붙였기 때문이다. 영국은 심지어 홍차와 녹차가 같은 차나무로 만든다는 것조차 차를 마신 지 200년이 지난 1850년경에야 알게 되었다.

오렌지Orange는 차를 유럽에 처음 소개한 나라인 네덜란드를 통치하던 왕가의 성姓인 오라네 나사우The house of Orange-Nassau(영어로 오렌지로 읽는다)에서 유래한 것으로 추정되며, 과일 오렌지와는 전혀 상관없이 고품질 차를 의미했다. 월드컵 때 네덜란드 축구 대표팀을 오렌지 군단이라고 흔히 지칭하는데 이 역시 왕가의 성Family Name에서 나온 말이다.

페코Pekoe라는 단어는 중국어 백호白毫에서 왔는데, 백차인 백호은침의 하얀색 솜털을 지칭한다.

앞에서 말한 것처럼 FOP 등급은 오랫동안 가장 좋은 홍차를 의미했다. 따라서 플라워리, 오렌지, 페코 각 단어의 기원이 어떻든 간에 과거에는 고품질 홍차를 의미했던 것으로 이해하면 된다.

어떻게 즐길 것인가

20장

홍차 라벨에 있는 정보 읽기

처음 홍차를 마시기 시작할 때 좀 당혹스런 점은 종류가 많기도 하지만 홍차 틴이나 포장지에 표시된 용어들이 생소해 무엇을 의미하는지 모를 때다. 하지만 와인에 비교한다면 아주 쉬운 편이고, 몇 가지 규칙만 알면 손쉽게 해당 홍차에 관한 많은 정보를 라벨 표시 사항을 통해 알 수 있다.

몇 가지 실례로 설명해보겠다. 등급을 나타내는 알파벳의 의미에 대해서는 앞 장을 참고하면 된다.

루스 티 Loose Tea

이 표시는 속에 든 홍차가 티백이 아니라는 뜻이다. 즉 스푼으로 뜰 수 있는 산차散茶 형태로 들어 있다. 찻잎 형태가 홀리프이든 브로컨 혹은 CTC 여부는 중요하지 않다. 어떤 형태의 찻잎도 가능하며 다만 티백에 들어 있지 않다는 것을 의미할 뿐이다.

···
왼쪽 해러즈의 브렉퍼스트 스트롱에는
CTC 홍차가 들어 있다.

싱글 이스테이트 Single Estate, 싱글 이스테이트 가든 티
Single Estate Garden Tea

이스테이트와 가든은 다원茶園이란 의미로 대체로는 구별 없이 사용한다. 하지만 아주 드물게 하나의 큰 다원이 거리적으로 조금 떨어진 몇 개 지역으로 이뤄지거나 혹은 재배되는 품종 등의 차이로 분명한 특징이 있을 때 가든을 이스테이트의 하위 개념으로 사용하는 경우도 있다. 하지만 일반적으로는 구별 없이 같은 뜻으로 사용한다. 이 표시가 있는 틴에 든 차는 하나의 다원에서 생산된 차로만 만들어졌다는 의미다. 만일 특정 다원명도 같이 표시되어 있다면 해당 다원차로만 만들어졌다는 것을 뜻한다. 대체로는 해당 다원에서 생산한 것 중 고품질 홍차로 만들지만 반드시 그런 것은 아니다.

다르질링: 무스카텔 Muscatel, 서머 플러시 Summer Flush, 스프링 플러시 Spring Flush

무스카텔은 다르질링 세컨드 플러시SF의 대표 향이다. 따라서 다르질링 홍차에 이 단어가 들어 있으면 SF를 의미한다. SF는 생산하는 계절이 5~6월로 초여름이다. 따라서 서머(여름)라는 단어가 들어가도 SF를 의미한다. 반면에 봄인 3~4월에 생산되는 퍼스트 플러시FF는 스프링(봄)으로 표시된다.

어떻게 즐길 것인가

홍차의 생산 연도

차 회사에서 판매하는 대부분의 홍차는 생산 연도를 표시하지 않는다. 대규모 차 회사는 차를 진공포장해서 저온 상태로 보관하기 때문에 생산 연도가 그렇게 중요하지 않기 때문이다. 게다가 판매되는 홍차의 대부분을 차지하는 블렌딩 홍차는 생산 연도를 표시하기도 어렵다. 블렌딩에 사용된 각 차의 생산 연도가 다 다를 수 있기 때문이다.

예외적으로, 다르질링 FF 같은 경우는 산화를 약하게 시키기도 하고 다르질링 FF의 가장 큰 장점이 신선한 맛과 향이기에 생산 연도를 표시하는 경우가 많다.

생산 계절

생산 연도처럼 생산 계절 또한 거의 표시하지 않는다. 하지만 생산 계절이 매우 중요한 다르질링 같은 경우는 FF(퍼스트 플러시), SF(세컨드 플러시)로 구별한다. 또 스리랑카 홍차는 각 지역별로 가장 맛있는 시즈널 퀄리티Seasonal Quality 차가 생산되는 시기가 있다. 따라서 표시해주는 경우도 있다. 즉 누아라 엘리야는 1~3월, 우바는 7~9월. 이처럼 생산 계절을 표시하는 경우는 해당 지역에서 가장 맛있는 시기에 생산했다는 것을 자랑하는 의미다. 닐기리 같은 경우는 (비록 추위가 없어 1년 내내 차를 생산하지만) 상대적으로 온도가 낮은 겨울철인 12~3월 사이에 생산된 차가 가장 맛있다. 그래서 윈터 플러시Winter Flush 혹은 프로스트 티Frost Tea(서리 차)라고 표시되어 있으면 12~3월에 생산된 홍차라고 자랑하는 것이다.

21장
국내 홍차
역사와 르네상스

1) 우리나라
홍차의 역사

초등학교 때 우리나라의 대표적인 과일로 첫째가 사과, 둘째가 배, 이런 순서로 배우곤 한다. 그때는 왜 둘째에 배가 들어가는지 항상 궁금했다. 내 기억에 배는 별 맛이 없는 과일이고, 제사 때나 사용하는 과일이었기 때문이다.

그런데 배에 대한 편견이 사라지기 시작한 것은 어린 딸 덕분이었다. 딸아이가 배를 좋아하면서 함께 먹다보니 배가 무척이나 맛있는 과일임을 새삼스럽게 발견하게 되었다. 나에겐 언제 주입되었는지 모르지만 배는 맛없는 과일이라는 편견이 있었으나 딸아이는 아무런 선입관 없이 맛있는 과일이니 먹었던 것이다. 이 이야기를 하는 이유는 우리나라 사람들 사이에 있는 홍차에 대한 집단적인 편견을 말하고 싶기 때문이다.

흔히들 전 세계적으로 물 다음에 가장 많이 마시는 음료라고 하는 홍차가 유독 우리나라에서 관심을 받지 못하는 이유가 어디에 있을까? 더구나 내 오래된 기억 속에 어릴 적 아버지를 따라 다방에 갔을 때 분명 벽에 붙은 메뉴판에 첫째가 커피이고 둘째가 홍차였던 적이 있었는데, 언젠가부터 일상에서 홍차라는 단어는 사라지고 굉장히 낯설어진 것이다. 솔직히 이런 궁금점도 내가 홍차를 공부하기 시작한 여러 이유 중

•••
국립민속박물관이 전시를 통해
보여준 예전 약속다방과 메뉴판.
홍차가 생강차보다 50원 더 싸다.

하나였다.

홍차는 우리에게 낯설기만 한 것일까? 우리나라에도 홍차의 역사라고 할 만한 것이 있을까? 우리나라에서도 홍차를 생산한 적이 있을까?

우리나라의 짧았던 홍차 역사

해방과 한국전쟁을 거치면서 밀물처럼 유입된 서양 문화, 특히 미국 문화의 영향으로 커피와 홍차를 중심으로 하는 다방 문화가 형성되었다. 홍차는 그냥도 마셨지만 첨가물을 넣어 레몬티, 밀크티, 생강티 등으로 다양하게 변주시켜 마셨다. 특히 다방에서는 위스키를 조금 넣은 '위스키 티'도 유행했다.

지금은 믿기 어렵겠지만 1960년대와 1970년대 초반까지만 해도 커피와 함께 홍차가 2대 기호품이었다. 우리나라의 가난했던 시절 이야기이지만, 1961년 '특정 외래품 매매금지법'이라는 법 제정과 그 이후 전개된 '국산품애용운동'으로 수입품이었던 커피와 홍차는 큰 영향을 받게 되는데, 다행히 홍차는 국내에서 생산할 수 있었다.

일제강점기, 일본인들은 전남 보성을 차 재배의 최적지로 보고 다원을 세웠다. 그러던 중 해방과 전쟁으로 오랫동안 방치되었다가 1950년대 후반부터 한국인에 의해 다시 일부 다원이 운영되기 시작했다. 이때 '특정 외래품 매매금지법'으로 홍차 수입이 금지되자 오히려 국산 홍차에 대한 수요가 급증했다.

전남 보성과 경남 하동 일대에는 차밭이 조성되고 생산량도 늘었다. 1960~1970년대는 국산 홍차에 대한 수요가 많았던 시절이었다. 이것이 내 기억에 있는 다방 메뉴판의 배경이다.

1970년대 초반 홍차 공급이 수요를 따라가지 못하자 가짜와 불량 홍차가 나타나기 시작했다. 1970년대 신문에는 몸에 유해한 색소를 첨가

어떻게 즐길 것인가

한 홍차 등 불량 홍차에 대한 기사가 자주 등장했고, 1976년, 1977년 연속된 겨울 한파와 가뭄으로 차나무가 동사해 공급마저 크게 줄면서 국산 홍차는 소비자로부터 점점 더 멀어져갔다.

그런데 당시의 불량식품은 꼭 홍차만은 아니고 가짜 막걸리, 가짜 맥주, 가짜 커피 등도 있었으며, 오늘날 중국의 행태와 비슷하게 국민 의식 수준과 정부의 통제력이 못 미친 데도 어느 정도 원인이 있지 않았나 싶다. 게다가 1970년대 후반부터는 청량 음료, 유산균 음료 등 다양한 기호품이 개발되어 소비자의 선택권이 넓어지고 커피가 대세가 되면서 홍차는 소비자들로부터 점점 더 외면당했다.

녹차의 부흥

1970년대 말, 1980년대 초부터 정부 지원 아래 녹차에 대한 관심이 일어나기 시작했다. 이러한 사회 분위기 또한 홍차가 잊히는 데 큰 영향을 미쳤다.

우리가 일반적으로 알고 있는 것과는 달리 녹차가 대중적인 음료가 된 것은 1980년대에 들어와서였고, 1970년대까지만 해도 녹차는 일부 계층에서만 음용했을 뿐 일반 국민에겐 전혀 익숙지 않은 음료였다. 1970년대 말과 1980년대를 거쳐 정부 문화 정책의 일환인 전통 회복 운동에 힘입어 녹차에 대한 관심이 증대되었다.

일제강점기 시절 우리 문화에 대한 왜곡된 교육과 해방 후 급격히 밀려든 서구화의 물결로 우리 전통이 후진적인 것으로 무시되고 배척되었다. 민족의 정체성은 물론이고 자생적 문화 창조의 역량을 잃게 될 위험 속에서 1960~1970년대에 들어오면서 대학생들을 중심으로 전통문화 정체성 확립을 위한 운동이 시작되고, 정부 또한 민족 문화 전통의 재건에 관심을 갖기 시작했다. 이러한 배경 속에서 정부 문화 정책에 따라 녹차 문화 발전에 대한 지원이 이뤄졌다. 1979년 1월 한국차인연합회의 창립을 포함하여 많은 차인 단체가 결성되고 학계의 연구활동도 활발해졌다. 물론 녹차 재배 농가에 대한 지원도 계속되었다.

2) 밀크티의 유행과 홍차의 미래

새로운 시작

차나무의 싹과 잎으로 만들어지는 비슷한 음료인 홍차와 녹차의 운명은 이렇게 전통이라는 이름과 정부 지원이라는 외부의 인위적인 힘에 의해 적어도 우리나라에서는 완전히 다른 길을 걷게 되었다.

전통 관점에서 볼 때 홍차는 서양 음료라는 이미지가 워낙 강했고, 또 앞서 말했듯이 1970년대를 지나면서 소비자들의 신뢰를 잃어버렸다. 게다가 차 생산의 출발지인 다원에서 정부 후원 아래 녹차 생산으로 방향을 바꾸면서 홍차는 완전히 잊혔다.

1970년대 이후 오랜 단절의 시간이 계속되다가 2000년대 중반을 지나면서 변화가 찾아오기 시작했다. 급증한 해외여행과 인터넷을 통한 정보 습득, 다양성에 대한 호기심, 개성 강한 젊은 세대의 등장으로 홍차에 대한 관심이 늘어나고 홍차 음용이 조금씩 시작되었다.

어떻게 보면 여기까지가 이 책 『홍차 수업』 초판이 첫 출간된 2014년 무렵까지의 상황이다. 그때부터 2022년 중반인 지금까지 한국의 (홍)차 상황은 아주 많이 바뀌었다. 가장 큰 변화는 스타벅스, 투섬플레이스 등을 포함한 주요 커피 전문점에서 차를 판매하는 비중이 상당히 높아진 것이다. 메뉴판을 보면서 놀랄 때가 많다. 이런 곳은 소비자의 최신 트렌드를 반영하는 곳이다. 또한 '공차'라는 차를 베이스로 한 전문 음료 매장이 비교적 성공을 거두었다. 또 국내 최대 커피회사에서 홍차를 출시하면서 TV광고까지 했다.

어떻게 즐길 것인가

매년 개최되는 다양한 차 관련 행사에는 해가 갈수록 점점 더 많은 홍차 관련 회사들이 참가하고 있다.
사진은 코엑스에서 열린 서울 카페쇼의 모습

그리고 (홍)차 전문점이 전보다 눈에 띄게 많아졌다. 2017년에는 세계 최고 홍차 브랜드 중 하나인 포트넘앤메이슨이 한국에 정식 입점했다. 이외에도 지난 몇 년 사이 다양한 해외 차 브랜드가 한국에서 새롭게 판매를 시작했다. (홍)차 관련된 책도 지난 몇 년 사이 굉장히 많이 출간되었다. 나를 포함해 차를 교육하는 사람도 많이 늘었고, 그만큼 차를 배우고자 하는 사람도 늘었다.

이런 변화는 그동안 (홍)차의 사각지대였던 우리나라가 (홍)차를 새롭게 알아가는 과정이라고 본다. 이런 변화에도 불구하고 여전히 우리나라는 차 음용 인구가 매우 적은 편에 속한다.

밀크티의 유행

또 하나 홍차와 관련된 '사건' 중 하나는 밀크티Milk Tea의 유행이다. 홍차에 우유와 설탕을 넣은 것이 밀크티다. 진하게 우린 홍차에 우유와 설

···
1930년대 교토의 립턴 숍 모습

어떻게 즐길 것인가

탕을 넣어 떫은맛을 완화시켜 부드럽고 달콤하게 마시는 것이 영국식 밀크티다. 그리고 영국에서는 밀크티라는 말을 거의 사용하지 않는다. 대부분 우유와 설탕을 넣기 때문이다.

하지만 지금 유행하는 밀크티는 영국식이 아니라 소위 '로열 밀크티 Royal Milk Tea'다. 로열 밀크티는 일본에서 처음 개발된 새로운 홍차 음용 방식이다. 1930년 교토에서 문을 연 립턴Lipton이라는 홍차 숍이 1965년에 royal pudding, royal cream puff, royal eclair 등 로열 시리즈 레시피를 개발하면서 로열 밀크티도 처음 만들었다는 것이 정설이다. 어쨌거나 홍차 본 고장인 영국에는 없는 매우 일본스러운 음료로 시작했다. 립턴 숍은 현재도 교토에 3개 매장이 있다.

로열 밀크티

밀크티와 로열 밀크티의 차이점은 만드는 방법이다. 일반 밀크티는 우린 홍차에 우유를 넣는다. 반면 로열 밀크티는 우유에 홍차 잎을 넣고 같이 '끓이면서' 그 과정에서 차가 우려져 나오게 한다. 물론 로열 밀크티의 합의된 레시피가 있지는 않다. 처음엔 물과 함께 끓이면서 홍차가 어느 정도 우려져 나온 후 우유를 넣어 같이 끓이는(혹은 끓기 직전까지) 방법도 매우 일반적이다.

끓여서 아주 진하게 우려져 나온 홍차에 우유와 설탕이 조화된 이 맛이 이국적이고 상당히 고급스럽다. 여기에 향신료까지 넣으면 인도 국민음료인 차이Chai가 된다. 최근에는 위에서 설명한 방식 말고 아주 다양한 레시피들이 개발되고 그만큼 로열 밀크티의 맛과 향도 좋아지고 있다.

나에게 로열 밀크티는 홍차라기보다는 오히려 홍차를 베이스로 한 요리에 가깝다고 여겨진다. 로열 밀크티(밀크티도 마찬가지다)는 진짜 홍차

의 맛과 향을 알 수 있는 음료는 아니기 때문이다. 커피에 설탕과 크림을 넣는 시대를 지나 지금 커피 자체의 맛과 향을 즐기는 시대가 되었듯, 우유와 설탕을 넣은 (로열) 밀크티는 일단은 '홍차'라는 다소 낯선 음료에 익숙해지는 과정이라고 생각한다. 이런 거쳐야 할 단계를 지나 일정 시간이 흐르면 홍차 자체의 맛과 향을 찾는 시간이 올 것이다.

커 피 고급화를 통해 본 홍차의 미래

우리나라는 커피 천국이라는 말을 자주 한다. 전국에 커피 전문점이 수 만개라는 말도 있다. 이 커피 전문점에서 커피를 마시는 사람들 중 설탕과 크림을 넣는 사람들은 매우 드물 것이다. 더구나 드립 커피 전문점에서처럼 더 섬세한 커피 맛을 즐기는 곳에 가서 설탕과 크림을 달라고 하면 아마 이상한 사람으로 여길지도 모른다.

그렇다면 이렇게 트렌드가 전환된 이유는 무엇인가.

설탕과 크림이 건강에 좋지 않다는 인식, 상대적으로 비싼 커피에 돈을 지출할 수 있는 경제력 그리고 여러 가지 사회적인 트렌드 등이 영향을 미쳤다.

하지만 가장 중요한 것은 커피가 맛있어졌기 때문이다. 정말 맛있다. 이렇게 섬세하고 맛도 좋고 향도 좋은 커피는 당연히 그냥 마셔야지 여기에 설탕, 크림을 넣는 것은 말도 안 된다.

그렇다면 과거에는 커피도 맛이 없었다는 말이 된다. 쓴 커피 한잔이라는 굳어진 말에서 보듯 커피는 쓴 것이었다. 따라서 설탕과 크림을 넣어 부드럽고 달콤하게 마셔야만 했다.

굳이 사족까지 더하자면 좋은 원두로 만든 섬세하고 맛과 향이 좋은 커피에 설탕과 크림을 넣으면 오히려 밍밍해져서 더 맛이 없다. 설탕과 크림을 넣을 요량이면 차라리 인스턴트커피에 넣는 것이 더 맛있다.

어떻게 즐길 것인가

로열 밀크티는 진짜 차로 가는 과정

로열 밀크티는 설탕과 우유를 넣은 것이다. 그것도 설탕과 우유를 비교적 많이 넣는다(레시피는 만드는 사람마다 다르니 일반적인 기준으로 볼 때 그렇다는 뜻이다). 설탕과 우유를 피하고 싶어 커피에 설탕과 크림을 넣시 않는데, 설탕과 우유를 많이 넣은 로열 밀크티는 좋아한다?

왜 그럴까? 물론 새로운 음료에 대한 관심, '유행'이 갖는 속성 그리고 맛있기 때문이다

하지만 가장 큰 이유는 맛있는 홍차가 없기 때문이다. 정확히 말하면 홍차를 맛있게 우려서 판매하는 곳이 없기 때문이다. 혹은 맛있게 우리는 방법을 모르기 때문이다. 덧붙인다면 커피보다 더 섬세한 음료인 홍차 맛에 아직 익숙하지 않기 때문이기도 하다.

하지만 밀크티를 통해 홍차의 맛과 향을 간접적으로 알게 되고 익숙해지는 것은 긍정적인 측면이기도 하다. 그러다보면 언젠가는 진짜 홍차 맛이 궁금해지기도 할 것이기 때문이다.

아마도 시간이 지나면서 맛있는 홍차 마실 기회가 많아질 것이다. 얼마나 걸릴지는 알 수 없지만, 우리나라는 모든 면에서 역동적인 나라다. 곧 그렇게 되지 않을까 희망한다.

그리고 진행과정은 다르지만 홍차에 대한 새로운 관심 증대라는 면에서는 우리나라뿐만 아니라 아주 오랜 홍차 역사를 지닌 영국도 크게 다르지 않다.

영국: 홍차에 우유와 설탕을 넣고

커피 시장의 성장으로 지속적으로 홍차 소비량이 감소하고 있지만, 여전히 영국은 홍차의 나라다. 유럽 전체 소비량의 절반 이상이 영국에

서 소비된다. 일인당 음용량도 세계 3위권이다.

하지만 음용법은 아주 간단하다. 소비되는 홍차 95퍼센트가 티백 형태이며, 판매되는 홍차의 90퍼센트가 잉글리시 브렉퍼스트 류의 강한 홍차다. 티백 개당 가격도 매우 싸다.

머그에 우린 강한 홍차에 우유와 설탕을 넣어 마시는 것이 일반적인 음용법이다. 심지어 홍차 우리는 데 걸리는 시간이 20초이며, 20초는 머그에 티백을 넣고 뜨거운 물을 부은 후 돌아서서 냉장고에서 우유를 꺼내 오는 시간이라는 말도 있을 정도다.

영국인들은 이런 방법으로 아주 오랫동안 홍차를 마셔왔다.

홍차에 아직도 설탕을 넣어?

2016년 6월 3일 영국 BBC에서 방송된 프로그램에서 "차에 설탕을 넣는지 여부가 그 사람의 사회적 지위에 대해서 뭔가를 알려줄 수 있다

어떻게 즐길 것인가

고 믿는 영국인들도 있다"는 내용을 방송하면서 인류학자 케이트 폭스 Kate Fox의 책을 인용했다.

"인류학자 케이트 폭스는 자신의 책에서 영국인들이 차를 마실 때마다 나타내는 몇 가지 명확한 메시지가 있다고 했다. 강하게 우린 홍차는 일반적으로 노동자층에서 마신다. 차의 강도는 사회적 계층이 높아질수록 점차로 약해진다. 우유와 설탕도 상징이 있다. 많은 이가 차에 설탕을 넣는 것이 확실한 낮은 계층의 표시라고 여긴다. 다만 1955년 이전에 태어난 사람은 거의 설탕을 넣기 때문에 판단할 수 없다."

실제로 최근 자료에는 우유는 여전히 대부분 음용자가 넣지만(약 80퍼센트) 설탕은 약 35퍼센트의 음용자만이 넣는다고 한다. 특히 젊은 세대들은 티백홍차를 줄이고 스페셜티 홍차를 주로 마신다. 이들에게는 홍차의 생산지도 중요하고 품질도 중요하다. 당연히 좋은 홍차를 마시면서는 설탕(혹은 우유도)을 넣지 않는다.

영국은 홍차의 70퍼센트 이상을 케냐 등 아프리카 국가에서 수입한다. 맛이 강한 티백용 홍차라는 뜻이다. 근래 들어 일반 티백용 홍차의 수요가 줄어들다보니 차 회사들도 점차 고품질 차를 공급하고 런던에는 이전에는 없던 고급 차 전문점들이 생기고 있다. 2013~2014년 티백 시장은 5퍼센트 줄어든 반면 스페셜티 티(스페셜티 티는 커피와는 다르게 일반적으로 받아들여지는 엄격한 정의는 없다. 티백이 아닌 정통 가공법의 잎차를 의미하는 것이라고 보면 된다) 시장은 6퍼센트 성장했다.

우리나라 커피 시장 동향과 똑같다고 보면 된다. 처음에는 건강에 대한 우려로 홍차 음용 패턴이 바뀌기 시작했지만 이제는 영국인이 홍차 맛과 향의 다양성을 알기 시작했다. 그러면서 영국인의 홍차에 대한 생각이 조금씩 바뀌고 있다. 하지만 현재만 놓고 보면 우리나라 애호가들의 홍차 음용 수준은 영국 평균보다는 훨씬 높다고 보면 된다.

홍차 르네상스의 시작과 원인들

통념과는 달리 미국도 홍차를 많이 마시는 나라다. 영국이 주로 뜨거운 홍차를 마시는 반면 미국은 RTD(Ready-to-drink의 약자로 유리병, 페트병, 캔에 들어 있는 음료) 형태의 아이스티를 주로 마셔왔다. 영국과 마찬가지로 최근 이런 미국의 홍차 소비 형태가 많이 변하고 있다. 세계적인 추세에 맞춰 고급 홍차Specialty Tea에 대한 수요가 늘고 있다.

홍차가 낯선 음료인 우리나라뿐만 아니라 오랫동안 홍차를 마셔온 이들 국가에서조차 근래 들어 이같이 새롭게 주목받고 있는 몇 가지 이유를 정리해보자.

···
스타벅스가 출시한 티바나
브랜드의 고급 홍차음료

다양한 홍차의 등장

첫째, 선택할 수 있는 엄청나게 다양한 종류의 홍차가 있고 이 다양성이 홍차 애호가들의 입맛에 맞는 차를 제공할 수 있기 때문이다. 앞에서 본 것처럼 오늘날 다양한 홍차 목록은 최근에야 구축된 것이다. 최근 그렇게 환호하는 다르질링도 1990년대까지는 주로 다소 강한 맛을 가진 세컨드 플러시 위주로 생산되었고 퍼스트 플러시는 아직 관심을 끌지 못했다. 봄이 오면 열광하는 퍼스트 플러시 인기는 10년, 15년도 채 되지 않은 새로운 현상이다.

1980년대 초반만 하더라도 중국은 개혁개방 초기여서 제한된 숫자의 대표적인 몇 종류 차만 수출했고, 타이완 고산 우롱차는 아직 자리 잡지 못했을 때였다. 프랑스에서는 일본 녹차가 거의 취급되지 않았고, 스리랑카 홍차의 가장 큰 특징인 고도에 따른 맛과 향의 차이점은 제대로 인정받지 못하고 있었다.

1980년대 중반부터 시작된 홍차에 대한 관심은 티백 위주의 한정된 홍차 품목에 싫증을 내는 열렬 애호가들을 탄생시켰고, 이들을 위한 틈새시장이 생겨 좀더 다양한 종류의 차가 공급되기 시작했다. 애호가들은 또한 점점 더 좋은 차에 관심을 갖게 되었다.

이렇게 수요가 공급을 낳고, 공급이 수요를 창출하는 선순환이 다행스럽게도 홍차 세계에서 일어나 선택할 수 있는 다양한 종류의 홍차 리스트가 갖춰졌다. 오늘날 우리는 다르질링 퍼스트 플러시와 세컨드 플러시를 구별하는 정도가 아니라 다원별로 구별되는 홍차를 즐기는 시대를 맞고 있다. 아삼의 다원별 홍차를, 스리랑카의 고도에 따라 구분되는 홍차를 맛보고, 홍차 외에도 다양한 우롱차, 백차, 가향차 등 그야말로 관심만 있으면 원하는 어떤 차도 즐길 수 있는 시대가 됐다.

둘째, 차가 건강 음료라는 인식이다. 폴리페놀 같은 항산화 성분을 포

런던 메이페어 거리에 있는 고급 잎차 판매점인 포스트카드 티. 2005년에 생긴 것으로 전 세계의 품질 좋은 차를 판매한다. 우리나라에서 생산한 홍차도 취급하고 있었다. 매장 안에 있는 빨간 우체통에 차를 포장해 주소를 적어넣으면 그곳으로 배달해주는 재미있는 시스템도 있었다.

코벤트 가든에 있는 티하우스는 입구의
디스플레이가 인상적이다. 차에 대한
새로운 관심이 싹트기 시작한 1982년에
차 소매점으로 시작했다. 나에게는
차보다는 차 관련 물품의 다양함이 눈에
띄었다. 여기서 모로코인들이 사용하는
화려한 색의 유리컵을 구입했다.

2005년에 타라 칼크래프트가 연 티팰리스.
처음에는 런던 노팅힐에서 멋진 티룸으로 시작했지만,
이후 코벤트 가든으로 옮겨 품질 좋은 찻잎을 판매하기 시작했다.

런던의 차 전문점과 내부 사진.
차를 진열해놓은 것이 인상적이다.

위타드 오브 첼시 매장. 런던 시내 곳곳에 예쁜 매장들이 있었다.
지금은 차뿐만 아니라 커피, 핫초코와 같은 음료도 취급하지만, 위타드
또한 1886년 시작할 때는 차만 전문적으로 다루었다.

함하고 있어 암을 포함한 퇴행성 질병 등으로부터 우리 몸을 보호해준다고 알려져 있다. 뿐만 아니라 미래 음용자인 젊은층의 관심사인 다이어트에 좋은 음료로 받아들여지기도 한다. 더욱이 차를 세련되고 스타일리시한 음료로 보기 시작했는데, 이렇게 젊은층의 호응을 얻는다는 것은 아주 중요한 일이다.

셋째, 차별화 혹은 이로 인한 정신적인 만족감인데, 폭발적으로 증가한 커피숍에서 대부분의 사람처럼 커피를 마시는 것보다는 문화적 전통까지 있는 차를 마시는 것에서 오는 어떤 우월감일 수도 있다.

나 자신에게 한 잔의 홍차를

넷째, 스마트폰으로 상징되는 디지털 시대 한가운데서 차가 주는, 뭔가 아날로그 같은 위안도 중요한 이유가 된다. 영화 「리틀 포레스트」에서 여주인공의 음식과 삶은 서울에 있을 때와 고향에 있을 때가 너무나 다르다. 하지만 우리 대부분은 그렇게 돌아갈 고향도 없고, 갈수도 없다. 여주인공처럼 직접 요리를 하는 것도 현실적으로는 쉽지 않다. 하지만 홍차는 직접 우릴 수 있다. 그것도 아주 맛있게 우릴 수 있다. 홍차를 우리는 것도 자신의 몸에 들어갈 작은 요리를 준비하는 것과 같다. 도시에서 느끼는 긴장감 속에서 잠시 여유를 갖는 순간, 그게 홍차를 마시는 때가 아닐까 한다. 물 끓이고 우리고 그 뜨거운 차를 마시는 데 최소 20분은 걸린다. 이 20분이 나에게 위로를 준다.

지금도 홍차 전문점이 많이 생겼지만 제대로 우린 품질 좋은 홍차를 마실 수 있는 홍차 전문점이 더 많이 생겨날 것이다. 그리하여 곧 다르질링, 아삼, 우바, 누아라 엘리야 같은 말들도 우리에게 매우 익숙한 단어들로 자리잡을 것이다.

어떻게 즐길 것인가

참고문헌

가와기타 미노루, 『설탕의 세계사』, 장미화 옮김, 좋은책만들기, 2003

강승희, 「홍차의 기원에 관한 연구」, 원광대학교 대학원, 2010

공가순·주홍걸, 『운남보이차과학』, 신정현·신광헌 옮김, 구름의남쪽, 2015

김경우, 『중국차의 세계』, 월간다도, 2008

프랑수와 사비에르 델마스 외, 『티소믈리에 가이드 1·2』, 정승호 감수, 한국티소믈
리에 연구회, 2012/2013

스테판 멜시오르 뒤랑 외, 『차』, 박혜영 옮김, 창해, 2000

맹번정·박미애, 『무이암차』, 이른아침, 2007

박서영, 『홍차의 나날들』, 디자인이음, 2012

박정동, 『나는 왜 홍차에 열광하는가?』, 티움, 2011

박정아, 『로네펠트의 홍차 다이어리』, 혜지원, 2010

박홍관, 『중국 차 견문록』, 이른아침, 2010

──, 『사진으로 보는 중국의 차』, 형설출판사, 2011

볼프강 쉬벨부쉬, 『기호품의 역사』, 이병련·한운석 옮김, 한마당, 2000

시드니 민츠, 『설탕과 권력』, 김문호 옮김, 지호, 1998

신소희·정인오, 『차의 관능평가』, 이른아침, 2018

신정현, 『보이차의 매혹』, 이른아침, 2010

아사다 마노루, 『동인도회사』, 이하준 옮김, 파피에, 2004

양중위에, 『다시 쓰는 보이차 이야기』, 푸얼솜 옮김, 이른아침, 2013

엄우흠·고주희·박은주, 『설탕』, 김영사, 2005

염혜숙, 『홍차』, 김영사, 2004

예한쫑·황바이츠, 『봉황단총』, 김혜숙 옮김, 티엘, 2011

오카쿠라 덴신, 『차 이야기』, 이동주 옮김 , 기파랑, 2012

유태종, 『차와 건강』, 둥지, 1989

이귀례, 『한국의 차문화』, 열화당, 2002

이소부치 다케시, 『홍차의 세계사, 그림으로 읽다』, 강승희 옮김, 글항아리, 2010

이유진, 『오후 4시, 홍차에 빠지다』, 넥서스Books, 2011

이진수, 『차의 이해』, 꼬레알리즘, 2007

이진수·김종희, 『차의 품평』, 꼬레알리즘, 2008

이창호, 『월간다도』 기고문

장윤희, 「1980년대 이후 녹차산업의 형성과정에 대한 연구」, 성신여자대학교 문화산
    업대학원, 2004

정동효, 『차의 화학성분과 기능』, 월드사이언스, 2005

정은희, 「1960~1980년대 국산홍차의 생산과 유통」, 원광대학교 대학원, 2007

―――, 『홍차 이야기』, 살림, 2007

정인숙, 「녹차와 홍차의 화학성분과 생리활성기능 비교연구」, 원광대학교 동양학대
    학원, 2009

조은아, 『차 마시는 여자』, 네시간, 2011

주경철, 『대항해시대』, 서울대학교출판문화원, 2008

진제형, 『茶쟁이 진제형의 중국차 공부』, 이른아침, 2020

짱유화, 『차 과학 길라잡이』, 삼녕당, 2015

최낙언, 『Flavor, 맛이란 무엇인가』, 예문당, 2013

최예선, 『홍차, 느리게 매혹되다』, 모요사, 2009

츠노야마 사가에, 『녹차문화 홍차문화』, 서은미 옮김, 예문서원, 2001

치우지핑, 『다경도설』, 김봉건 옮김, 이른아침, 2005

하네다 마사시, 『동인도회사와 아시아의 바다』, 이수열·구지영 옮김, 선인, 2012

베아트리스 호헤네거, 『차의 세계사』, 조미라·김라현 옮김, 열린세상, 2012

Amarakoon, Tissa and Grimble, Robert, *Tea & Your Health : The Science
    behind the goodness in real tea, Camellia Sinensis, nature's*

healing herb, Dilmah, 2017

Burgess, Anthony 외, *The Book of Tea*, Flammarion, 2005

Delmas, Francois Xavier, *The tea drinker's handbook*, Abbeville Press, 2008

Dubrin, Beverly, *Tea Culture*, Penn Imagine Publishing, 2010

Ebbels, David L., *Round the Tea Totum : When Sri Lanka was Ceylon*, AuthorHouse UK, 2015

Fortnum & Mason, *Tea at Fortnum&Mason*, Ebury Press, 2010

Gascoyne, Kevin 외, *Tea, History Terroirs Varieties*, FIREFLY, 2011

Gaylard, Linda, *The Tea Books: Experience the World's Finest Teas Qualities, Infusions, Rituals, Recipes*, DK, 2015

Gebely, Tony, *Tea, A user's guide*, Eggs and Toast Media, 2016

Griffiths, John, *Tea, A history of the drink that changed the world*, Andre Deutsch, 2011

Harney, Michael, *The Harney&Sons Guide to Tea*, THE PENGUIN PRESS, 2008

Heiss, Mary Lou & Heiss, Robert J., *The Story of Tea*, TEN SPEED PRESS, 2007

————, *The Tea Enthusiast's Handbook*, TEN SPEED PRESS, 2010

Juenong, Wu, *An illustrated Modern reader of "The Classic of Tea"*, trans. by Tony Blishen, Shanghai Press and Publishing Development Company, Ltd., 2017

Keating, Brian R. and Long, Kim, *How to make Tea*, The Ivy Press, 2015

Koehler, Jeff, *Darjeeling: The Colorful History and Precarious Fate of the World's Greatest Tea*, Bloomsbury USA, 2015

Laura C. Martin, *Tea, the drink that changed the world*, TUTTLE, 2007

Macfarlane, Alan & Macfarlane, Iris, *The Empire of Tea*, OVERLOOK, 2009

Pettigrew, Jane, *A Social History of Tea*, THE NATIONAL TRUST, 2001

Pettigrew, Jane & Richardson, Bruce, *Tea in the City— London*, Benjamin

Press, 2006

—————, *The new Tea Companion*, Benjamin Press, 2008

—————, *A Social History of Tea*, Benjamin Press, 2014

Prratt, James Norwood, *Tea Dictionary*, Tea Society, 2010

Rahman, Hafizur, Horrods, *World of Tea*, Parsons Publishing, 2005

Smith, Krisi, *World Atlas of Tea: From the leaf to the Cup, the World's Teas Explored and Enjoyed*, Firefly Books, 2016

Stella, Alain, *Mariage Freres French Tea*, Flammarion, 2003/2009

Wang, Ling, *Tea and Chinese Culture*, LONG LIVER PRESS, 2005

Yong–su, Z H E N, *Tea– Bioactivity and Therapeutic Potential*, A TAYLR AND FRANCIS BOOK, 2019

303

그 외

홍차 수업 개정증보판
© 문기영 2014

1판 1쇄	2014년 6월 23일
1판 10쇄	2021년 2월 26일
2판 1쇄	2022년 5월 30일
2판 3쇄	2024년 4월 18일

지은이	문기영
펴낸이	강성민
편집장	이은혜
편집	박은아 홍진표
마케팅	정민호 박치우 한민아 이민경 박진희 정유선 황승현
브랜딩	함유지 함근아 고보미 박민재 김희숙 박다솔 조다현 정승민 배진성
제작	강신은 김동욱 이순호
독자모니터링	황치영

펴낸곳	(주)글항아리 │ 출판등록 2009년 1월 19일 제406-2009-000002호
주소	10881 경기도 파주시 심학산로 10 3층
전자우편	bookpot@hanmail.net
전화번호	031-941-5159(편집부) 031-955-2689(마케팅)
팩스	031-941-5163
ISBN	979-11-6909-009-4 03590

www.geulhangari.com